高职高专“十二五”规划教材

中央财政支持重点建设专业

（生产过程自动化技术）核心课程教材

国家级骨干院校重点建设专业

（热能动力及装置）核心课程教材

过程检测仪表一体化教程

程　蓓　主编

化学工业出版社

·北京·

本书是一本实用性较强的“教、练、学”一体化教材，以过程检测仪表为研究对象，采用“项目＋任务”的编排方式编写。项目以具体的一种过程参数检测作业过程为主线，每个项目由若干个分解任务组成，每个任务又细分为若干个子任务，分别介绍相关过程参数的检测方法、传感器的基本原理、检测仪表的应用等知识。

本书共八个项目，包括过程检测仪表基础、温度测量仪表的应用、压力测量仪表的应用、流量测量仪表的应用、物位测量仪表的应用、其他测量仪表的应用、显示仪表的使用及数据采集处理和仪表检修工技能鉴定。项目中包含化工、电力、钢铁、水泥等行业各类过程检测仪表的原理、结构、安装、使用、校验、维修知识，新型检测仪表知识以及检测仪表工种职业技能鉴定内容。

本书可作为高职高专院校自动化类专业“过程检测仪表”、“化工测量及仪表”、“热工仪表及维护”、“传感器及检测技术”等课程的专业课教材，也可作为行业技术人员职业技能鉴定培训教材，同时还可供有关工程技术人员学习参考。

图书在版编目（CIP）数据

过程检测仪表一体化教程/程蓓主编．—北京：化学工业出版社，2012.4（2025.7重印）
高职高专“十二五”规划教材
ISBN 978-7-122-13531-5

Ⅰ.过…　Ⅱ.程…　Ⅲ.自动检测-检测仪表-高等职业教育-教材　Ⅳ.TP216

中国版本图书馆CIP数据核字（2012）第026059号

责任编辑：王听讲　　文字编辑：吴开亮
责任校对：周梦华　　装帧设计：韩　飞

出版发行：化学工业出版社（北京市东城区青年湖南街13号　邮政编码100011）
印　　装：北京科印技术咨询服务有限公司数码印刷分部
787mm×1092mm　1/16　印张13½　字数331千字　2025年7月北京第1版第5次印刷

购书咨询：010-64518888　　售后服务：010-64518899
网　　址：http://www.cip.com.cn
凡购买本书，如有缺损质量问题，本社销售中心负责调换。

定　　价：39.00元

前 言

本书为中央财政支持重点建设专业以及国家级骨干院校重点建设专业教材。本书也是为适应高职高专院校自动化检测技术教学，提高学生职业素质而编写的一本项目化教材。

本书以检测仪表项目式课程开展为向导，以仪表安装检修维护所需常见实训内容为主线，面向实践应用，采用项目化编写方式，做到讲、练、学三位一体，激发学生的学习兴趣，培养学生的动手能力。本书是在作者多年教学实践和生产实践的基础上，结合现有的一体化教学设计和最新高职教育理念的发展编写而成的。本书体现了理论教学和实践教学并重的宗旨，突出仪表结构、安装、使用、校验、维修方面相关知识；结合职业技能鉴定标准，融入理论和技能知识要求；体系独特，各个项目相互独立，每个项目内又分成若干个任务，任务下又分成子任务；部分任务为生产现场的作业任务。各项目任务的理论与实践相结合，特别适合在一体化实训教室内授课。

全书共分八大项目，包括过程检测仪表基础、温度测量仪表的应用、压力测量仪表的应用、流量测量仪表的应用、物位测量仪表的应用、其他测量仪表的应用（光电传感器、涡流传感器、氧化锆测量系统等）、显示仪表的使用及数据采集处理和仪表检修工技能鉴定。

本书内容全面，资料翔实，不同院校可根据实际情况和课时需要选授选学部分内容。除纸质教材外，本教材配套有教学设计、课件、视频、试题库、试卷库、实验实训指导、课程设计指导讲义、阅读文献等多种教学资源，并已建立精品课程网站，网址：http：//61.191.23.203：8009。

本书由安徽电气工程职业技术学院程蓓教授主编并编写项目一至项目七，中外合资合肥第二发电厂宋毓楠高级技师编写其中的技能训练任务，安徽电气工程职业技术学院周斌讲师编写项目八。安徽冶金科技职业学院夏红高级工程师担任主审。本书编写过程中，得到了安徽省电力科学研究院、皖能合肥发电有限公司，以及安徽电气工程职业技术学院等单位许多专家和技术人员的支持和帮助，在此表示衷心的感谢。

由于编者的水平有限，本书的不足之处在所难免，恳请广大读者指正。

编 者

2012 年 3 月

目　录

过程检测仪表基础

任务一 认识过程检测仪表

【学习目标】掌握测量和过程检测仪表的概念。

了解测量方法的类型。

【能力目标】会使用简单的直读式仪表进行检测。

一、知识准备

1. 检测技术的意义

测量是人类认识和改造世界的一种重要手段。在人们对客观事物的认识过程中，需要进行定性、定量的分析，定量分析就需要进行测量。测量是通过实验方法对客观事物取得定量数据的过程，通过大量的观察和测量，人们逐步准确地认识各种客观事物，建立起各种定理和定律。例如，牛顿的三大定律，没有大量测量验证，是不可能得出结论的。科学家 Дми́трий Ива́нович Менделеéев（德米特里·伊万诺维奇·门捷列夫）在论述测量的意义时说过一句名言："没有测量，就没有科学。"

在各个历史时期，测量水平的高低可以反映出一个国家科学技术发展的状况。因此，努力提高测量水平，实现测量手段和方法的现代化，是实现科学技术和生产现代化的重要条件和明显标志。

"测量技术"是研究测量原理、测量方法和测量工具的一门科学，是人们认识事物本质所不可缺少的手段。它的主要应用有三个方面。

① 过程监测：对过程参数的监测。

② 过程控制：为生产过程的自动控制提供依据。

③ 试验分析与系统辨识：解决科学上的和过程上的问题，一般需要综合运用理论和实验的方法。

2. 过程检测仪表的概念

过程测量是指对生产过程中各种参数，如温度、压力、流量、物位、成分等的测量。用来检测参数的仪表称为过程检测仪表。

各种生产过程中，检测是在线监测工艺状态和检查设备情况的主要手段。过程检测提供的信息和数据是控制操作、经济核算和设备维护的依据，也是研究和改进生产所需的原始资料。过程参数的准确及时测量，可以准确及时地反映生产运行工况，为生产工作人员提供操作的依据，并且为自动控制系统和装置准确、及时地提供所需的信号。提高检测技术水平是改善企业生产管理的重要措施。

目前过程检测仪表的发展势头迅猛。随着生产企业自动化水平的不断提高，对过程检测的要求也愈来愈高，促使采用新原理、新材料和新结构的仪表不断涌现。随着现代科学技术的进步，学习过程检测仪表方面的知识，对于管理和开发现代化生产过程是十分必要的。

3. 测量的概念

(1) 测量的定义

所谓测量，就是利用测量工具，通过实验的方法将被测量与同性质的标准量（即测量单位）进行比较，以确定出被测量是标准量多少倍数的过程。所得到的倍数就是被测量的值，即得到的测量结果。被测量是指需要定量的物理量。各种物理现象、物理过程、物理状态的可测量特征，统称为物理量。

早在 1860 年 James Clerk Maxwell（詹姆斯·克拉克·麦克斯韦）就提出：每个物理量都可以被表示为一个纯数和一个单位的乘积。

$$x_0 \approx qU \tag{1-1}$$

式中 x_0——被测量；

q——测量值，即被测量与所选单位的比值；

U——测量单位。

式(1-1) 为测量的基本方程式。

根据式(1-1)，要使测量结果有意义，有两个要求：用来进行比较的标准量应该是国际上或国家所公认的，且性能稳定；进行比较所用的方法和仪表必须经过验证。

(2) 国际单位制与我国法定计量单位

从式(1-1) 中可知，被测量的值与所选用的测量单位有关。测量单位人为规定，并得到国家或国际公认。在“国际单位制”诞生前，各国、各地区的测量单位各不相同，同类被测量比较时，必须进行单位换算，很不方便，且有些测量单位制订的科学性和严密性较差。随着科学技术的发展和国际科技、经济交往的加强，人们迫切要求制订统一的测量单位。

1960 年，第十一届国际计量大会（CG-PM）通过了“国际单位制（International System of Units)”，代号为 SI，符号“SI”来自法文的“le système international d'unités”。

历史回顾

1875 年 5 月 20 日，17 个国家在法国巴黎签署“米制公约”，这是一项在全球范围内采用国际单位制和保证测量结果一致的政府间协议。100 多年来，国际米制公约组织对保证国际计量标准统一、促进国际贸易和加速科技发展发挥了巨大作用。

1999 年，第 21 届国际计量大会决定把每年的 5 月 20 日确定为“世界计量日”。

国际单位制是由国际计量大会采纳推荐的一种一贯单位制。它对长度、质量、时间、电流和热力学温度等七种基本单位作了统一规定。其他的物理量单位，可以由这七种基本单位一一导出。实践证明，国际单位制具有科学、合理、精确、实用等优点，给生产建设和科技发展带来了很大方便。

在国际单位制中有七个独立定义的基本单位。

① 长度单位：米（m）。

② 质量单位：千克（kg）。

③ 时间单位：秒（s）。

④ 电流强度单位：安培（A）。

⑤ 热力学温度单位：开尔文（K）。

⑥ 物质的量单位：摩尔（mol）。

⑦ 发光强度单位：坎德拉（cd）。

这七个基本单位所对应的物理量称作基本量，由基本量导出的单位称做导出单位，其对应物理量是导出量。有些导出单位还有专门名称和特有符号，如赫兹（Hz）、牛顿（N）、帕斯卡（Pa）、伏特（V）、瓦特（W）、欧姆（Ω）等。

除了基本单位和导出单位，还有两个辅助单位：平面角以弧度为单位（rad），立体角以球面度为单位（sr）。

我国于1984年2月27日由国务院发布了《关于在我国统一实行法定计量单位的命令》。我国法定的计量单位以国际单位制为基础，结合我国实际情况增加了一些非国际单位制单位。

我国的法定计量单位包括：

① 国际单位制的基本单位；

② 国际单位制的辅助单位；

③ 国际单位制中具有专门名称的导出单位；

④ 国家选定的非国际单位制单位；

⑤ 由以上单位构成的组合形式的单位；

⑥ 由词头和以上单位构成的十进倍数和分数单位。

法定单位的定义、使用方法等，由国家计量局另行规定，可参阅有关资料。

二、工作任务

1. 任务描述

通过检测实例理解测量的定义，填写表1-1。

2. 任务实施

器具：一根导线或其他线段（长度约2m），一把卷尺。

表1-1　测量值与单位的关系分析

序　号	工　作　过　程	倍数(测量结果)
步骤1	以1m为标准量，比较线长与1m长度的倍数关系	
步骤2	以1cm为标准量，比较线长与1cm长度的倍数关系	
步骤3	以1mm为标准量，比较线长与1mm长度的倍数关系	
步骤4	思考：选取不同的测量单位，所得测量值是否相同？总结，得出结论	

三、拓展训练

在上述实例中，使用卷尺测量长度，属于直接测量方法。阅读下面的文字，了解测量方法的种类。

【知识延伸】测量方法

因自然界中的物理现象千姿百态，所以，各物理量的形式及其测量方法也就多种多样，各自不同。归纳起来，根据获得测量结果的方法不同，分为直接测量、间接测量和组合测量。

(1) 直接测量法

凡是能利用测量仪器、仪表等工具，直接测量、读出物理量值的方法叫直接测量法。例如，电路中的电流及电源电动势的大小，就可用电流表和电压表直接测出数值。又如，时间的长短、物体的长度，就可用钟表和直尺直接测出数据。直接测量方式过程简单，操作容易，读数迅速，广泛应用于工程测量中。

用直接测量法，能够直接从仪表刻度盘上或从显示器上读取被测量数值，又称为直读法。用欧姆表测量电阻时，从指示的数值可以直接读出被测电阻的数值。这一读数被认为是可信的，因为欧姆表的数值事先用标准电阻进行了校验，标准电阻已将它的量值和单位传递给欧姆表，间接地参与了测量。直接测量法虽然简便迅速，但其测量的准确度通常不高。

(2) 间接测量法

有一些物理量，因受某些条件限制，不能或不易用仪器、仪表等直接测出。但根据有关物理及几何知识，能利用仪器、仪表或一些特殊工具，先直接测出与其有关的其他物理量，再根据这些已测量与待测量间的特定关系，读出或计算出待测物理量的值，这种方法叫间接测量法。例如用电压表测电压 U，用电流表测电流 I，通过功率公式 $W=IU$ 来测量功率。

间接测量方法一般比直接测量要复杂一些，但随着计算机的应用、仪表功能的加强，测量过程中的数据处理完全可以由计算机快速而准确地完成，因而间接测量方法的应用正在扩大。

(3) 组合测量法

当某项测量结果需要用多个未知参数表达时，可通过改变测量条件进行多次测量，根据函数关系列出方程组求解，从而得到未知量的值，这种测量方式称为组合测量，又称“联立测量”。这种测量方式比较复杂，测量时间长，但精度较高，一般适用于科学实验。

此外，测量还有其他的分类方法，如根据仪表是否与被测对象直接接触，分为接触测量法和非接触测量法；根据被测物理量的时间特性，分为静态测量和动态测量。

任务二 熟悉过程检测仪表的基本组成

【学习目标】 熟悉过程检测仪表的基本组成及其功能。

【能力目标】 能组建简单测量系统。

一、知识准备

测量仪表的种类繁多，结构多样，用途各异。有时同类仪表在外观上可能差异很大，而外观或结构相同的仪表其作用和原理却并不同。但从本质上看，仪表通常有几个必要的组成部分。

测量仪表通常由感受件、中间件和显示件三部分组成。如图 1-1 所示。三部分可以独立存在，也可以结合成整体。

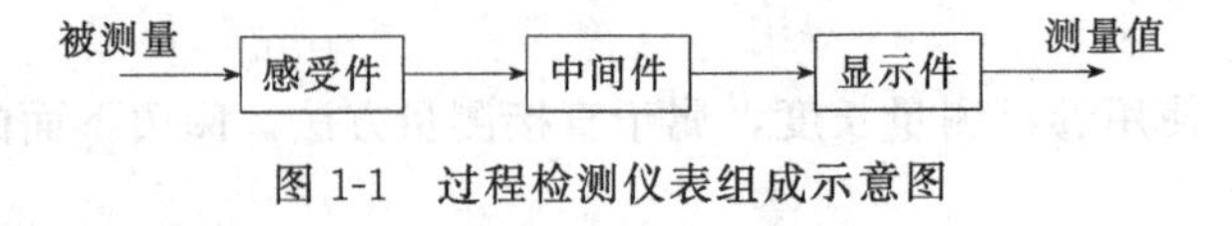

图 1-1 过程检测仪表组成示意图

感受件直接与被测量对象相联系，感受被测参数的变化，并将被测参数信号转换成相应的便于进行测量和显示的信号输出。中间件将感受件输出的信号直接传输给显示件或进行放大和转换，使之成为适应显示件的信号。显示件向观察者反映被测参数的量值和变化。

1. 感受件

感受件又称敏感元件，是测量系统直接与被测对象发生联系的部分，又称一次元件。它是能感知并检测出被测对象信息的装置。

感受件通常指传感器，是“能把特定的被测量信息（包括物理量、化学量、生物量等）按一定规律转换成某种可用信号输出的器件或装置”，简单地说，是提供与输入量有确定关系的输出量的器件。

所谓可用信号，是指便于处理和传输的信号。目前传感器的可用信号主要是电信号，即把外界非电信息转换成电信号输出。随着科学技术的发展，传感器的输出更多的将是光信号，因为光信号更便于快速、高效地处理与传输。

传感器的输出能否精确、快速和稳定地与被测参数相转换，决定于测量系统的好坏。理想的敏感元件通常应满足以下要求。

① 敏感元件输入与输出之间应该有稳定的单值函数关系。

② 敏感元件应该只对被测量的变化敏感，而对其他一切可能的输入信号不敏感。

③ 在测量过程中，敏感元件应该不干扰或尽量少干扰被测介质的状态。

④ 其他：如反应快，价格低等。

当然，实际使用的敏感元件几乎都不能完全满足上述要求，通常都要求它们有一定的使用条件，并采用补偿、修正等技术手段，以保证其测量的精确度。

2. 中间件

中间件也称连接件、传输变换部件，是传感器和显示件中间的部分。

中间件又细分为传输通道和变换器。传输通道是仪表各环节间输入、输出信号的连接部分，有电线、光导纤维和管路等。变换器又叫变送器，它是将传感器输出的信号变换成显示件易于接收的部件，对传感器输出信号进行处理，例如将微弱的信号放大、将传感器输出信号统一成标准信号等。对变换器的要求是：性能稳定，精确度高，使信息损失最小。

3. 显示件

它是测量系统直接与观测者发生联系的部分，也称二次仪表。

显示装置的基本形式根据显示方式分为模拟式显示元件、数字式显示元件、屏幕式显示元件。

模拟式仪表在20世纪60年代居多，通常用指针指示刻度值，配上记录纸或信号器来显示被测量变化趋势或越限报警，也有用图形、图像来显示被测量的。目前在生产中广泛使用的是数字式和屏幕式显示装置。数字显示直接以数码形式给出被测量值；屏幕显示可显示数值，也可显示模拟图形曲线，具有形象和便于读数及被测参数间比较等优点。

二、工作任务

1. 任务描述

① 组建一个简单的温度测量系统。（参考图1-2所示）

② 明确各部分功能和要求。

③ 填写表1-2。

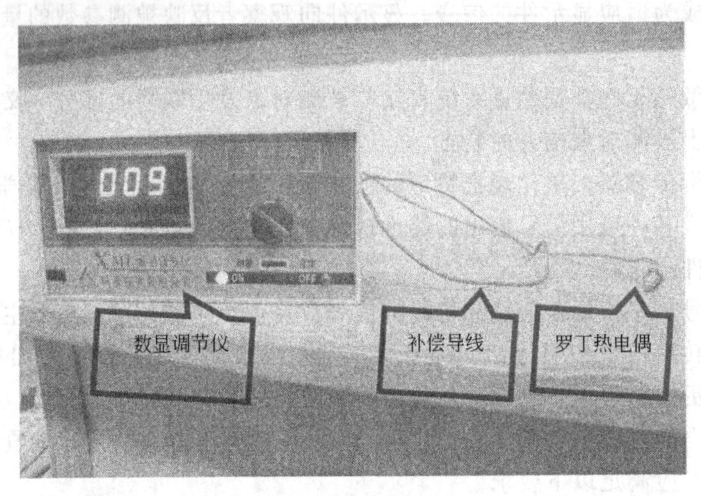

图 1-2　测量系统

表 1-2　测量仪表的组成

工作过程	工作内容	操作结果
步骤 1	热电偶与补偿导线连接	补偿导线红色的一根与热电偶____(正/负)极相连
步骤 2	补偿导线与数显表连接	补偿导线正/负极接入仪表____号/____号端子
步骤 3	数显表接电源	电压________V
步骤 4	通电，观察温度指示	温度指示值________℃
步骤 5	将热电偶插入储有热水的保温桶中，测温	温度指示值逐渐升高，________秒后稳定，稳定值____℃
步骤 6	对照该系统，说明三个组成部分	________是感受件；输入信号是________ ________是中间件；作用是________ ________是显示件；显示方式是________

2. 任务实施

器具：热电偶 1 只，配套补偿导线，配套数显表 1 只，保温桶 1 只，工具 1 套。

三、拓展训练

去相关生产现场和基地参观调研，认识各种测量仪表和测量系统，写一份简短的总结报告。

【知识延伸】测量系统的概念

在《通用计量术语及定义》（JJF 1001—1998）中对测量系统的定义为：组装起来以进行特定测量的全套测量仪器和其他设备。测量系统可能是仅有一只测量仪表的简单测量系统，也可能是一套复杂的、包括多只仪表、高度自动化的测量系统。

测量系统可按显示件及计算机应用情况分为模拟量测量系统、数字量显示测量系统、微机型多参数采集显示系统以及数据采集系统等。

对于组成测量系统的仪表，也可简单地按照被测参数的名称分为压力仪表、温度仪表、流量仪表、料位仪表、成分分析仪表等。

任务三　仪表测量误差处理

【学习目标】 了解测量误差的表示方法及其种类。

【能力目标】 知道各类误差处理的方法。

一、知识准备

测量过程中存在测量误差是不可避免的，任何测量值只能近似反映被测量的真值。为了完成对测量结果的估价，首先要了解测量结果中误差的基本特征与分类。

产生误差的原因是多种多样的，根据误差性质不同，可以把误差分成三类：粗大误差、系统误差、随机误差。

1. 粗大误差

明显地歪曲测量结果的误差称为粗大误差，简称粗差。产生粗大误差的原因是由于测量条件的突发性变化或由于读错、记错等原因引起数据异常造成的。粗大误差也称疏忽误差或疏失误差，具有粗差的数据完全不可信赖，称为坏值，必须剔除。必须指出，判断一个观测值是否异常，需要以实验理论与技术上的理由为依据，原因不明时可用统计方法作出判断，不能无依据地贸然处理。

2. 系统误差

在相同条件下，对同一被测量的多次测量中，误差的绝对值和符号或方向（正、负）保持恒定或在条件改变时，误差的绝对值和方向按一定的规律变化，这种误差称为系统误差，简称系差。

系统误差的特征是它确定的规律性，这种规律性可表现为定值，如未经零点校准的仪器造成的误差；也可表现为累加，如用受热膨胀的钢尺测量长度，其示值小于真实长度，并随待测长度成正比增加；也可表现为周期性规律，如测角仪圆形刻度盘中心与仪器转动中心不重合造成的偏心差。此外，还有变化规律复杂的系统误差。

对于操作者来说，系统误差的规律和其产生原因可能知道，也可能不知道，因此又可将其分为可定系统误差和未定系统误差。对于可定系统误差，可以找出修正值对测量结果加以修正；而对于未定系统误差一般难以作出修正，只能对它作出估计。

习惯上用“正确度”来反映系统误差的大小程度。正确度是指对同一被测量进行多次测量，测量值偏离被测量真值的程度。系统误差越小，正确度越高。

3. 随机误差

在相同条件下多次重复测量同一个量时，由于受到大量的、微小的随机因素的影响，每次测量出现的误差以不可预知的方式变化（测量误差的绝对值的大小和符号不确定）。这类误差称为随机误差，简称随差，又称偶然误差。

随机误差有很多复杂因素，如空气扰动、气压和湿度的变化、测量人员感觉器官的生理变化等，对测量值产生了综合影响。它不能用修正或采取某种技术措施的办法来消除。

随机误差的特点是单个测量误差表现为不可预知的随机性，而从总体来看这类误差服从统计规律。这就使人们有可能在确定的条件下，通过多次重复测量，用统计方法得出随机误差的分布范围进而研究它对测量结果的影响。

习惯上常用“精密度”这个词来反映随机误差的大小程度。精密度是指对同一被测量进行多次测量，测量值重复一致的程度，或者说测量值分布的密集程度。随机误差越小，精密度越高。

精密度与正确度的综合指标称为精确度，或称精度。它反映随机误差和系统误差的综合影响，见图 1-3。

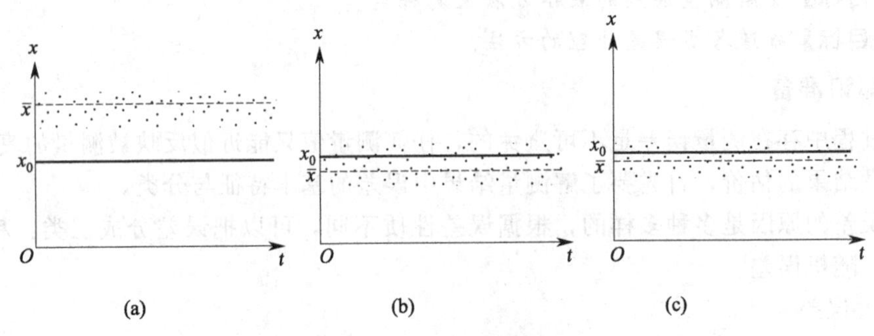

图1-3　精密度与正确度

(a) 精密度高的正确度不一定高；(b) 正确度高的精密度不一定高；(c) 精确度高的，精密度与正确度都高

二、工作任务

1. 任务描述

① 下列误差属于哪类误差？填表 1-3。

表1-3　测量误差原因分析

序号	工作内容	误差类型
1	用一块普通万用表测量同一电压，重复测量 20 次后所得结果的误差	
2	观测者抄写记录时错写了数据造成的误差	
3	在流量测量中，流体温度、压力偏离设计值造成的流量误差	
4	仪器刻度不准确造成的误差	

② 某压力仪表检定证书中标明修正值－0.2kPa，若用该表检测，指示值为 2.51kPa，读数修正后为多少？

2. 任务实施

步骤 1：阅读表 1-3，判断误差类型。

步骤 2：针对所提问题，分析处理方法。

[解] 实际压力＝仪表读数＋修正值＝2.51－0.2＝2.31kPa

【知识链接】工程检测中系统误差的处理

消除系统误差，首先从测量装置的设计入手，消除产生误差的根源。在此基础上，对测量结果进行修正。常用的方法有示值修正法和补偿法。

(1) 示值修正法

对于有一定规律的系统误差，可以通过对读数的修正得到测量的值。即

真值＝测量读数＋修正值

修正值是用标准表（高精度仪表）与本测量仪表进行比较，或根据理论分析导出修正值，予以修正。即

修正值=标准表读数−仪表读数

（2）补偿法

设被测信号为 x，干扰信号为 z，为使测量仪表的显示值只与被测信号 x 有关，要求测量仪表在接收传感器输出信号 y 时，还会接收干扰信号 z，将传感器输出信号和干扰信号一起运算，最终使显示量只与被测信号 x 有关，这就是信号补偿。

比起示值修正的方法，补偿法更适宜在生产过程中加以应用，以利于在线运行。

三、拓展训练

阅读下面的文字，了解随机误差和偶然误差的处理原则。

【知识延伸】随机误差和偶然误差的处理

1. 随机误差的处理

对于随机误差的处理有完整的数学理论。

由误差理论可知，单个读数的随机误差，其大小和正负不可预知，但大量读数的随机误差却服从正态分布规律。

而在实际测量中，测量次数越多，越难保证测量条件的恒定，所以重复的次数不可能太多，一般在20次以下。测量次数少，造成数据离散度大，此时实验数据将不服从正态分布而是服从 t 分布（又称 Student 分布）。

可以根据分布规律，从一系列重复测量值中求出被测量值的最可信值作为测量的最终结果，并给出该结果以一定概率存在的范围，此范围称作置信区间，被测量的随机误差出现在该置信区间的概率称为置信概率。严格地说，一个测量结果，必须同时附有相应的置信区间和置信概率的说明，否则该测量结果就是无意义的。

2. 疏忽误差的剔除

在一系列测量数据中，可能会包含个别的坏值，这些坏值会严重影响测量结果的可靠性和真实性，所以应当加以剔除，但在剔除之前应鉴别其是不是坏值。鉴别的原则，就是设置一定的置信概率，看这个可疑值的误差是否在相应的置信区间内，如果不在，则判其为坏值，并加以剔除。

鉴别坏值的标准很多，工业测量中常用的鉴别标准有：拉依达检验准则、格拉布斯检验准则、t 分布检验准则等。

任务四 过程检测仪表质量指标分析

【学习目标】 掌握过程检测仪表主要品质指标。

【能力目标】 能认识仪表铭牌上的技术符号，如量程、精度、接地、使用条件等。能正确选择仪表。

子任务一 精度等级表示方法

一、知识准备

仪表的质量指标是评估仪表质量优劣的标准，它与仪表的设计和制造质量有关，是正确选择和使用仪表的重要依据，也是仪表工校验仪表、判断仪表是否合格的重要依据。校验仪表通常是以调校精确度、变差和灵敏度三项为主。

仪表精确度称精度，又称准确度。精确度和误差可以说是孪生兄弟，因为有误差的存在，才有精确度这个概念。

精确度是正确度和精密度的总称，是表示测量结果与被测真值之间综合的接近程度。通常用相对百分误差（也称相对折合误差）表示。

为了衡量仪表整个量程范围内的质量，引入引用误差 γ_c 的表示方法。

$$\gamma_c=\frac{x-x_0}{A_{max}-A_{min}}\times100\% \tag{1-2}$$

式中 A_{max}——仪表或测量系统的测量上限值；

A_{min}——测量下限值；

x——测定值（例如仪表指示值）；

x_0——被测量的真值，被测量真值是在确定条件下客观存在的值，但因为任何测量都是有误差的，所以真值一般无法得到，通常可采用标准表测得的值作为真值。

国家根据各类仪表的设计制造质量不同，对每种仪表都规定了正常使用时允许其具有的最大误差，即允许误差。允许误差是一种极限误差，在仪表的整个量程范围内，各示值点的误差都不能超过允许误差，否则该仪表为不合格仪表。

准确度等级指根据测量仪表准确度大小所划分的等级或级别。允许误差去掉百分号的数值就是准确度等级，工程上称为精度等级。例如 1.0 级仪表的允许误差为±1.0%。

我国目前规定的准确度等级有 0.005、0.01、0.02、0.04、0.05、0.1、0.2、0.35、0.4、0.5、1.0、1.5、2.5、4.0、5.0 等级别。仪表准确度等级一般都标志在仪表标尺或标牌上，数字越小，准确度越高。

二、工作任务

1. 任务描述

现有 2.5 级、2.0 级、1.5 级三块测温仪表，对应的测温范围分别是－100～＋500℃、0～500℃、0～800℃。现要测量 200～400℃ 的温度，要求测量值的绝对误差不超过±10℃，问选用哪块表？

2. 任务实施

[思考] 三只表的量程均满足测量要求，为了监控温度误差不超过±10℃，应计算各表的允许误差值。

[解] 第一只表允许误差＝±2.5%×[500－(－100)]＝ ±15℃

第二只表允许误差＝±2.0%×(500－0)＝±10℃

第三只表允许误差＝±1.5%×(800－0)＝±12℃

显然，只有第二只表满足准确度要求，故应选第二只表。

[结论] 正确选择仪表的精度等级，应按具体要求，不能一概而论，只选择精度等级高的仪表。

三、拓展训练

现有 2.0 级、1.5 级、1.0 级三块温度表，对应的测温范围分别是 0～500℃、0～450℃、－50～650℃。现要测量 450℃的温度，要求测量值的误差不超过 2.0%。问选用哪块表最合适？

【知识延伸】选择仪表的几点事项

① 保证仪表测量结果的准确程度，满足误差要求。一般生产过程检测仪表的精确度为1.0级。

② 在均满足测量范围和检测准确度的要求情况下，选择精度较低的仪表，因精度低的仪表价格相对便宜。

③ 除质量指标外，还要关注其他性能指标，如尺寸、寿命、维修难度、自动化程度等。

④ 仪表的防护等级应满足所在环境的要求，一般应不低于 IP65。

⑤ 选择取得计量器具生产许可证的产品。

子任务二　仪表质量指标

一、知识准备

1. 仪表的基本误差和附加误差

在规定的技术条件下（一般就是标准条件），仪表在全量程范围上各示值点的误差中，绝对值最大者叫做该仪表的基本误差。

仪表的基本误差是仪表的固有属性，可以用绝对误差表示，也可用折合误差的表示形式，可表示为

$$R_m=\pm\frac{|x-x_0|_{max}}{A_{max}-A_{min}}\times 100\%=\pm\frac{|\delta|_{max}}{A_{max}-A_{min}}\times 100\% \tag{1-3}$$

显然，仪表的基本误差应小于或等于允许误差，否则为不合格。

仪表未在规定的正常工作条件下工作，或由外界条件变动引起的额外误差，称为附加误差。若影响量的偏离在极限条件之内，则附加误差有时可以估算。制造厂家有时也给出极限条件时的附加误差大小。附加误差在国标中也都做了具体规定。也就是说，当指示仪表工作在不同于基本误差的规定条件时，在测量中不仅要估计到仪表的基本误差，同时还要考虑到可能产生的附加误差。

2. 变差

在规定的使用条件下，使用同一仪表进行正行程和反行程测量时，在相同示值点上，正反行程两次测量值之差的绝对值称为此刻度点的变差。变差一般是由于仪表的机械传动系统的摩擦、间隙以及弹性元件的弹性滞后等原因造成的。其示意图如图 1-4 所示。

图 1-3 中被测参数由小到大变化时的特性为正向特性，被测参数由大到小变化时的特性为反向特性。在全量程范围内，正反行程输入-输出曲线之间的最大偏差为仪表的变差，也称滞后误差或回差。

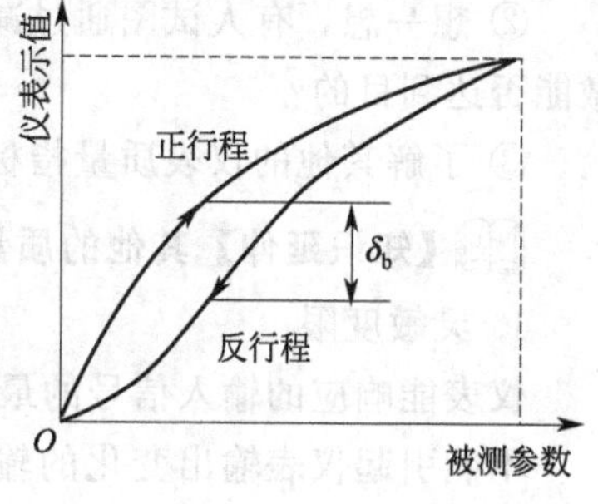

图 1-4　仪表的变差

仪表的变差可以用折合误差的表示形式，可表示为

$$\delta_m=\pm\frac{|x_{正}-x_{反}|_{max}}{A_{max}-A_{min}}\times 100\%=\pm\frac{|\delta_b|_{max}}{A_{max}-A_{min}}\times 100\% \tag{1-4}$$

变差是反映仪表精密程度的一个指标，仪表的变差应小于或等于仪表的允许误差，否则

该仪表视为不合格。减小变差是提高测量精度的重要措施。

随着仪表制造技术的不断改进，特别是微电子技术的引入，许多仪表全电子化了，无可动部件，模拟仪表改为数字仪表等，所以变差这个指标在智能型仪表中显得不那么重要和突出了。

3. 灵敏度

灵敏度是指仪表感受被测参数 x 变化的灵敏程度，或者说是对被测量变化的反应能力，是在稳态下，输出 y 变化增量对输入 x 变化增量的比值，它是稳态输入输出特性曲线上各点的斜率。

二、工作任务

1. 任务描述

观察表 1-4 中的图例，认识仪表的质量指标和面板图符，填写表 1-4。

2. 任务实施

表 1-4 检测仪表面板图符

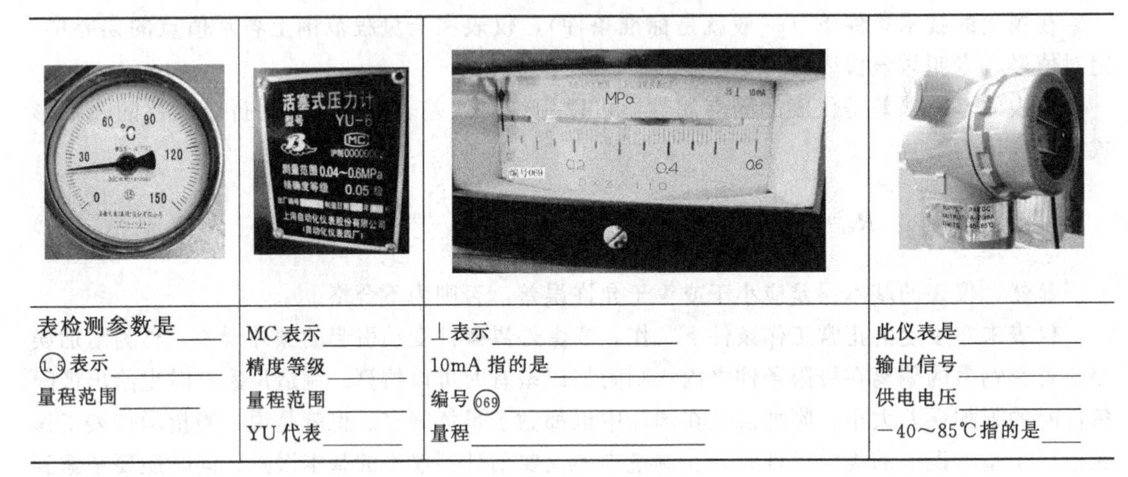

表检测参数是____ Ⓛ.5表示____ 量程范围____	MC 表示____ 精度等级____ 量程范围____ YU 代表____	⊥表示____ 10mA 指的是____ 编号⑯069____ 量程____	此仪表是____ 输出信号____ 供电电压____ −40～85℃指的是____

三、拓展训练

① 观察模拟式温度显示仪表测量时指针的移动情况，区分灵敏度和灵敏度限的不同含义。

② 想一想，有人试图通过减小表盘标尺刻度间距的方法提高仪表的准确度等级，这样做能否达到目的?

③ 了解其他的仪表质量指标。

【知识延伸】其他的质量指标

1. 灵敏度限

仪表能响应的输入信号的最小变化称为仪表的分辨率，也称灵敏度限。

不能引起仪表输出变化的输入信号的范围，即缓慢地向增大或减小方向改变输入信号时，仪表输出不发生变化的最大输入变化幅度相对于量程的百分数，称为不灵敏区。

分辨率和不灵敏区从不同的角度描述了仪表的灵敏性。一般来说，仪表的灵敏度越高，其分辨率也越高，读数时也越容易准确。灵敏度较高的仪表，有利于运行中对被测参数的监控，但灵敏度应与精确度相适应。

2. 线性度

线性度用来说明输出量与输入量的实际关系曲线偏离直线的程度，一般希望测量仪表的输出与输入之间呈线性关系。因为在线性情况下，模拟式仪表的刻度就是均匀的，而数字式仪表就不必采用线性化措施。线性度通常用仪表的输入-输出特性曲线与理论拟合直线之间的最大偏差与量程范围的百分比来表示。

3. 重复性

在同一工作条件下，多次按同一方向输入信号，对应同一输入量，仪表输出的一致性称为重复性。多次重复测试的曲线越重合，说明重复性越好，误差也越小。测量仪表的精密度取决于重复性。重复性通常以全量程上最大的不一致值相对于量程范围的百分数来表示。

4. 漂移

在环境及工作条件不变的前提下，保持一定的输入信号，经过一段时间后，输出变化称为漂移。漂移通常以仪表全量程上输出的最大变化量对量程的百分比来表示。

漂移是表示仪表稳定性的一个重要指标，它通常是由于电子元件的老化、节流元件磨损、测温元件污染、弹性元件失效等原因造成的。

任务五　了解计量法

【学习目标】 了解计量的特点和计量法。

【能力目标】 宣传贯彻计量法。

运用《中华人民共和国计量法》相关条文开展工作。

一、知识准备

1. 计量的发展

计量在我国已有近5千年的历史。过去，计量在我国称为“度量衡”，“度”就是指长度计量，“量”就是指容量计量，“衡”就是指质量计量。其主要的计量器具是尺、斗、秤。随着社会的发展和科学技术的进步，它的概念和内容也在不断扩展和充实，远远超出“度量衡”的范畴。计量原本是物理学的一部分，或者说是物理学的一个分支，现已发展形成一门研究测量理论和实践的综合性学科——计量学。

计量学是有关测量知识领域的一门学科。然而它又不同于其他学科，具有双重属性，既属于自然科学，又属于社会科学。作为自然属性，它属于生产力的范畴，不是某种社会制度的产物，也不因某种社会制度的消亡而消亡；而作为社会属性，它又属于上层建筑，伴随着经济基础的发展而发展，与社会制度紧紧相连，不能脱离社会制度而单独存在。

计量的发展大体可分为三个阶段。

(1) 古典阶段

计量起源于量的概念。量的概念在人类产生的过程中就开始形成。人类从利用工具到制造工具，包含着对事物大小、多少、长短、轻重、软硬等的思维过程，逐渐产生了形与量的概念。在同自然界漫长的斗争中，人们首先学会了用感觉器官耳听、眼观、手量来进行计量。作为最高依据的“计量基准”，也多用人体的某一部分，或其他天然物如动物丝毛、植物果实或乐器等。例如，我国古代的“布手知尺”、“取权定重”、“迈步定亩”、“滴水计时”；英王亨利一世将其手臂向前平伸，从其鼻尖到指尖的距离定为“码”等。可见，计量的古典阶段是以经验为主的初级阶段。

我国计量工作具有悠久的历史，在计量古典阶段中为人类作出了突出的贡献。早在公元前26世纪，传说黄帝就设置了“衡、量、度、亩、数”五量。尤其在秦朝，秦始皇不仅统一了六国，而且统一了全国度量衡，为我国古代计量史写下光辉的一页。

历史回顾

度量衡的发展大约始于父系氏族社会末期。度量衡单位最初都与人体相关：“布手知尺，布指知寸”、“一手之盛谓之溢，两手谓之掬”。这时的单位尚有因人而异的弊病。《史记·夏本纪》中记载禹“身为度，称以出”，则表明当时已经以名人为标准进行单位的统一，出现了最早的法定单位。商代遗址出土有骨尺、牙尺，长度约合16cm，与中等身材的人大拇指和食指伸开后的指端距离相当。尺上的分寸刻划采用十进位，它和青铜器一样，反映了当时的生产和技术水平。

秦始皇统一全国后，推行“一法度衡石丈尺，车同轨，书同文字”，颁发统一度量衡诏书，制定了一套严格的管理制度。

(2) 经典阶段（近代阶段）

从世界范围看，1875年米制公约的签订，标志着计量经典阶段的开始。这阶段的主要特征是计量摆脱了利用人体、自然物体作为“计量基准”的原始状态，进入以科学为基础的发展时期。由于科技水平的限制，这个时期的计量基准大都是经典理论指导下的宏观实物基准。例如，根据地球子午线四分之一的一千万分之一长度制成长度基准米原器；根据1立方分米的纯水在密度最大时的质量制成了质量基准千克原器等。

这类实物基准，随着时间的推移，由于腐蚀、磨损，量值难免发生微小变化；由于原理和技术的限制，准确度也难以大幅度提高，以致不能适应日益发展的社会、经济的需要。于是不可避免地提出了建立更准确、更稳定的新型计量基准的要求。

(3) 现代阶段

现代计量的标志是由以经典理论为基础，转为以量子理论为基础，由宏观实物基准转为微观自然基准。也就是说，现代计量以当今科学技术的最高水平，使基本单位计量基准建立在微观自然现象或物理效应的基础之上。迄今为止，国际单位制中7个SI基本单位，已有5个实现了微观自然基准，即量子基准。量子基准的稳定性和统一性为现代计量的发展奠定了坚实的基础。

2. 计量的定义

《通用计量术语及定义》中，将“计量”定义为：实现单位统一、量值准确可靠的活动。计量是利用技术和法制手段实现单位统一和量值准确可靠的测量。

从定义中可以看出，它属于测量，源于测量，而又严于一般测量，是测量的一种特定形式。

计量是一种特殊形式的测量，它把被测量与国家计量部门作为基准或标准的同类单位量进行比较，以确定合格与否，并给出具有法律效力的《检定证书》。

计量包含了为达到统一和准确一致所进行的全部活动，如单位的统一、基准和标准的建立、进行量值传递、计量监督管理、测量方法及其手段的研究等。

唯有计量部门从事的测量才被称作“计量”。因为计量部门从事的测量是“实现单位统一、量值准确可靠的活动”之一。计量对于其他如天文、气象、测绘等部门所从事的测量提供了实现单位的统一、量值准确可靠的基本保证。而这些基本保证是这些部门测量活动自身无法做到的。

3. 计量的特征

计量不管处于哪一阶段，均与社会经济的各个部门，人民生活的各个方面有着密切的关系。随着社会的进步，经济的发展，加上计量的广泛性、社会性，必然对单位统一、量值准确可靠提出愈来愈高的要求。因此，计量必须具备以下四个特点。

计量的主要特征是统一性、准确性、溯源性和法制性。

(1) 准确性

准确性是计量的基本特点，是计量科学的命脉，计量技术工作的核心。它表征计量结果与被测量真值的接近程度。经检定、校准确定计量的准确性，以误差、不确定度为考核指标，来反映计量结果与被测量真值的接近程度。

只有量值，而无准确程度的结果，严格来说不是计量结果。准确的量值才具有社会实用价值。所谓量值统一，说到底是指在一定准确程度上的统一。

(2) 一致性

一致性是计量学最本质的特性，计量单位统一和量值统一是计量一致性的两个方面。然而，单位统一是量值统一的重要前提。量值的一致是指在给定误差范围内的一致。也就是对计量结果是否符合规定的技术指标的要求。计量的一致性，不仅限于国内，也适用于国际。

(3) 溯源性

为了使计量结果准确一致，任何量值都必须由同一个基准（国家基准或国际基准）传递而来。换句话说，都必须能通过连续的比较链与计量基准联系起来，这就是溯源性。因此，“溯源性”和“准确性”和“一致性”的技术归宗。任何准确、一致是相对的，它与科技水平，与人的认识能力有关。但是，“溯源性”毕竟使计量科技与人们的认识相一致，使计量的“准确”与“一致”得到基本保证。否则，量值出于多源，不仅无准确一致可言，而且势必造成技术和应用上的混乱。

量值的基准，是确保计量活动结果能满足量值的准确可靠和统一的基础。

(4) 法制性

计量的社会性本身就要求有一定的法制来保障。不论是单位制的统一，还是基标准的建立、量值传递网的形成、检定的实施等各个环节，不仅要有技术手段，还要有严格的法制监督管理，也就是说必须以法律法规的形式做出相应的规定。尤其是那些重要的或关系到国计民生的计量，更必须有法制保障。否则，计量的准确性、一致性就无法实现，其作用也无法发挥。

1985 年 9 月 6 日第六届全国人民代表大会常务委员会第十二次会议通过《中华人民共和国计量法》。我国计量以《中华人民共和国计量法》为准则，所有的计量活动应符合其规定。例如，必须使用法定计量单位；对社会公用计量标准器具，部门和企业、事业单位使用的最高计量标准器具，以及用于贸易结算、医疗卫生、安全防护、环境监测等方面的计量器具，实行强制检定等。对法定计量检定机构设置、计量标准建立、计量器具新产品形式评价（定型鉴定）或样机试验、计量器具监督检查以及产品质量检验机构的计量认证等各个环节都必须有严格的法律保障。

2011 年《中华人民共和国计量法》修订稿出台。

二、工作任务

1. 任务描述

查阅《通用计量术语及定义》，填写表 1-5。

2. 任务实施

表 1-5 计量术语含义

序 号	术 语	定 义
1	计量监督	
2	检定证书	
3	校准	
4	标称范围	

三、拓展训练

关注新《计量法》，比较与原《计量法》的差异，制作画报，宣传计量法。

【知识延伸】新《计量法》即将出台

新的计量法与现行计量法相比，主要区别在进一步明确各级计量行政主管部门的责任和义务，母法子法合并，调整适用范围等方面。

新修订的计量法和现行计量法的主要区别如下：一是母法与子法合并，即将计量法和计量法实施细则合并，以提高可操作性；二是调整并进一步明确各级计量行政主管部门的责任和义务；三是调整适用范围，除加强对计量器具管理外，增加对商品量的计量管理要求；四是改革量值传递方式，建立适应社会发展需要的量值传递和溯源体系；五是改革计量管理方式，制定统一的强制管理的计量器具目录，建立内外一致的管理制度；六是按照行政许可法的规定，适当调整有关行政许可的设定，确须保留的，予以保留，可以通过市场调节的，予以取消；七是强化法律责任，提高依法行政的有效性。

温度测量仪表的应用

任务一 温度测量仪表的类型

【学习目标】 了解国际温标含义、单位及其组成的要素。

知道常用测温方法及测温仪表种类。

【能力目标】 能根据检测需要选择适合的温度计。

一、知识准备

1. 温度和温标

温度是表示物体冷热程度的物理量，自然界中的许多现象都与温度有关。在工农业生产和科学实验中，会遇到大量有关温度测量和控制的问题。

从微观上看，温度标志着物质分子热运动的剧烈程度。温度的宏观概念是建立在热平衡基础上的。任意两个冷热程度不同的物体相互接触，它们之间必然会发生热交换现象，热量要从温度高的物体传向温度低的物体，直到两物体之间的温度完全一致时，这种热传递现象才停止。

当两个物体同处于一个系统中而达到热平衡时，则它们就具有相同的温度。因此可以从一个物体的温度得知另一个物体的温度，这就是测温的依据。如果事先已经知道一个物体的某些性质或状态随温度变化的确定关系，就可以以温度来度量其性质或状态的变化情况，这就是设计与制作温度计的数学物理基础。

用来度量物体温度数值的标尺叫做温度标尺，简称温标。温标规定了温度的读数起点（零点）和测量温度的基本单位。目前国际上用得较多的温标有华氏温标、摄氏温标、热力学温标和国际实用温标。华氏温标、摄氏温标均属于经验温标，它是借助于某一种物质的物理量与温度变化的关系，用实验方法或经验公式所确定的温标。

热力学温标又称开尔文（开氏）温标，或称绝对温标，它规定分子运动停止时的温度为绝对零度。热力学温标理论基础是：高温热源与低温热源的温度之比，等于在这两个热源之间运转的卡诺热机吸热量与放热量绝对值之比。如果指定了一个定点温度数值，就可以通过热量比求得未知温度值。热力学温标体现出温度仅与热量有关而与测温物质的任何物理性质无关，是一种理想温标，已由国际权度大会采纳作为国际统一的基本温标。

由热力学温标规定的温度称为热力学温度，并以符号“T”表示。它定义标准条件下水的三相点（水蒸气、水、冰共存点）的温度值为273.16开尔文，开尔文（简称开）是温度的单位，符号为K，1K相当于水三相点温度的1/273.16。沸点与三相点之间分为100等份，每等份1K，将水的三相点以下273.16K定为绝对零度（0K）。

由于卡诺循环是理想循环，卡诺热机实际上并不存在，因此热力学温标是无法实现的。为此，人类一直在研究、寻求一种既准确、又易行的统一的温标。为了使用方便，国际上经协商，决定建立一种既使用方便，又具有一定科学技术水平的温标，这就是国际温标的由来。

协议性国际实用温标是在1927年第七届国际计量大会上建立的，称为IPTS-27，以后随着科学技术的发展，先后又对国际温标作了几次重大修正。根据第18届国际计量大会及第77届国际计量委员会的决议，建议从1990年起在全世界范围开始实行新的“1990国际温标（ITS-90）”。我国自1994年1月1日起全面实施ITS-90国际温标。ITS-90的一些内容和规定如下。

在ITS-90中同时使用国际开尔文温度（符号为T_{90}）和国际摄氏温度（符号为t_{90}）。其关系为

$$t_{90}=T_{90}-273.15\ (℃) \tag{2-1}$$

式中，T_{90}单位为开尔文（K），t_{90}单位为摄氏度（℃）。

温度范围为平衡氢三相点（13.8033K）到银凝固点（961.78℃）之间，标准仪器应用铂电阻温度计。温度是用铂电阻温度计来定义的，它使用一组规定的定义固定点并利用规定的内插方法分度。

温度范围为银凝固点（961.78℃）以上，温度借助于一个定义固定点和普朗克辐射定律来定义。所用仪器为光学或光电高温计。

2. 温度测量仪表的分类

温度测量仪表按测温方式可分为接触式和非接触式两大类。

(1) 接触法

当两个物体接触后，经过足够长的时间达到热平衡后，则它们的温度必然相等。如果其中之一为温度计，就可以用它对另一个物体实现温度测量，这种测温方式称为接触法。通常来说，接触式测温仪表比较简单、可靠，测量准确度较高；但因测温元件与被测介质需要进行充分的热交换，需要一定的时间才能达到热平衡，所以存在测温的延迟现象，同时受耐高温材料的限制，不能应用于很高的温度测量。

(2) 非接触法

利用物体的热辐射能随温度变化的原理测定物体温度，这种测温方式称为非接触法。测温元件不与被测物体接触，不受测温上限的限制，也不改变被测物体的温度分布，热惯性小。通常用来测定1000℃以上的移动、旋转或反应迅速的高温物体的温度。但实际使用时，测量准确度受到物体的发射率、测量距离、烟尘和水汽等外界因素的影响。

温度测量仪表也可按工作原理划分为膨胀式、热电阻式、热电偶式、辐射式等类别；也可根据温度范围分为高温、中温、低温仪表等；或按仪表精度分基准仪表、标准仪表等。

二、工作任务

1. 任务描述

阅读表 2-1，选择合适的温度检测仪表并填写表 2-2。

2. 任务实施

表 2-1　常用的温度检测仪表的方法及特点

<table>
<tr><th colspan="4">温度计或传感器类型</th><th>测量范围/℃</th><th>精度/%</th><th>特　点</th></tr>
<tr><td rowspan="7">接触式</td><td rowspan="4">热膨胀式</td><td colspan="2">水银</td><td>−50～650</td><td>0.1～1</td><td>简单方便、易损坏(水银污染)；感温部大</td></tr>
<tr><td colspan="2">双金属</td><td>0～300</td><td>0.1～1</td><td>结构紧凑、牢固可靠</td></tr>
<tr><td rowspan="2">压力</td><td>液体</td><td>−30～600</td><td rowspan="2">1</td><td rowspan="2">耐振、坚固、价廉；感温部大</td></tr>
<tr><td>气体</td><td>−20～350</td></tr>
<tr><td>热电偶</td><td colspan="2">铂铑-铂
其他</td><td>0～1600
−200～1100</td><td>0.2～0.5
0.4～1.0</td><td>种类多、适应性强、结构简单、经济方便、应用广泛。须注意寄生热电势及动圈式仪表电阻对测量结果的影响</td></tr>
<tr><td rowspan="2">热电阻</td><td colspan="2">铂
镍
铜</td><td>−260～600
−500～300
0～180</td><td>0.1～0.3
0.2～0.5
0.1～0.3</td><td>精度及灵敏度均较好，感温部大，须注意环境温度的影响</td></tr>
<tr><td colspan="2">热敏电阻</td><td>−50～350</td><td>0.3～0.5</td><td>体积小，响应快，灵敏度高，线性差，须注意环境温度影响</td></tr>
<tr><td>非接触式</td><td colspan="3">辐射温度计
光学高温计</td><td>800～3500
700～3000</td><td>1
1</td><td>非接触测温，不干扰被测温度场，辐射率影响小，应用简便</td></tr>
</table>

表 2-2　温度测量仪表认识及选择表

序　号	检　测　要　求	选择仪表类型及理由
1	测量高温，如火焰温度	
2	测量环境温度，场地潮湿振动，就地显示温度	
3	测量温度范围 1000℃左右，检测信号需送远方显示	
4	测转动机械轴承温度，检测信号需送远方显示	

三、拓展训练

① 查阅资料，了解国际温标 ITS-90 的主要内容。

② 常用的温度测量仪表有哪些？说说你见过的温度计种类及应用场合。

③ 阅读下段文字，理解后绘图示意温度标准的三级传递系统。

【知识延伸】温标传递

温标传递是量值传递之一。量值传递是计量领域中的常用术语，它是依据计量法、检定系统和检定规程，逐级地进行溯源测量的范畴。量值传递是通过检定，将国家基准所复现的计量单位量值通过计量标准逐级传递到工作计量器具，以保证测量的准确和一致的全部过程。国家基准具有现代科学技术所能达到的最高准确度等级，然而实际测量并不都需要这样高的准确度，除个别情况外，国家基准不直接用于测量。因此要建立相应计量标准，以把国家基准复现的量值，通过检定程序，科学、合理、经济地逐级传递到工作用的计量器具。

与国际实用温标有关的基准仪器均由国家指定机构（我国由中国计量科学研究院）保存，为了统一全国的温度量值，建立了一套传递检定系统。在基准温度计下面，设有一等和二等标准温度计，通过逐级检定，将中国计量科学研究院所建立和保存的国际实用温标传递到各部门和各地区去。

简明地说，我国的温标量值传递建立的是三级传递系统：由国家级掌握的基准器具和工作基准器具向省级一等标准器具进行检定的属一级量值传递；由省级掌握的一等标准器具向厂级二等、三等标准器具进行检定的属二级量值传递；由厂级二等、三等标准器具向工业现场仪表进行检定的属三级量值传递。

任务二 膨胀式温度计的应用

【学习目标】了解膨胀式温度计的种类及结构。

【能力目标】会安装和使用水银温度计、双金属温度计和压力式温度计。

子任务一 双金属温度计测温

一、知识准备

膨胀式温度计是利用物体受热膨胀的原理制成的温度计，主要有液体膨胀式温度计、固体膨胀式温度计和压力式温度计三种。液体膨胀式温度计就是通常的玻璃温度计，利用玻璃感温包内的测温物质受热膨胀、遇冷收缩的原理进行温度测量；固体膨胀式温度计利用两种线膨胀系数不同的材料制成，有杆式和双金属片式两种。压力式温度计是利用密闭容积内工作介质随温度升高而压力升高的性质，通过对工作介质的压力测量来判断温度值的一种机械式仪表。

双金属温度计是一种适合测量中、低温的现场检测工业仪表，可测量－80～＋600℃范围内的温度，可用来直接测量并显示气体、液体和蒸气的温度，带电接点的双金属温度计，能在工业温度超过给定值时自动发出控制信号切断电源或报警。双金属温度计具有防水、防腐蚀、耐振性能好和无汞害、易读数、坚固耐用等优点，在工业中作为主要的就地低温指示仪表。近年来，出现了采用双金属温度计与热电偶/热电阻一体的温度计，既满足现场测温需求，亦满足远距离传输需求。

历史回顾

最早的温度测量仪表，是意大利人伽利略于1592年创造的。它是一个带细长颈的大玻璃泡，倒置在一个盛有葡萄酒的容器中，从其中抽出一部分空气，酒面就上升到细颈内。当外界温度改变时，细颈内的酒面因玻璃泡内的空气热胀冷缩而随之升降，因而酒面的高低就可以表示温度的高低，实际上这是一个没有刻度的指示器。

1735年，有人尝试利用金属棒受热膨胀的原理制造温度计，到18世纪末，出现了双金属温度计。

二、工作任务

1. 任务描述

① 拆解一支双金属温度计，观察结构，复装温度计。

② 探究双金属温度计检测温度原理。

③ 安装并使用双金属温度计测温。

④ 校验双金属温度计。

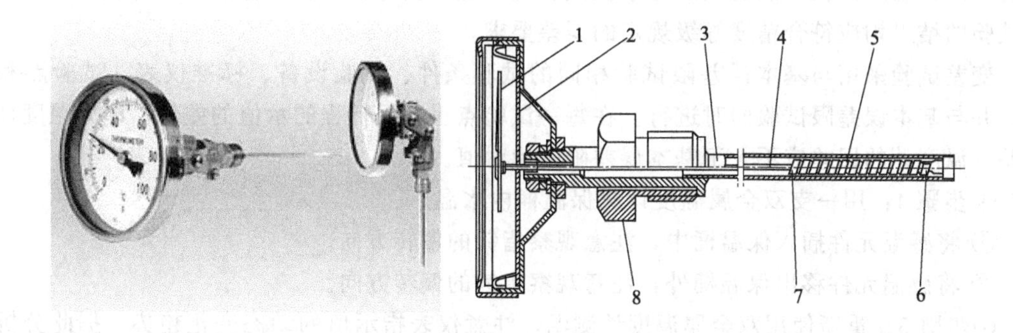

图 2-1　WSS 型双金属温度计的外观及内部结构

1—指针；2—刻度盘；3—保护套管；4—细轴；5—感温元件；
6—固定端；7—自由端；8—紧固装置

2. 任务实施

器具：两只同型号双金属温度计，一只保温桶，工具一套。

步骤 1：选择一只 WSS 型双金属温度计拆解，观察内部结构（图 2-1）。

【知识链接】 双金属温度计由螺旋形双金属感温元件、支撑双金属感温元件的细轴、连接指针与双金属片顶端的杠杆、刻度盘、保护套管和固定螺母组成。双金属感温元件置于保护套管内，一端固定在套管底部，另一端连接在细轴上，细轴的顶端装有指针。为提高测温灵敏度，通常将金属片制成螺旋卷形状。

步骤 2：探究双金属温度计检测原理。

【知识链接】 双金属温度计是利用两种不同金属在温度改变时膨胀程度不同的原理工作的。工业用双金属温度计主要的元件是一个用两种或多种金属片叠压在一起组成的多层金属片。

图 2-2 所示就是双金属温度计敏感元件，它们是两种热膨胀系数不同的金属片 A、B 组合而成，例如一片是黄铜，另一片是镍钢，当温度由 t_0 变化到 t_1 时，由于 A、B 两者热膨胀不一致而发生弯曲，双金属片自由端产生角位移，角位移的大小与温度成一定的函数关系，通过标定刻度，即可测量温度。

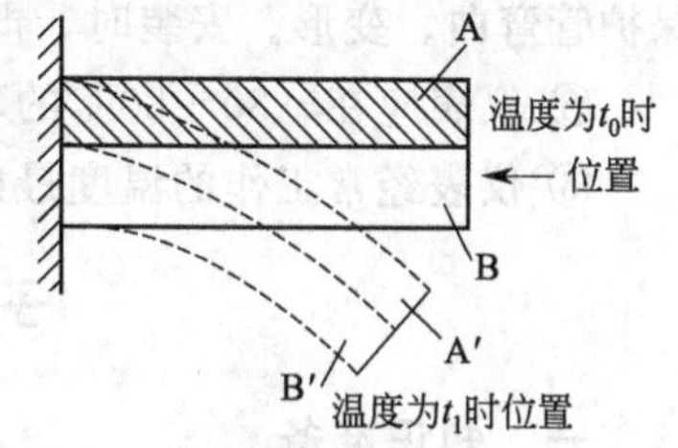

图 2-2　双金属温度计测温原理

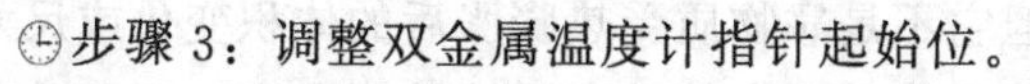

步骤 3：调整双金属温度计指针起始位。

【知识链接】 双金属温度计安装前要进行标定，简单的办法是用一支标准水银温度计对照检查它的室温示值，然后在热水或沸水中校验它在某一点的指示准确度。在校验过程中，注意观察它的传动系统是否灵活，指针是否平稳地移动。当检查合格后，该温度计方能进行安装，用于温度测量。

校验设备为恒温槽，标准仪表为标准温度计。每台温度计的试验点不得少于4个，且应均匀分布在测量范围内的长标度线上（包括测量上限、下限和0℃）。

将被试温度计的检测元件与标准温度计插在恒温槽中，恒温槽温度应稳定在规定的试验点温度，由标准温度计读数，然后读取被试温度计的示值。被试温度计与标准温度计示值的差值，即为温度计在该试验点的基本误差。应沿正、反行程在各试验点至少各试验一次，每次试验的结果均应符合精度等级规定的误差要求。

变差试验采用与基本误差限试验相同的试验条件、试验设备、标准仪表、试验点和方法，并与基本误差限试验同时进行。在每一试验点正、反行程的示值的差值，即为温度计的回差，温度计的回差应不大于基本误差限的绝对值。

步骤4：用一支双金属温度计测保温桶内水温。

① 将感温元件插入保温桶中，注意观察指针的偏转方向。

② 将感温元件移出保温桶外，注意观察指针的偏转方向。

步骤5：重新使用双金属温度计测温，注意仪表指示值的动态变化趋势，据此分析接触式测温方法测温时的动态特性。

三、拓展训练

① 将两支同型号双金属温度计同时插入保温桶中，一支插入较深，一支插入较浅，注意观察两支温度计指针指示是否相同并分析原因。

② 了解双金属温度计使用注意事项。

【知识延伸】双金属温度计使用时注意事项

双金属温度计在使用时必须注意以下事项。

① 应根据实际被测温度选用合适量程的温度计，使用中不应超过其允许的温度范围，以免影响使用寿命。

② 使用过程中，要保持表体清洁，以便于读数，同时应注意维护保养，勿使温度计感温部分腐蚀、锈烂。

③ 双金属温度计主要易出现的故障是机械传动系统卡涩、动作不灵活、连接松脱等现象。

④ 双金属温度计在保管、安装、使用及运输过程中，应尽量避免碰撞保护管，切勿使保护管弯曲、变形。安装时，严禁扭动仪表外壳。

⑤ 仪表应在－30～80℃的环境温度内正常工作。

⑥ 仪表经常工作的温度最好能在刻度范围的1/2～3/4处。即满量程的60%左右。

子任务二 压力式温度计测温

一、知识准备

压力式温度计虽然属于膨胀式温度计，但它不是靠物质受热膨胀后的体积变化或尺寸变化反映温度，而是靠在密闭容器中液体或气体受热后压力的升高反映被测温度，因此这种温度计的指示仪表实际上就是普通的压力表。

压力式温度计主要由温包、毛细管和压力敏感元件（如弹簧管）组成，如图2-3所示。温包、毛细管和弹簧管三者的内腔共同构成一个封闭容器，其中充满工作物质。温包直接与被测介质接触，它把温度变化充分地传递给内部工作物质。所以，其材料应具有防腐能力，

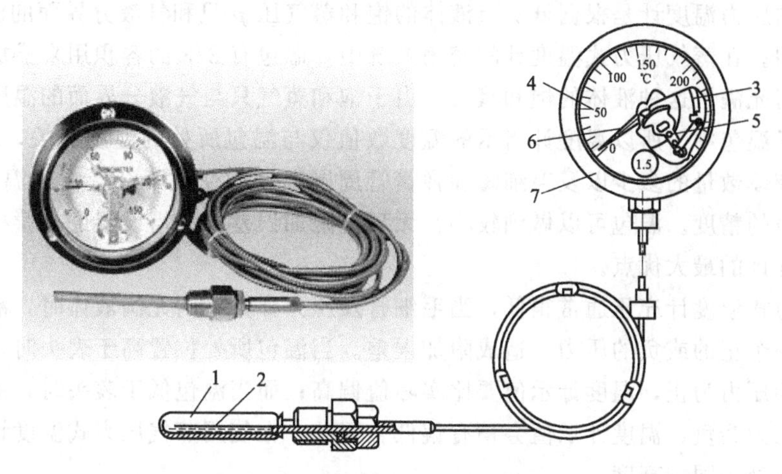

图 2-3 压力式温度计的外观及内部结构

1—温包；2—毛细管；3—弹簧管；4—刻度盘；5—齿轮传动机构；6—示值指针；7—表壳

并有良好的导热率。为了提高灵敏度，温包本身的受热膨胀应远远小于其内部工作物质的膨胀，故材料的体膨胀系数要小。此外，还应有足够的机械强度，以便在较薄的容器壁上承受较大的内外压力差。当温包受热后，将使内部工作物质温度升高而压力增大，此压力经毛细管传到弹簧管内，使弹簧管产生变形，并由传动系统带动指针，指出相应的温度值。由于压力式温度计的毛细管可以长达几十米，而且结构简单，价格便宜，被广泛应用于生产过程中较远距离的非腐蚀性液体或气体温度的测量。

目前生产的压力温度计根据充入密闭系统内工作物质的不同可分为充气体的压力温度计和充蒸气的压力温度计。

1. 充气体的压力温度计

气体状态方程式 $pV=mRT$ 表明，对一定质量 m 的气体，如体积 V 一定，则它的温度 T 与压力 p 成正比。因此，在密封容器内充以气体，就构成充气体的压力温度计。

气体压力式温度计的感温介质一般为氮气，它的物理化学性质稳定，而且压力与温度之间呈线性关系，压力不会因温度的升高而急剧增长。所以该类温度计的上限温度相对于蒸气压力式温度计的上限温度要高许多，一般为 500～600℃。在低温下则充氢气，它的测温下限可达－120℃。在过高的温度下，温包中充填的气体会较多地透过金属壁而扩散，这样会使仪表读数偏低。

对于气体压力式温度计，如果感温介质和毛细管材料、弹簧管材料的膨胀系数不同，环境温度变化就会产生测量误差。为了减小这一误差，生产厂家的一种做法就是另外再装一根补偿毛细管和弹簧管。这种方法可以同时补偿毛细管和弹簧管周围环境温度变化所引起的误差，但其成本较高；另一种方法就是在弹簧管自由端与传动放大机构之间引入一个双金属片。环境温度变化时，双金属片产生相应的变形，以此来补偿弹簧管周围环境温度变化引起的误差。还有一种方法就是在毛细管中放置一根细长的金属丝，当环境温度变化时，毛细管内壁和金属丝之间所形成的环形空间的容积变化刚好与其内部工作液体的体积变化量相等，以此来补偿毛细管的温度附加误差。常用最简单的方法就是采用加大温包容积来减小这一误差。

2. 充蒸气的压力温度计

充蒸气的压力温度计是根据低沸点液体的饱和蒸气压 p 只和气液分界面的温度 t 有关这一原理制成的。在蒸气压力式温度计的密闭系统中，温包有 2/3 的容积用来盛放低沸点的液体，其余空间充满了这种液体的饱和蒸气。由于饱和蒸气只与气液分界面的温度有关，且这个分界面处于温包中，所以温度计指示的温度数值仅与温包所处的温度有关，温包的大小、温包内填充液体数量的多少以及毛细管和弹簧管周围温度的变化不会影响到温度计的示值，也不影响仪表的精度。温包可以做到较小，无环境附加误差，无需设温度补偿机构。这是蒸气压力式温度计的最大优点。

蒸气压力式温度计充压通常很低，当毛细管及压力弹簧管内充满液体时，液柱高度将对压力表施加一个正的或负的压力，造成附加误差。当温包所处位置高于表头时，液柱高度对压力表施加的压力为正，温度计示值要比实际值偏高；而当温包低于表头时，液柱高度对压力表施加的压力为负，温度计示值会稍有偏低。因此，在使用蒸气压力式温度计时，温包与表头的位置应处于同一高度。

在使用条件下大气压力的数值与仪表标定时不一致，对于蒸气压力式温度计，由于初始填充压力和系统的工作压力一般都比较低，因此大气压力变化会造成仪表测量附加误差，可以在仪表投入使用前在现场重新校正仪表零点以减小此项误差。

二、工作任务

1. 任务描述

① 拆解一支压力式温度计，观察结构，复装温度计。

② 使用专用器具调整压力式温度计零位。

③ 安装并使用压力式温度计测水温。

2. 任务实施

器具：两支同型号压力式温度计，一只保温桶，工具一套。工作步骤见表 2-3。

表 2-3 压力式温度计使用记录表

工作过程	工 作 内 容	操 作 结 果
步骤 1	检查起始位，若不正确，则调整	起始位_______℃，____(是/否)调整
步骤 2	将温包插入保温桶中，注意观察指针的偏转方向	指针_______(顺/逆)时针偏转
步骤 3	将温包移出保温桶外，注意观察指针的偏转方向	指针_______(顺/逆)时针偏转
步骤 4	将两支同型号压力式温度计同时插入保温桶中，第一支温包全部插入，第二支温包部分插入，注意观察	两支温度计指针指示_____是/否)相同；第____支温度指示值高

【知识链接】调校方法

计量部门在检定后，若压力式温度计只是示值超差，应采取有效的校正措施。

① 若各温度点示值误差基本相同，将铅封去除，保护外壳取下，用起针器将指针拿出。在该温度计全量程的 2/3 或 3/4 处取常用的一个温度点，将恒温槽控制在该温度，把温包置于恒温槽中，校正好指针的位置，使该点误差为零。再重新检定一遍。

② 若各温度点误差逐渐增加或减小，将恒温槽控制在该温度计量程中间位置的温度，校正好指针的位置，使该点误差为零。或对连杆做微小调节。再进行重新检定。

③ 若有比较复杂的变化，无规律可循，则视情况而定。可以经过用户同意降级使用，

不能降级的做不合格处理。

三、拓展训练

① 将两只同型号压力式温度计同时插入保温桶中，一只毛细管弯折，注意观察两支温度计指针指示是否相同并分析原因。

② 压力式温度计起始位是否一定是零位？如何调整起始位？

③ 了解压力式温度计安装使用注意事项。

【知识延伸】压力式温度计安装使用时注意事项

压力式温度计安装与使用时需注意的事项。

① 被测介质对温包应无腐蚀作用。

② 检查温度计是否经过计量部门检验合格，并处于有效期内。读取并处理数据时应加上计量部门给出的相应温度点的修正值。

③ 应选用合适量程的压力式温度计。应使经常指示的温度位于全量程的 2/3 或 3/4 左右，这样观察方便读数可靠。

④ 表头应垂直安装在没有振动的安装板上。

⑤ 压力式温度计在使用时应将温包全部插入被测介质中，并尽量达到最大深度，以免影响测量准确度。如果温包只有一部分浸入被测介质中，则由于散热损失，温度计显示温度将低于介质实际温度。但是也不能将一部分毛细管插入介质中去，否则毛细管中感温介质会因为所处温度的变化而使温度计显示温度高于介质实际温度。

⑥ 压力式温度计的毛细管不得受挤压，并注意保持毛细管畅通。如需要将毛细管弯曲安装时，其弯曲半径不得小于 50mm，以便于温包中产生的压力能迅速准确地传至测量机构。

⑦ 考虑到压力式温度计的滞后性，应在稳定后读数。

任务三　热电偶温度计的应用

【学习目标】 理解热电偶热电动势的产生及热电偶结构种类。
理解热电偶基本定律及应用。

【能力目标】 能辨识热电偶材料，能拆装热电偶。
掌握热电偶冷端温度补偿的处理方法，会正确连接补偿导线。
能进行热电偶的安装、校验、维修等工作。

子任务一　热电偶测温探究

一、知识准备

热电偶温度表是目前国内外科研和生产中应用最广泛的一种温度电测仪表，通常由热电偶、热电偶冷端温度补偿装置（或元件）和显示仪表三部分组成，三者之间用导线连接起来。它将温度信号转换成电势（mV）信号，配以测量毫伏的仪表或变送器可以实现温度的测量或温度信号的转换，具有结构简单、制作方便、测量范围宽、准确度高、性能稳定、复现性好、体积小、响应时间短等各种优点。它既可以用于流体温度测量，也可以用于固体温度测量，既可以测量静态温度，也能测量动态温度，并且直接输出直流电压信号，便于测量、信号传输、自动记录和控制等。

热电偶是通过把两根不同的导体或半导体线状材料 A 和 B 的一端焊接起来而形成的。A、B 就称为热电极（或热电偶丝）。焊接起来的一端置于被测温度处，称为热电偶的热端（或称测量端、工作端）；非焊接端称为冷端（或参考端、自由端），冷端则置于被测对象之外温度为 t_0 的环境中。

> **历史回顾**
>
> 1821 年，德国物理学家塞贝克（Thomas Johann Seebeck）发现热电效应，也称作塞贝克效应。丹麦物理学家 Hans Christian 在热电现象的解释方面起到了关键的作用。
>
> 1823 年贝克勒尔（Becquerel）提出应用热电效应来测温。
>
> 1886 年法国化学家勒夏特列埃（Le Chatelier）开发了实用型的热电偶。

二、工作任务

1. 任务描述

① 将热电偶与检流计连接成闭合回路。

② 将热电偶一端加热，产生热电效应。

③ 探索热电势产生机理。

④ 填写表 2-4。

表 2-4 热电效应实验数据记录表

工作过程	工 作 内 容	操 作 结 果
步骤 1	两根热电偶丝颜色	一根为_____色；另一根为_____色
步骤 2	检流计调零	
步骤 3	用导线将热电偶和检流计连接起来	检流计指针位置_____（是/否）改变
步骤 4	热电偶一端靠近火焰	检流计指针_____（是/否）偏转
步骤 5	热电偶热端离开火焰	检流计指针偏转方向_____（是/否）改变

2. 任务实施

器具：裸露热电偶（去掉保护套管）一支，检流计 1 个，导线若干，酒精灯 1 个。

步骤 1：选择一支普通 K 型热电偶温度计，打开接线盒，将热电偶从保护套管中取出，观察两根热电偶丝颜色不同。

图 2-4 热电效应演示接线图

步骤 2：选择一只高灵敏度的检流计，将指针位置调零。

步骤 3：用导线将热电偶两根热电极丝和检流计按照图 2-4 连接起来，观察检流计指针位置。

【知识链接】热电效应

把热电偶的两个冷端连接起来形成一个闭合回路，如图 2-4 所示，则当热端和冷端温度不相等时，回路中有电流流过，这说明在回路中产生了电动势。由于热电偶两个接点处的温度不同而产生的电动势称为热电（动）势，上述现象称为热电效应，或称塞贝克效应，热电偶就是利用热电效应来测量温度的。进一步的研究表明，热电势是由接触电势和温差电势组成的。

步骤 4：点燃酒精灯，使热电偶一端靠近火焰，注意观察检流计指针的偏转方向。

⑪步骤 5：使热电偶这一端离开火焰，注意观察指针的偏转方向。

⑫步骤 6：将热电偶两根热电极丝与检流计正负接线柱对调，重复步骤 3 和步骤 4，注意观察指针的偏转方向。

【知识链接】接触电势

两种均质导体 A 和 B 接触时，由于 A 和 B 中的自由电子密度不同（设自由电子密度 $N_A > N_B$），导体 A 将通过接点向导体 B 进行自由电子扩散，则 A 失去电子，B 积累电子，从而接点两侧产生电位差，建立了静电场，如图 2-5 所示。静电场的存在将阻止自由电子继续扩散。当扩散力和电场力的作用相互平衡时，电子的扩散就相对停止，最终在接点两侧之间产生电势，此电势称为接触电势，其中 t 为接点处的温度，从理论上可以证明接触电势的大小与接触面温度和两种导体的性质有关。方向如图 2-5 所示，由电子密度小的电极指向电子密度大的电极。温度越高，接触电势越大；两种导体电子密度比值越大，接触电势也越大。

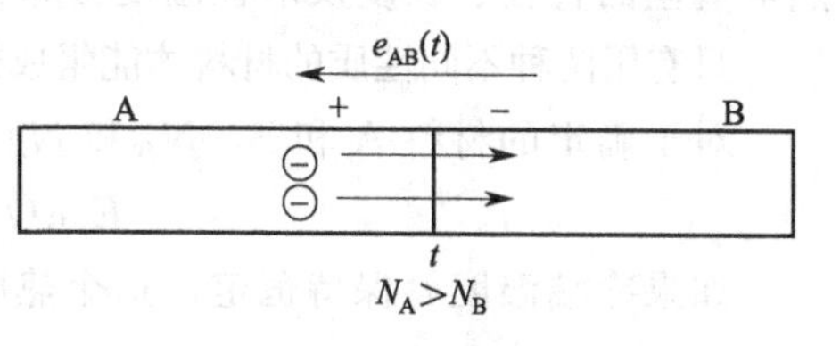

图 2-5　热电偶接触电势

【知识链接】温差电势

因导体的自由电子密度会随温度升高而增大，因此当同一导体两端温度不同时（如图 2-6 所示，$t > t_0$），温度高的一端自由电子密度将高于温度低的一端，因此在两端之间也会出现与接触电势中相似的自由电子扩散过程，最终在导体的两端间产生电位差，建立起电势，这种电势被称为温差电势，用符号 $E_A(t,t_0)$ 表示，其大小与导体两端温度 t、t_0 及导体性质有关，方向如图 2-6 所示，由低温端指向高温端。

【知识链接】热电势

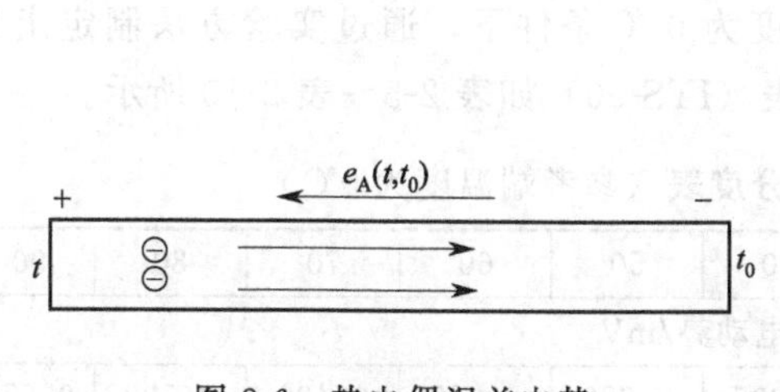

图 2-6　热电偶温差电势

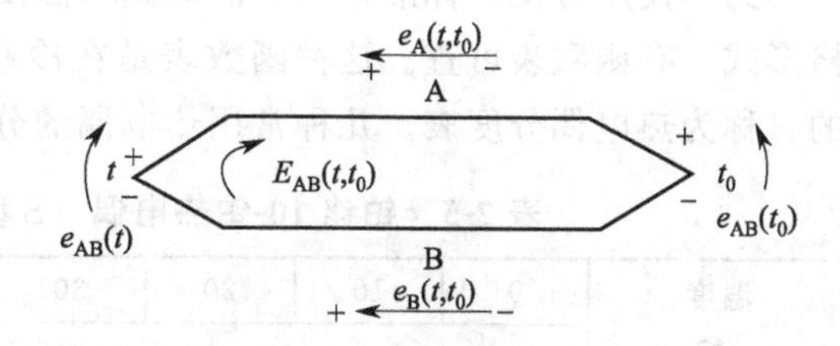

图 2-7　热电偶热电势

在图 2-7 所示的热电偶回路中，当 $t > t_0$、$N_A > N_B$ 时，回路内将产生两个接触电势，两个温差电势。各电势的方向如图 2-7 所示。这时，回路的总电势，即热电势是这些接触电势和温差电势的代数和。

由于温差电势比接触电势小，又因为 $t > t_0$，所以在总电势中，接触电势所占百分比最大，故总电势的方向取决于 $E_{AB}(t)$ 的方向。又因 A 的电子密度大，所以 A 为正极，B 为负极，在正热电极里，电势的方向由热端指向冷端。

进行理论推导，可得

$$E_{AB}(t,t_0) = \frac{K}{e}\int_{t_0}^{t} \ln \frac{N_A(t)}{N_B(t)}\,dt \qquad (2\text{-}2)$$

式中 e——单位电荷，4.802×10^{-10}静电单位；

K——波尔兹曼常数，1.38×10^{-23} J/K；

$N_A(t)$，$N_B(t)$——材料A、B在温度为t时的自由电子密度；

t，t_0——接触点的温度，℃。

从式(2-2)可以得到如下结论。

热电偶回路热电势的大小只与组成热电偶的材料和材料两端连接点所处的温度有关，与热电偶丝的直径、长度及沿程温度分布无关。

只有用两种不同性质的材料才能组成热电偶，相同材料组成的闭合回路不会产生热电势。

对于确定的材料A和B，N_A和N_B与t的关系已知，则式(2-2)可简写成下面的形式

$$E_{AB}(t,t_0)=f(t)-f(t_0) \tag{2-3}$$

如果冷端温度t_0保持恒定，这个热电势就是热端温度t的单值函数，即

$$E_{AB}(t,t_0)=f(t)-C \tag{2-4}$$

热电偶的两个热电极材料确定之后，热电势的大小只与热电偶两端接点的温度有关，是两个分别与接点温度有关的函数之差。由式(2-4)可知，如果冷端温度t_0保持恒定，回路总热电势$E_{AB}(t,t_0)$只是温度t的单值函数。因此，测得热电势，就可以确定被测温度t的数值，这就是热电偶测量温度的原理。

三、拓展训练

① 热电偶两端温度相同时，检流计指针在零位说明什么？热电偶产生热电势必须具备什么条件？

② 热电现象可以利用来做什么？简述热电偶的测温原理。

③ 阅读表2-5～表2-10，深入了解热电偶的热电特性。

【知识延伸】热电偶分度表

为了使用方便，标准化热电偶的热端温度与热电势之间的对应关系都制成易于查找的表格形式，有函数表可查。这种函数表是在冷端温度为0 ℃条件下，通过实验方法制定出来的，称为热电偶分度表。几种常用热电偶的分度表（ITS-90）如表2-5～表2-10所示。

表2-5 铂铑10-铂热电偶（S型）分度表（参考端温度为0℃）

温度/℃	0	10	20	30	40	50	60	70	80	90
	热电动势/mV									
0	0.000	0.055	0.113	0.173	0.235	0.299	0.365	0.432	0.502	0.573
100	0.645	0.719	0.795	0.872	0.950	1.029	1.109	1.190	1.273	1.356
200	1.440	1.525	1.611	1.698	1.785	1.873	1.962	2.051	2.141	2.232
300	2.323	2.414	2.506	2.599	2.692	2.786	2.880	2.974	3.069	3.164
400	3.260	3.356	3.452	3.549	3.645	3.743	3.840	3.938	4.036	4.135
500	4.234	4.333	4.432	4.532	4.632	4.732	4.832	4.933	5.034	5.136
600	5.237	5.339	5.442	5.544	5.648	5.751	5.855	5.960	6.065	6.169
700	6.274	6.380	6.486	6.592	6.699	6.805	6.913	7.020	7.128	7.236
800	7.345	7.454	7.563	7.672	7.782	7.892	8.003	8.114	8.255	8.336
900	8.448	8.560	8.673	8.786	8.899	9.012	9.126	9.240	9.355	9.470
1000	9.585	9.700	9.816	9.932	10.048	10.165	10.282	10.400	10.517	10.635

续表

温度/℃	0	10	20	30	40	50	60	70	80	90
	热电动势/mV									
1100	10.754	10.872	10.991	11.110	11.229	11.348	11.467	11.587	11.707	11.827
1200	11.947	12.067	12.188	12.308	12.429	12.550	12.671	12.792	12.912	13.034
1300	13.155	13.397	13.397	13.519	13.640	13.761	13.883	14.004	14.125	14.247
1400	14.368	14.610	14.610	14.731	14.852	14.973	15.094	15.215	15.336	15.456
1500	15.576	15.697	15.817	15.937	16.057	16.176	16.296	16.415	16.534	16.653
1600	16.771	16.890	17.008	17.125	17.243	17.360	17.477	17.594	17.711	17.826
1700	17.942	18.056	18.170	18.282	18.394	18.504	18.612	—	—	—

表 2-6 镍铬-镍硅热电偶（K 型）分度表（参考端温度为 0℃）

温度/℃	0	10	20	30	40	50	60	70	80	90
	热电动势/mV									
0	0.000	0.397	0.798	1.203	1.611	2.022	2.436	2.850	3.266	3.681
100	4.095	4.508	4.919	5.327	5.733	6.137	6.539	6.939	7.338	7.737
200	8.137	8.537	8.938	9.341	9.745	10.151	10.560	10.969	11.381	11.793
300	12.207	12.623	13.039	13.456	13.874	14.292	14.712	15.132	15.552	15.974
400	16.395	16.818	17.241	17.664	18.088	18.513	18.938	19.363	19.788	20.214
500	20.640	21.066	21.493	21.919	22.346	22.772	23.198	23.624	24.050	24.476
600	24.902	25.327	25.751	26.176	26.599	27.022	27.445	27.867	28.288	28.709
700	29.128	29.547	29.965	30.383	30.799	31.214	31.214	32.042	32.455	32.866
800	33.277	33.686	34.095	34.502	34.909	35.314	35.718	36.121	36.524	36.925
900	37.325	37.724	38.122	38.915	38.915	39.310	39.703	40.096	40.488	40.879
1000	41.269	41.657	42.045	42.432	42.817	43.202	43.585	43.968	44.349	44.729
1100	45.108	45.486	45.863	46.238	46.612	46.985	47.356	47.726	48.095	48.462
1200	48.828	49.192	49.555	49.916	50.276	50.633	50.990	51.344	51.697	52.049
1300	52.398	52.747	53.093	53.439	53.782	54.125	54.466	54.807	—	—

表 2-7 铂铑 30-铂铑 6 热电偶（B 型）分度表（参考端温度为 0℃）

温度/℃	0	10	20	30	40	50	60	70	80	90
	热电动势/mV									
0	−0.000	−0.002	−0.003	0.002	0.000	0.002	0.006	0.11	0.017	0.025
100	0.033	0.043	0.053	0.065	0.078	0.092	0.107	0.123	0.140	0.159
200	0.178	0.199	0.220	0.243	0.266	0.291	0.317	0.344	0.372	0.401
300	0.431	0.462	0.494	0.527	0.516	0.596	0.632	0.669	0.707	0.746
400	0.786	0.827	0.870	0.913	0.957	1.002	1.048	1.095	1.143	1.192
500	1.241	1.292	1.344	1.397	1.450	1.505	1.560	1.617	1.674	1.732

续表

温度/℃	0	10	20	30	40	50	60	70	80	90
	热电动势/mV									
600	1.791	1.851	1.912	1.974	2.036	2.100	2.164	2.230	2.296	2.363
700	2.430	2.499	2.569	2.639	2.710	2.782	2.855	2.928	3.003	3.078
800	3.154	3.231	3.308	3.387	3.466	3.546	2.626	3.708	3.790	3.873
900	3.957	4.041	4.126	4.212	4.298	4.386	4.474	4.562	4.652	4.742
1000	4.833	4.924	5.016	5.109	5.202	5.2997	5.391	5.487	5.583	5.680
1100	5.777	5.875	5.973	6.073	6.172	6.273	6.374	6.475	6.577	6.680
1200	6.783	6.887	6.991	7.096	7.202	7.038	7.414	7.521	7.628	7.736
1300	7.845	7.953	8.063	8.172	8.283	8,393	8.504	8.616	8.727	8.839
1400	8.952	9.065	9.178	9.291	9.405	9.519	9.634	9.748	9.863	9.979
1500	10.094	10.210	10.325	10.441	10.588	10.674	10.790	10.907	11.024	11.141
1600	11.257	11.374	11.491	11.608	11.725	11.842	11.959	12.076	12.193	12.310
1700	12.426	12.543	12.659	12.776	12.892	13.008	13.124	13.239	13.354	13.470
1800	13.585	13.699	13.814	—	—	—	—	—	—	—

表 2-8　镍铬-铜镍（康铜）热电偶（E 型）分度表（参考端温度为 0℃）

温度/℃	0	10	20	30	40	50	60	70	80	90
	热电动势/mV									
0	0.000	0.591	1.192	1.801	2.419	3.047	3.683	4.329	4.983	5.646
100	6.317	6.996	7.683	8.377	9.078	9.787	10.501	11.222	11.949	12.681
200	13.419	14.161	14.909	15.661	16.417	17.178	17.942	18.710	19.481	20.256
300	21.033	21.814	22.597	23.383	24.171	24.961	25.754	26.549	27.345	28.143
400	28.943	29.744	30.546	31.350	32.155	32.960	33.767	34.574	35.382	36.190
500	36.999	37.808	38.617	39.426	40.236	41.045	41.853	42.662	43.470	44.278
600	45.085	45.891	46.697	47.502	48.306	49.109	49.911	50.713	51.513	52.312
700	53.110	53.907	54.703	55.498	56.291	57.083	57.873	58.663	59.451	60.237
800	61.022	61.806	62.588	63.368	64.147	64.924	65.700	66.473	67.245	68.015
900	68.783	69.549	70.313	71.075	71.835	72.593	73.350	74.104	74.857	75.608
1000	76.358	—	—	—	—	—	—	—	—	—

表 2-9　铁-铜镍（康铜）热电偶（J 型）分度表（参考端温度为 0℃）

温度/℃	0	10	20	30	40	50	60	70	80	90
	热电动势/mV									
0	0.000	0.507	1.019	1.536	2.058	2.585	3.115	3.649	4.186	4.725
100	5.268	5.812	6.359	6.907	7.457	8.008	8.560	9.113	9667	10.222
200	10.777	11.332	11.887	12.442	12.998	13.553	14.108	14.663	15.217	15.771
300	16.325	16.879	17.432	17.984	18.537	19.089	19.640	20.192	20.743	21.295
400	21.846	22.397	22.949	23.501	24.054	24.607	25.161	25.716	26.272	26.829
500	27.388	27.949	28.511	29.075	29.642	30.210	30.782	31.356	31.933	32.513
600	33.096	33.683	34.273	34.867	35.464	36.066	36.671	37.280	37.893	38.510
700	39.130	39.754	40.382	41.013	41.647	42.288	42.922	43.563	44.207	44.852
800	45.498	46.144	46.790	47.434	48.076	48.716	49.354	49.989	50.621	51.249
900	51.875	52.496	53.115	53.729	54.341	54.948	55.553	56.155	56.753	57.349
1000	57.942	58.533	59.121	59.708	60.293	60.876	61.459	62.039	62.619	63.199
1100	63.777	64.355	64.933	65.510	66.087	66.664	67.240	67.815	68.390	68.964
1200	69.536	—	—	—	—	—	—	—	—	—

表 2-10　铜-铜镍（康铜）热电偶（T 型）分度表（参考端温度为 0℃）

温度/℃	0	10	20	30	40	50	60	70	80	90
	热电动势/mV									
−200	−5.603	—	—	—	—	—	—	—	—	—
−100	−3.378	−3.378	−3.923	−4.177	−4.419	−4.648	−4.865	−5.069	−5.261	−5.439
0	0.000	0.383	−0.757	−1.121	−1.475	−1.819	−2.152	−2.475	−2.788	−3.089
0	0.000	0.391	0.789	1.196	1.611	2.035	2.467	2.980	3.357	3.813
100	4.277	4.749	5.227	5.712	6.204	6.702	7.207	7.718	8.235	8.757
200	9.268	9.820	10.360	10.905	11.456	12.011	12.572	13.137	13.707	14.281
300	14.860	15.443	16.030	16.621	17.217	17.816	18.420	19.027	19.638	20.252
400	20.869	—	—	—	—	—	—	—	—	—

子任务二　热电偶结构组成及拆装

一、知识准备

虽然任意两种导体或半导体材料都可以配对制成热电偶，但是从应用的角度看，并不是任何两种导体都可以构成热电偶的。作为实用的测温元件，为了保证测温具有一定的准确度和可靠性，对它的要求却是多方面的。一般要求热电极材料满足下列基本要求。

① 能应用于较宽的温度范围，物理性质稳定，有较好的耐热性。在测温范围内，热电特性不随时间变化。

② 化学性质稳定，不易被氧化、还原和腐蚀。

③ 组成的热电偶产生的热电势率大，以得到较高的灵敏度，热电势与被测温度成线性或近似线性关系。

④ 有高导电率和低电阻温度系数，热电偶的内阻随温度变化小。

⑤ 具有较好的工艺性能，便于成批生产。复制性好，即同样材料制成的热电偶，它们的热电特性基本相同；便于采用统一的分度表。

⑥ 材料来源丰富，价格便宜。

但是，目前还没有能够满足上述全部要求的材料，因此，在选择热电极材料时，只能根据具体情况，按照不同测温条件和要求选择不同的材料。根据使用的热电偶的特性，常用热电偶可分为标准热电偶和非标准热电偶两大类。

所谓标准热电偶是指国家标准规定了其热电势与温度的关系、允许误差，并有统一的标准分度表的热电偶，且有与其配套的显示仪表可供选用。非标准化热电偶在使用范围或数量级上均不及标准化热电偶，一般也没有统一的分度表，主要用于某些特殊场合的测量。

我国从 1988 年 1 月 1 日起，热电偶和热电阻全部按 IEC（国际电工委员会）国际标准生产，并指定 S、B、E、K、R、J、T 七种标准化热电偶为我国统一设计型热电偶（表2-11）。此外，镍铬硅-镍硅热电偶（N 型热电偶）为廉金属热电偶，是一种最新国际标准化的热电偶。

表 2-11 标准化热电偶的型号及特性

序号	分度号	热电偶名称	热电偶丝直径/mm	等级及允许偏差					
				Ⅰ		Ⅱ		Ⅲ	
				温度范围/℃	允许偏差	温度范围/℃	允许偏差	温度范围/℃	允许偏差
1	S	铂铑10-铂	0.5～0.02	0～1100	±1℃	0～600	±1.5℃	0～1600	±0.5%t
				1100～1600	±[1+(t−1100)×0.003]℃	600～1600	±0.25%t	≤600	±3℃
								>600	±0.5%t
2	B	铂铑30-铂铑6	0.5～0.015	—	—	600～1700	±0.25%t	600～800	±4℃
								800～1700	±0.5%t
3	K	镍铬-镍硅	0.3,0.5,0.8 1.0,1.2,1.6, 2.0,2.5,3.2	≤400	±1.6℃	≤400	±3℃	−200～0	±1.5%t
				>400	±0.4%t	>400	±0.75%t		
4	J	铁-康铜	0.3,0.5,0.8, 1.2,1.6,2.0,3.2	−40～750	±1.5℃或(±0.4%t)	−40～750	±2.5℃或(±0.75%t)	—	—
5	R	铂铑13-铂	0.5～0.02	0～1100	±1℃	0～600	±1.5℃	—	—
				1100～1600	±[1+(t−1100)×0.003]℃	600～1600	±0.25%t		
6	E	镍铬-康铜	0.3,0.5,0.8, 1.2,1.6,2.0,3.2	−40～800	±1.5℃或(±0.4%t)	−40～900	±2.5℃或(±0.75%t)	−200～+40	±2.5℃或(±1.5%t)
7	T	铜-康铜	0.2,0.3,0.5, 1,0,1.6	−40～350	±0.5℃或(±0.4%t)	−40～350	±1.0℃或(±0.75%t)	−200～+40	±1或±1.5%t

注：1. t 为被测温度。

2. 允许偏差以℃值或实际温度的百分数表示，两者中采用计算数值的较大值。

（1）廉金属热电偶

T型（铜-康铜）热电偶、K型（镍铬-镍铝或镍硅）热电偶、E型（镍铬-康铜）热电偶和J型（铁-康铜）热电偶属于价格低廉的热电偶。K型热电偶是工业和实验室中大量采用的一种热电偶。

（2）贵金属热电偶

S型（铂铑10-铂）热电偶、R型（铂铑13-铂）热电偶、B型（铂铑30-铂铑6）热电偶属于贵重金属制成的热电偶。S型热电偶由直径为0.5mm以下的铂铑合金丝和纯铂丝制成，由于容易得到高纯度的铂和铂铑，故这种热电偶的复制精度和测量准确度较高。

二、工作任务

1. 任务描述

① 拆解一支普通型热电偶温度计，观察结构，复装温度计。

② 认知铭牌。

③ 初步检测热电偶。

④ 填写表2-12。

表2-12 热电偶拆装数据记录表

工作过程	工作内容	操作结果
步骤1	普通型热电偶铭牌	型号______；分度号为______，材料为______
步骤2	普通型热电偶分解	组成部分有：______ 绝缘子材料为______；套管直径______mm，材料为______
步骤3	用万用表检测	热电偶电阻值______Ω；是否短路或断路：______
步骤4	热电偶复装	
步骤5	铠装型热电偶铭牌	型号______；分度号为______，材料为______；套管直径______mm，材料为______
步骤6	用万用表检测	热电偶电阻值______Ω；是否短路或断路：______

2. 任务实施

器具：普通型热电偶一支、铠装型热电偶一支、万用表一只、工具一套。

步骤1：选择一只普通型热电偶，观察铭牌。

【知识链接】普通型热电偶的型号

型号命名规则：WR?-123。

其中第一节为字母，代号含义：W——温度仪表；R——热电偶；?——热电偶分度号及材料（R-B；P-S；N-K；E-E；F-J；C-T）

第二节为数字，代号含义：

第1位——安装固定装置（1—无固定装置，2—固定螺纹，3—活动法兰，4—固定法兰）；

第2位——接线盒形式（1—普通接线盒，2—防溅接线盒，3—防水接线盒，4—防爆接线盒)；

第 3 位——设计序号或保护套管（分度号 B 和 S：0—直径 16mm 瓷保护套管，0—直径 25mm 瓷保护套管。分度号 K 和 E：0—直径 16mm 钢保护套管，1—直径 20mm 钢保护套管)。

步骤 2：将热电偶分解拆卸，熟悉各组成部分及作用。

【知识链接】热电偶的结构

(1) 普通型热电偶

普通型热电偶已做成标准型，通常由热电极、绝缘材料、保护套管和接线盒等主要部分构成，主要用于工业中测量液体、气体、蒸气等温度，其结构如图 2-8 所示。

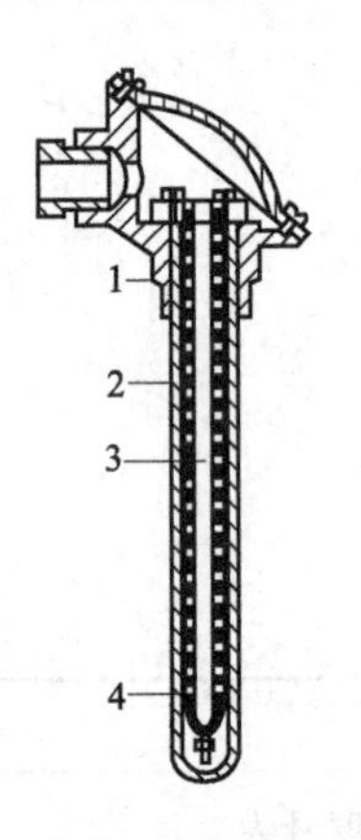

图 2-8 普通热电偶
1—接线盒；2—保护套管；3—绝缘管；4—热电极

① 热电极。热电偶常以热电极材料种类来命名，其直径大小是由价格、机械强度、导电率以及热电偶的用途和测量范围等因素来决定的。贵金属热电极直径大多是 0.13～0.65mm，普通金属热电极直径为 0.5～3.2mm。热电极长度由使用、安装条件，特别是工作端在被测介质中插入深度来决定，通常为 350～2000mm，常用的长度为 350mm。

② 绝缘管。热电偶的两根热电极上套有绝缘瓷管，又称绝缘子，用来防止两根热电极短路，其材料的选用要根据使用的温度范围和对绝缘性能的要求而定，常用的是氧化铝和耐火陶瓷。它一般制成圆形，中间有孔，长度为 20mm，使用时根据热电极的长度，可多个串起来使用。

③ 保护套管。为使热电极与被测介质隔离，并使其免受化学侵蚀或机械损伤，热电极在套上绝缘管后再装入套管内。

对保护套管的要求：一方面要经久耐用，能耐温度急剧变化，耐腐蚀，不分解出对电极有害的气体，有良好的气密性及足够的机械强度；另一方面是传热良好，传导性能越好，热容量越小，能够改善电极对被测温度变化的响应速度。常用的材料有金属和非金属两类，应根据热电偶类型、测温范围和使用条件等因素来选择保护套管材料。

④ 接线盒。接线盒供热电偶与补偿导线连接用。接线盒固定在热电偶保护套管上，一般用铝合金制成，分普通式、防溅式、防水式、防爆式等。为防止灰尘、水分及有害气体侵入保护套管内，接线端子上注明热电极的正负极性。热电偶两个冷端则分别固定在接线盒内的接线端子上。

(2) 铠装热电偶

铠装型热电偶的热电极、绝缘材料和金属保护套管部分组合后，用整体拉伸工艺加工成一根很细的电缆式线材，其外径为 0.25～12mm，可自由弯曲。其长度可根据使用需要自由截取，并对测量端与冷端分别加工处理，即形成一支完整的铠装热电偶。铠装热电偶的测量端有多种结构型式，如图 2-9 所示。各种结构可以根据具体要求选用。铠装热电偶具有体积小、准确度高、动态响应快、耐振动、耐冲击、机械强度高、挠性好、便于安装等优点，已广泛应用在航空、原子能、电力、冶金和石油化工等部门。

(3) 热套式热电偶

热套式热电偶主要用于测量锅炉或管道的蒸气温度。为了抵御高温、高压和高流速的蒸

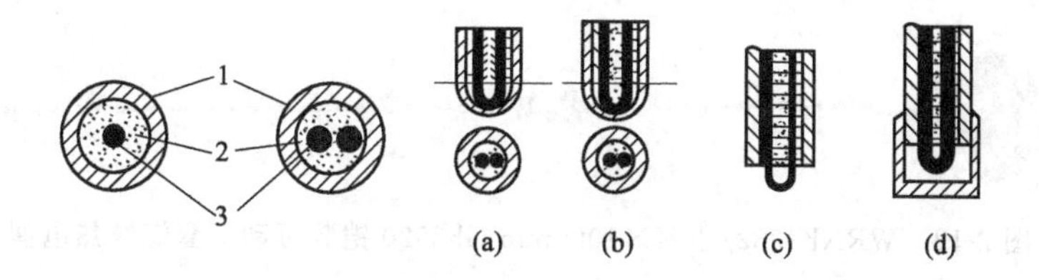

图 2-9 铠装热电偶的结构

(a) 碰底型；(b) 不碰底型；(c) 露头型；(d) 帽型

1—金属套管；2—绝缘材料；3—热电极

气冲击，采用约为 100mm 的安装插入深度，为了避免因插入深度不足带来的温度误差，采用带三棱面的整体加工保护管、筒形热套与主设备组合焊接方法，利用三棱面和热套内孔之间的缝隙，使热套内充满高温的热介质。这种结构形式既保证了热电偶的测温准确度和灵敏度，又提高了热电偶保护套管的机械强度和热冲击性能。

热套式热电偶的感温元件为铠装热电偶，热套式热电偶采用热套保护管与热电偶可分离的结构。使用时可将热套焊接或机械固定在设备上，然后装上热电偶，即可工作。它的优点是提高了保护管的工作压力和使用寿命，又便于热电偶的维修或更换，目前这种结构形式被国内外广泛采用。

(4) 薄膜式热电偶

随着科学技术的不断进步，人们对温度信息获取的手段提出了新的要求，对温度传感器超小型化的要求越来越迫切，薄膜传感器的出现满足这一要求。薄膜温度传感器由于其优异的性能，在工业生产中越来越得到广泛应用。

通常制作薄膜式热电偶是用真空蒸镀的方法，将蒸镀母材料置于高真空（真空度通常应高于 1.3×10^{-2} Pa）中加热蒸发，使蒸发的分子凝结于低温的绝缘基板表面，形成薄膜。其结构如图 2-10 所示。因采用蒸镀工艺，所以热电偶可以做得很薄，而且尺寸可做得很小。它的特点是体积小巧、反应快，适合于测量微小面积上的瞬变温度。

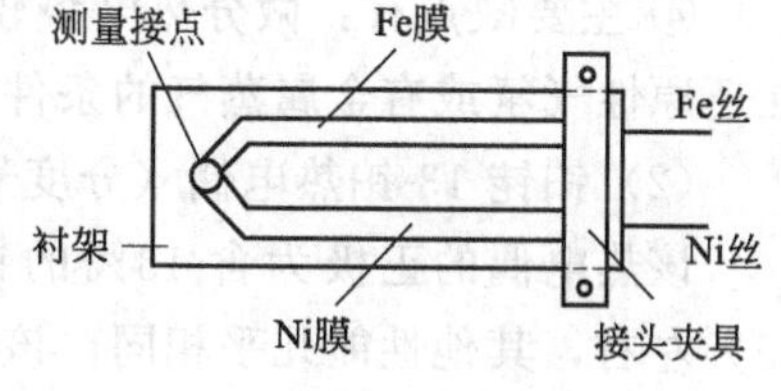

图 2-10 片状薄膜热电偶的结构

步骤 3：用万用表检测是否短路或断路。

步骤 4：将热电偶复装完整。

步骤 5：选择一只铠装型热电偶，观察铭牌。

【知识链接】 铠装型热电偶型号命名规则与普通型热电偶相同，铠装热电偶在“?”后面加字母 K。铠装型热电偶如图 2-11、图 2-12 所示。

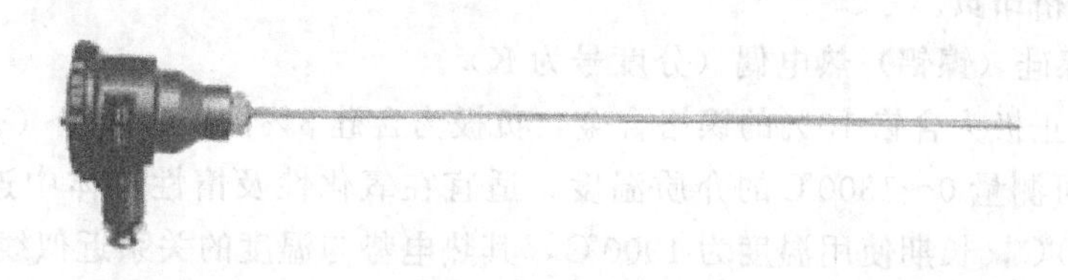

图 2-11 WRSK-143/Ⅱ ϕ6×1000mm Gh3030 铠装防爆热电偶

图 2-12　WRNK-332/Ⅰϕ4×1000mm Gh2520 铠装可动卡套螺纹热电偶

步骤 6：将铠装热电偶接线盒打开；用万用表检测是否短路或断路。

三、拓展训练

① 试用万用表来区分热电偶的正负极。

② 如果测量的热电偶阻值很小或非常大，意味着什么?

③ 阅读下面的文字，列表比较 B、S、K、T 型标准化热电偶的特点。

【知识延伸】常用热电偶丝材料及其性能

(1) 铂铑 10-铂热电偶（分度号为 S，也称为单铂铑热电偶）

该热电偶的正极成分为含铑 10%的铂铑合金，负极为纯铂。它的特点如下。

① 热电性能稳定、抗氧化性强、宜在氧化性气氛中连续使用、长期使用温度可达 1300℃，超过 1400℃时，即使在空气中，纯铂丝也将会再结晶，使晶粒粗大而断裂。

② 精度高，它是在所有热电偶中，准确度等级最高的，通常用作标准或测量较高的温度。

③ 使用范围较广，均匀性及互换性好。

④ 主要缺点有：微分热电势较小，因而灵敏度较低；价格较贵，机械强度低，不适宜在还原性气氛或有金属蒸气的条件下使用。

(2) 铂铑 13-铂热电偶（分度号为 R，也称为单铂铑热电偶）

该热电偶的正极为含 13%的铂铑合金，负极为纯铂，同 S 型相比，它的热电势率大 15%左右，其他性能几乎相同，该种热电偶在日本产业界，作为高温热电偶用得最多，而在中国，则用得较少。

(3) 铂铑 30-铂铑 6 热电偶（分度号为 B，也称为双铂铑热电偶）

该热电偶的正极是含铑 30%的铂铑合金，负极为含铑 6%的铂铑合金，在室温下，其热电势很小，故在测量时一般不用补偿导线，可忽略冷端温度变化的影响；长期使用温度为 1600℃，短期为 1800℃，因热电势较小，故需配用灵敏度较高的显示仪表。

B 型热电偶适宜在氧化性或中性气氛中使用，也可以在真空气氛中短期使用；即使在还原气氛下，其寿命也是 R 或 S 型的 10～20 倍；由于其电极均由铂铑合金制成，故不存在铂铑-铂热电偶负极上所有的缺点、在高温时很少有结晶化的趋势，且具有较大的机械强度；同时由于它对于杂质的吸收或铑的迁移的影响较少，因此经过长期使用后其热电势变化并不严重；缺点是价格昂贵。

(4) 镍铬-镍硅（镍铝）热电偶（分度号为 K）

该热电偶的正极为含铬 10%的镍铬合金，负极为含硅 3%的镍硅合金（有些国家的产品负极为纯镍）。可测量 0～1300℃的介质温度，适宜在氧化性及惰性气体中连续使用，短期使用温度为 1200℃，长期使用温度为 1000℃，其热电势与温度的关系近似线性，价格便宜，是目前用量最大的热电偶。

K 型热电偶是抗氧化性较强的贱金属热电偶，不适宜在真空、含硫、含碳气氛及氧化还原交替的气氛下裸丝使用；当氧分压较低时，镍铬极中的铬将择优氧化，使热电势发生很大变化，但金属气体对其影响较小，因此，多采用金属制保护管。

K 型热电偶的缺点如下。

① 热电势的高温稳定性较 N 型热电偶及贵重金属热电偶差，在较高温度下（例如超过1000℃）往往因氧化而损坏。

② 在 250～500℃范围内短期热循环稳定性不好，即在同一温度点，在升温降温过程中，其热电势示值不一样，其差值可达 2～3℃。

③ 其负极在 150～200℃范围内要发生磁性转变，致使在室温至 230℃范围内分度值往往偏离分度表，尤其是在磁场中使用时往往出现与时间无关的热电势干扰。

④ 长期处于高通量中系统辐照环境下，由于负极中的锰（Mn）、钴（Co）等元素发生蜕变，使其稳定性欠佳，致使热电势发生较大变化。

(5) 镍铬硅-镍硅热电偶（分度号为 N）

该热电偶的主要特点是：在 1300℃以下调温抗氧化能力强，长期稳定性及短期热循环复现性好，耐核辐射及耐低温性能好，另外，在 400～1300℃范围内，N 型热电偶的热电特性的线性比 K 型热偶要好；但在低温范围内（－200～400℃）的非线性误差较大，同时，材料较硬难于加工。

(6) 铜-铜镍热电偶（分度号为 T）

T 型热电偶，该热电偶的正极为纯铜，负极为铜镍合金（也称康铜），其主要特点是：在贱金属热电偶中，它的准确度最高、热电极的均匀性好；它的使用温度是－200～350℃，因铜热电极易氧化，并且氧化膜易脱落，故在氧化性气氛中使用时，一般不能超过 300℃，在－200～300℃范围内，它的灵敏度比较高，铜-康铜热电偶还有一个特点是价格便宜，是常用几种定型产品中最便宜的一种。

(7) 铁-康铜热电偶（分度号为 J）

该热电偶的正极为纯铁，负极为康铜（铜镍合金），特点是价格便宜，适用于真空氧化的还原或惰性气氛中，温度范围从－200～800℃，但常用温度只是 500℃以下，因为超过这个温度后，铁热电极的氧化速率加快，如采用粗线径的丝材，尚可在高温中使用且有较长的寿命；该热电偶能耐氢气（H_2）及一氧化碳（CO）气体腐蚀，但不能在高温（例如 500℃）含硫（S）的气氛中使用。

(8) 镍铬-铜镍（康铜）热电偶（分度号为 E）

E 型热电偶是一种较新的产品，它的正极是镍铬合金，负极是铜镍合金（康铜），其最大特点是在常用的热电偶中，其热电势最大，即灵敏度最高；它的应用范围虽不及 K 型热偶广泛，但在要求灵敏度高、热导率低、可允许大电阻的条件下，常常被选用；使用中的限制条件与 K 型相同，但对于含有较高湿度气氛的腐蚀不很敏感。

除了以上 8 种常用的热电偶外，作为非标准化的热电偶还有钨铼热电偶、铂铑系热电偶、铱锗系热电偶、铂钼系热电偶和非金属材料热电偶等。

子任务三　热电偶的基本定律及补偿导线应用

一、知识准备

在实际测温时，热电偶回路中必然要引入测量热电势的显示仪表和连接导线。因此，理解了热电偶的测温原理之后，还要进一步掌握热电偶的一些基本定律，并在实际测温中灵活而熟练地应用。

1. 均质导体定律

由一种均质导体组成的闭合回路，不论其几何尺寸和温度分布如何，都不会产生热电势。反之，如果回路中有热电势存在则材料必为非均质的。

定律说明如下。

① 热电偶必须由两种材料不同的热电极组成；两种材料必须各自都是均质的，否则会由于沿热电偶长度方向存在温度梯度而产生附加电势，从而因热电偶材料不均匀性引入误差。

② 热电势与热电极的几何尺寸（长度、截面积）无关。

③ 由一种导体组成的闭合回路中存在温差时，如果回路中产生了热电势，那么该导体一定是不均匀的。由此可检查热电极材料的均匀性。

④ 两种均质导体组成的热电偶，其热电势只决定于两个接点的温度，与中间温度的分布无关。

2. 中间导体定律

由不同材料组成的闭合回路中，若各种材料接触点的温度都相同，则回路中热电势的总和等于零。

由此定律可以得到第三种导体定律：在热电偶回路中接入第三种导体，只要第三种导体两端温度相同，该导体的引入对热电偶回路的总电势没有影响。

同理，热电偶回路中接入多种导体后，只要保证接入的每种导体的两端温度相同，则对热电偶的热电势没有影响。

利用热电偶测温时，只要热电偶连接显示仪表的两个接点温度相同，那么仪表的接入对热电偶的热电势没有影响。根据这条定律，只要仪表或导线处于稳定的环境温度中，就可以在热电偶回路中接入显示仪表、冷端温度补偿装置、连接导线等，组成热电偶温度测量系统。

而且对于任何热电偶接点，只要它接触良好，温度均匀，不论用何种方法构成接点，都不影响热电偶回路的热电势。两个电极间可以用焊接方式构成测量端而不必担心它们会影响回路的热电势。在测量一些等温导体温度时，也可以借助均质等温的导体加以连接，如图 2-13。

3. 中间温度定律

两种不同材料组成的热电偶回路，其接点温度为 t、t_0 的热电势，等于该热电偶在接点温度分别为 t、t_1 和 t、t_0 时的热电势的代数和。t_1 为中间温度。

$$E(t,t_0)=E(t,t_1)+E(t_1,t_0) \tag{2-5}$$

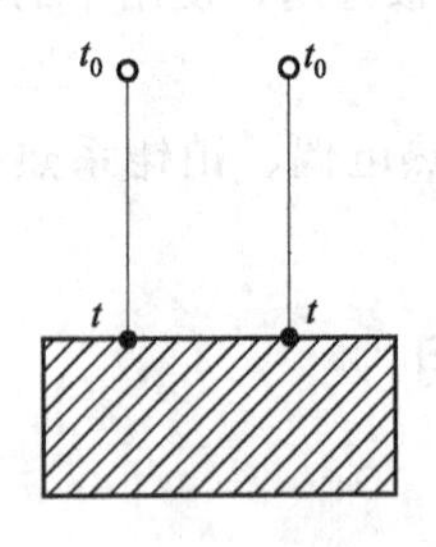

图 2-13 热电偶测量金属温度

由此定律可以得到如下结论。

① 已知热电偶在某一给定冷端温度下进行的分度表，只要引入适当的修正，就可在另外冷端温度下使用。这就为制定和使用热电偶分度表奠定了理论基础。

② 为使用补偿导线提供了理论依据。

热电偶特别是贵金属热电偶，一般都做得比较短，其冷端离被测对象很近，这就使冷端温度不但较高而且波动也大。为了减小冷端温度变化对热电势的影响，通常要用与热电偶的热电特性相近的廉价金属导线将热电偶冷端移到远离被测对象，且温度比较稳定的地方（如仪表控制室内）。这种廉价金属导线就称为热电偶的补偿导线。

根据中间温度定律，当在热电偶回路中分别引入与材料 A、B 有同样热电性质的材料 A′、B′，即引入补偿导线。则回路总电势为

$$E_{AB}(t,t_1)+E_{A'B'}(t_1,t_0)=E_{AB}(t,t_1)+E_{AB}(t_1,t_0)=E_{AB}(t,t_0)$$

只要 t、t_0 不变，接 A′、B′后不论接点温度如何变化，都不会影响总热电势，这就是引入补偿导线的原理。用补偿导线把热电偶冷端移至温度 t_0 处和把热电偶本身延长到温度 t_0 处是等效的。

二、工作任务

1. 任务描述

① 认识补偿导线型号。

② 正确连接使用补偿导线。

2. 任务实施

器具：热电偶一支，配套补偿导线若干，工具一套。

步骤 1：选择与测量热电偶配套的补偿导线。

【知识链接】补偿导线型号

常用热电偶的补偿导线列于表 2-13 中。补偿导线型号头一个字母与热电偶分度号相对应；第二个字母 X 表示延伸型补偿导线；字母 C 表示补偿型补偿导线。

表 2-13 热电偶的补偿导线型号及材料

配用热电偶分度号	补偿导线型号	补偿导线正极		补偿导线负极		补偿导线在100℃的热电势允许误差/mV	
		材料	颜色	材料	颜色	A(精密级)	B(普通级)
S	SC	铜	红	铜镍	绿	0.645±0.023	0.645±0.037
K	KC	铜	红	铜镍	蓝	4.095±0.063	4.095±0.105
K	KX	镍铬	红	镍硅	黑	4.095±0.063	4.095±0.105
E	EX	镍铬	红	铜镍	棕	6.317±0.102	6.317±0.170
J	JX	铁	红	铜镍	紫	5.268±0.081	5.268±0.135
T	TX	铜	红	铜镍	白	4.277±0.023	4.277±0.047

步骤 2：打开热电偶接线盒，将补偿导线接入。

【知识链接】补偿导线使用注意事项

① 在使用热电偶补偿导线时必须注意型号相配，不同型号的补偿导线，其热电特性是不一样的，就是在同样的温度下，补偿电势的大小不一样；假若在使用中将补偿导线接错了，仪表就不可能反映真实温度。

② 补偿导线实际上是一对在规定温度范围（一般为 0～100℃）内使用的热电偶丝，在

使用时必须注意极性不能接错。热电偶通常测量高温，如将极性接反了，不但不能起到补偿导线的作用，反而会抵消热电偶的一部分热电势，使仪表的指示温度偏低。

③ 补偿导线与热电偶连接端的温度不能超过100℃（有些为200℃）且必须相等。

④ 补偿导线只能将供热电偶的参考端移至离热源较远及环境温度较恒定的地方，它并不能消除参考端温度不为零的影响，因此在使用中还应用修正方法将参考端温度修正到0℃。

三、拓展训练

① 通过实践总结使用补偿导线应注意什么问题。

② 对照热电偶分度表和表2-13，分析为什么补偿导线使用时需限制温度。

③ 补偿导线使用时需注意极性，如果极性接反，将造成很大的误差。阅读下面的例子，加以体会。

【知识延伸】补偿导线接反的影响

某工件的工艺要求淬火温度920℃。操作者也按工艺要求定值，仪表指示正常。淬火后，工件出现纹状，使一炉工件报废。分析事故中，发现补偿导线接反，校正后，发现炉内温度实为973℃。当时K型热电偶自由端温度为45℃，室内温度为18℃。计算接反后造成温度误差。

错误接入补偿导线与正确接入相比较，仪表所测得总电势相差ΔE为$2E$（45，18℃）。

$$E(45,0\ ℃)=1.817\text{mV}$$

$$E(18,0\ ℃)=0.718\text{mV}$$

$$\Delta E=-2E(45,18℃)=-2.198\text{mV}$$

按热电特性为线性分析，－2.198mV相当于温度减少约50℃。

以上事例说明，热电偶补偿导线接反后，能引起相当大的温度误差。

子任务四 热电偶冷端温度补偿

一、知识准备

由热电偶测温原理已经知道，只有当热电偶的冷端温度保持不变时，热电势才是被测温度的单值函数。在实际应用时，由于热电偶的热端与冷端离得很近，冷端又暴露在空间，容易受到周围环境温度波动的影响，因而冷端温度难以保持恒定。为消除冷端温度变化对测量影响，可采用下述几种冷端温度补偿方法。

1. 冰浴法

冰浴法是科学实验中常用的方法，使用恒温装置冰点槽。

冰点槽的原理结构如图2-14所示，把热电偶的两个冷端放在充满冰水混合物的容器中，使冷端温度始终保持为0℃。为了防止短路和改善传热条件，两支热电极的冷端分别插在盛有变压器油的试管中。这种方法测量准确度高，但使用麻烦，只适用于实验室中。

2. 公式计算修正法

热电偶的冷端温度偏离0℃时产生的测温误差也可以用公式来修正。用补偿导线把热电偶的冷端延长到某一温度t_0处（通常是环境温度），然后再对冷端温度进行修正。

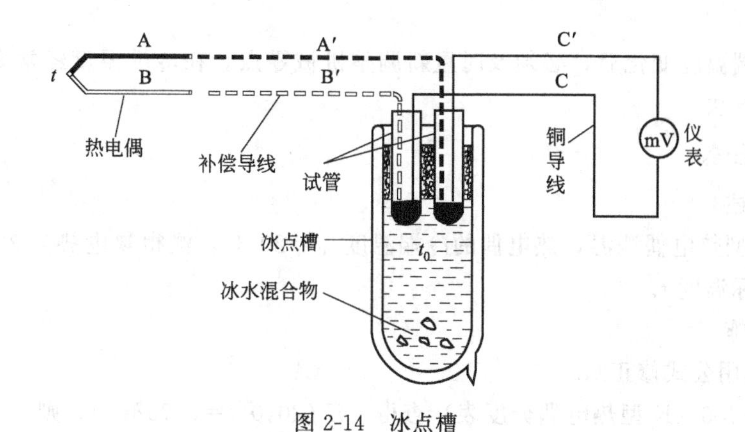

图 2-14　冰点槽

如果冷端温度为 t_0，则热电偶热端温度为 t 时的热电势为 $E_{AB}(t,t_0)$。根据中间温度定律，可在热电偶测温的同时，用其他温度表（如玻璃管水银温度表）测量冷端温度 t_0，从分度表中查出对应于 t_0 的热电势为 $E_{AB}(t_0,0)$。将 $E_{AB}(t,t_0)$ 和 $E_{AB}(t_0,0)$ 相加，得出 $E_{AB}(t,0)$。最后即可从分度表中查出对应于 $E_{AB}(t,0)$ 的被测温度 t。

3. 补偿电桥法

补偿电桥法是在热电偶测温系统中串联一个不平衡电桥，此电桥输出的电压随热电偶冷端温度变化而变化，从而修正热电偶冷端温度波动引入的误差。图 2-15 为冷端温度补偿器线路图。补偿器内有一个不平衡电桥，其输出端串联在热电偶回路中，桥臂电阻 r_1、r_2、r_3 和限流电阻 R_S 的电阻为锰铜电阻，阻值几乎不随温度变化。r_{Cu} 为铜电阻，其阻值随温度升高而增大。电桥由直流稳压电源供电。

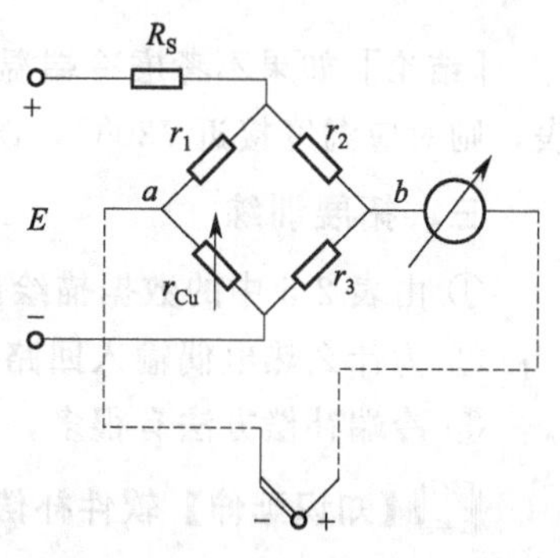

图 2-15　冷端温度补偿器原理

在某一温度下，设计电桥处于平衡温度，则电桥输出为 0，该温度为电桥平衡温度；当热电偶冷端温度变化，热电偶的热电势随之变化 ΔE；由于铜电阻 r_{Cu} 与热电偶冷端所处温度相同，r_{Cu} 阻值也随热电偶冷端温度变化，电桥失去平衡，就会有一不平衡电压 U_{ab} 输出。如果 ΔE 与 U_{ab} 设计成大小相等，极性相反，则两者互相抵消，因而起到冷端温度变化自动补偿的作用。这就相当于将冷端恒定在电桥平衡点温度。

实际使用时因热电偶的热电势和补偿电桥输出电压两者随温度变化的特性不完全一致，故冷端补偿器在补偿温度范围内得不到完全补偿，但误差很小，能满足工业生产的需要。

以前用冷端温度补偿器（由一个直流不平衡电桥构成）来产生一个随冷端温度变化的 U_{ab}；现在一般都在相应的温度显示仪表或温度变送器中设置热电偶冷端温度补偿电路，产生 U_{ab}，从而实现热电偶冷端温度自动补偿。因此，热电偶与它们配套使用时不用再考虑补偿方法，但补偿导线仍旧需要。

4. 机械零点调整法

对于具有零位调整的显示仪表而言，如果热电偶冷端温度 t_0 较为恒定时，可在测温系统未工作前，预先将显示仪表的机械零点调整到 t_0℃上，这相当于把热电势修正值 $E(t_0,0)$ 预先加到了显示仪表上，当此测量系统投入工作后，显示仪表的示值就是实际的被测温度值。

要注意冷端温度变化后，必须及时重新调整机械零点。在冷端温度经常变化的情况下，不宜采用这种方法。

二、工作任务

1. 任务描述

用一支K型热电偶测温，热电偶的冷端温度 $t_0=20$ ℃，测得热电势为30.382 mV，求被测对象的实际温度 t。

2. 任务实施

[**思路**] 利用公式修正法。

[**解**] 由表2-6（K型热电偶分度表）查得 $E(20,0)=0.798\text{mV}$，则

$$E(t,0)=E(t,t_0)+E(t_0,0)=30.382+0.798=31.18\text{mV}$$

再查分度表并线性插值得其对应的被测温度

$$t=740+\frac{750-740}{31.214-30.799}\times(31.18-30.799)=749℃$$

[**结论**] 如果不考虑冷端温度 t_0 不为0的实际情况，仅根据热电势为30.382mV查分度表，则对应温度接近730℃，误差达−19℃。由此可见，修正是十分必要的。

三、拓展训练

① 由表2-5中的数据描绘出S型热电偶的热电特性曲线，并说明其线性度如何。

② 为什么热电偶输入回路要具有冷端温度补偿的作用？总结几种补偿方法的优缺点。

③ 冷端补偿方法有很多，阅读下面的文字，了解软件补偿法。

【知识延伸】软件补偿法

随着计算机应用技术的发展，越来越多的仪表中采用冷端温度的自动补偿方法。如利用单片机或计算机系统的软件来进行补偿。

例如对于冷端温度不为零度的情况，可采用查表法，即首先将热电偶分度表储存至计算机中，以便随时调用。根据中间温度定律，将热电偶的热电势和根据环境温度检测得到的环境电势相加，根据两者之和查表计算，自动进行冷端温度补偿。

在有些软件中，不储存分度表，而是使用热电偶热电特性拟合公式作为依据。

由于采用了软件对各电势信号处理，大大简化了传统补偿电路，节省硬件资源，显著降低了成本，且灵活性、抗干扰性强。

子任务五　热电偶的安装

一、知识准备

1. 测温元件的基本安装形式

根据测温元件固定装置结构的不同，一般可采用以下几种安装形式。

① 固定装置为固定螺纹的热电偶，可将其固定在有内螺纹的插座内，它们之间的垫片作密封用，安装形式如图2-16所示。

② 深度可调节的热电偶，需另外加工一套格兰式密封装置，安装形式如图2-17所示。测温元件安装前缠绕石棉绳，由紧固座和紧固螺母压紧石棉绳，以固定测温元件。

③ 固定装置为法兰的热电偶，可将其法兰与固定在短管上的法兰用螺栓紧固，它们之间的垫片作密封用。安装形式如图 2-18 所示。

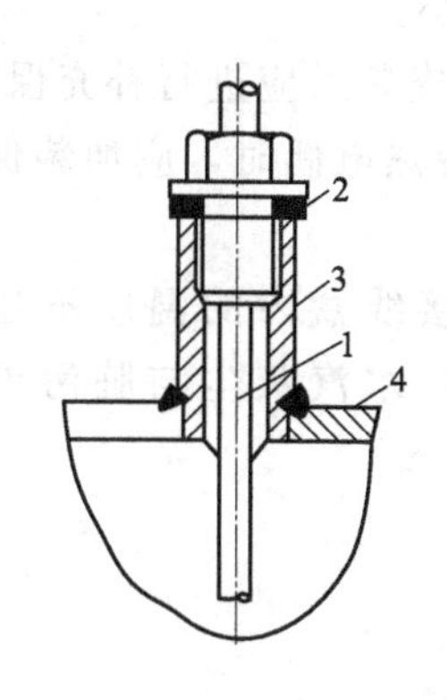

图 2-16　固定螺纹安装形式

1—测温元件；2—密封垫片；3—插座；4—设备外壁

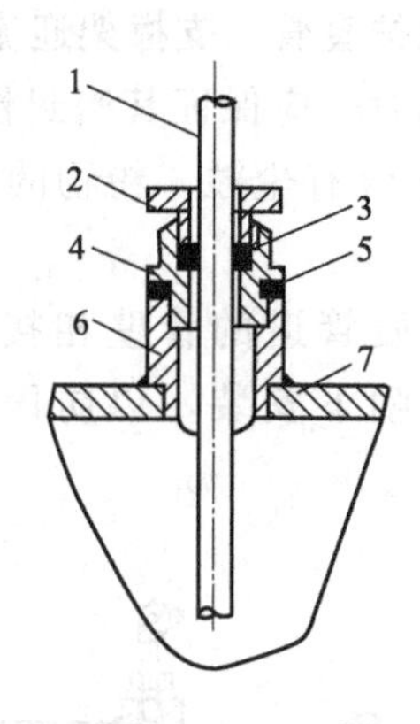

图 2-17　活动紧固装置安装形式

1—测温元件；2—紧固螺母；3—石棉绳；4—紧固座；5—密封垫；6—插座；7—被测介质管道或设备外壁

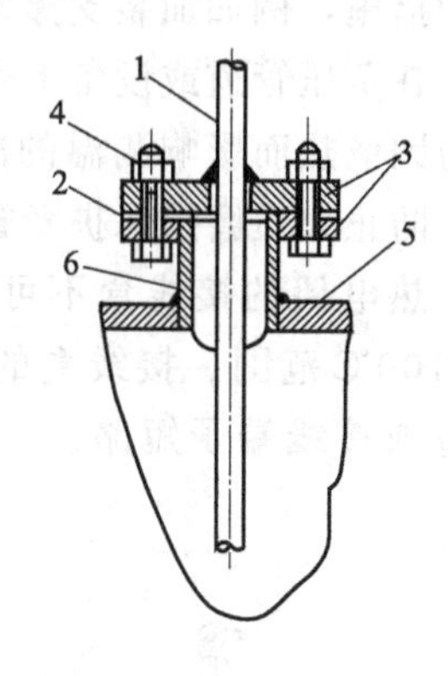

图 2-18　法兰安装形式

1—测温元件；2—密封垫片；3—法兰；4—固定螺栓；5—被测介质管道或设备外壁；6—短管

④ 保护套管采用焊接的安装方式。热套式热电偶的焊接方式如图 2-19 所示。为使热电偶的锥体面可靠地支撑在管孔壁上，应先钻一个 ϕ38mm 的通孔，再扩大到 ϕ42mm，从管孔内壁到孔底深度为 10mm，二者要同心；由于被测管道壁厚不同，为使热电偶锥体面能支撑在管道孔壁上，这主要是减小热电偶套管锥体的弯曲应力，防止断裂，应根据计算，选好插座长度；插入热电偶，使锥体面完全紧固地支撑在管孔内壁并与管道垂直；在插座与管道、热电偶与安装插座连接处焊接。

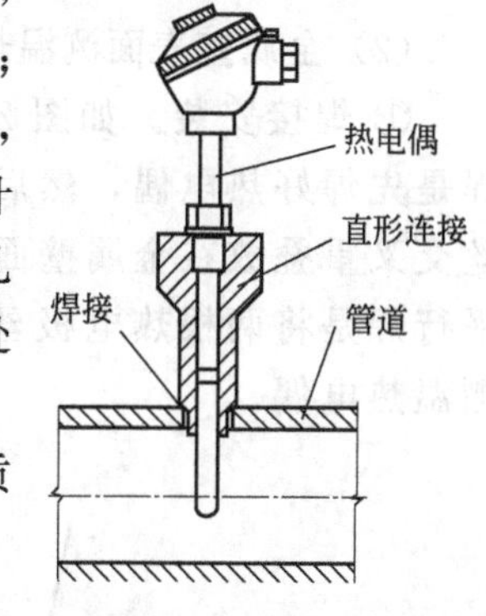

图 2-19　热套式热电偶安装

⑤ 铠装热电偶采用卡套装置固定。铠装热电偶浸入被测介质的长度，应不小于其外径的 6～10 倍。

2. 测温元件的安装方法

(1) 管道内热电偶的安装

为了减少误差，热电偶应具有足够的深度。热电偶的套管，其插入到被测介质的有效深度应符合以下几点。

① 高温高压（主）蒸汽管道的公称通径等于或小于 250mm 时，插入深度宜为 70mm；公称通径大于 250mm 时，插入深度宜为 100mm；

② 一般流体介质管道的外径等于或小于 500mm 时，插入深度宜为管道外径的 1/2；如图 2-20(a)、(b)、(c) 所示。

③ 外径大于 500mm 时，插入深度宜为 300mm。

④ 烟、风及风粉混合物介质管道，插入深度直为管道外径的 1/3～1/2。

⑤ 回油管道上测温元件的测量端，必须全部浸入被测介质中。

对于高温高压和高速流体的温度测量，为了减小保护套对流体的阻力和防止保护套在流体作用下发生断裂，可采取保护管浅插方式或采用热套式热电偶装设结构。浅插方式的热电偶保护套管，其插入主蒸气管道的深度应不小于 75mm；热套式热电偶的标准插入深度为 100mm。当测温元件插入深度超过 1m 时，应尽可能垂直安装，否则就需有防止保护套管弯曲的措施，例如加装支撑架或加装保护套管、支撑架迎流面面积要小。

在负压管道或设备上安装热电偶时，应保证其密封性。热电偶安装后应进行补充保温，以防因散热而影响测温的准确性。在含有尘粒、粉物的介质中安装热电偶时，应加装保护屏，防止介质磨损保护套管。

热电偶的接线盒不可与被测介质管道的管壁相接触，保证接线盒内的温度不超过 0～100℃范围。接线盒的出线孔应朝下安装，以防因密封不良，水汽灰尘与脏污等沉积造成接线端子短路。

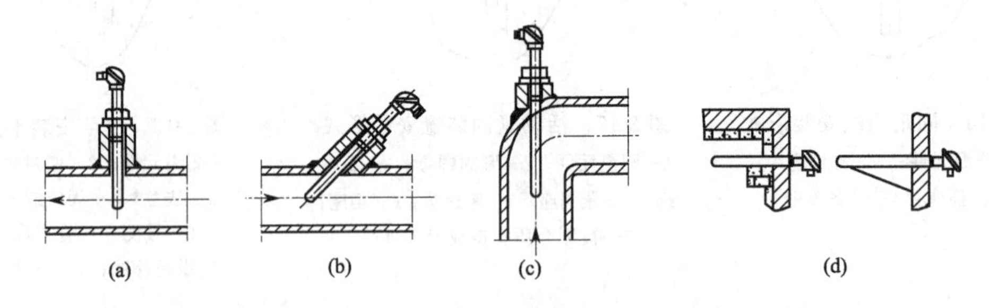

图 2-20 热电偶的安装方式

(a) 垂直安装；(b) 倾斜安装；(c) 在管道弯头处安装；(d) 防止弯曲变形的安装

(2) 金属壁表面测温热电偶的安装

① 焊接安装。如图 2-21 所示，有三种焊接方式：球形焊、交叉焊和平行焊。球型焊是先焊好热电偶，然后将热电偶的热电极焊到金属壁面上；交叉焊是将两根热电极丝交叉重叠放在金属壁面上，然后用压接焊或其他方法将热电极丝与金属面焊在一起；平行焊是将两根热电极丝分别地焊在金属面上，它们中间点距离，通过该金属构成了测温热电偶。

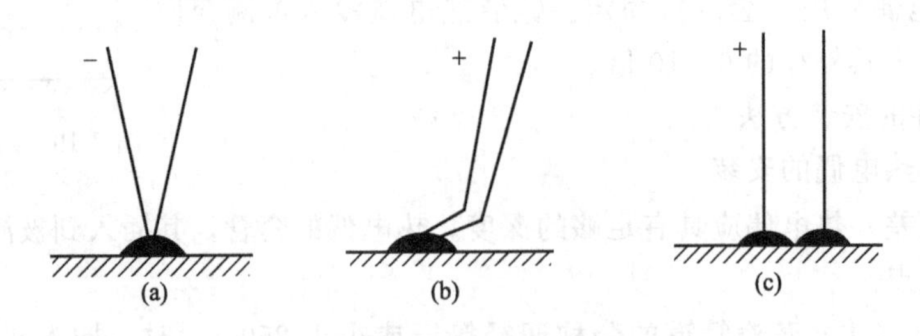

图 2-21 金属表面热电偶焊接方式

(a) 球形焊；(b) 交叉焊；(c) 平行焊

② 压接安装。将热电偶测量端置入一个比它尺寸略大的钻孔内，然后用捶击挤压工具挤压孔的四周，使金属壁与测量端牢固接触，这是挤压安装；紧固安装是将热电偶的测量端置入一个带有螺纹扣的槽内，垫上铜片，然后用螺栓压向垫片，使测量端与金属壁牢固接触。

对于不允许钻孔或开槽的金属壁，可采用导热性良好的金属块预先钻孔或开槽，用以固定测量端，然后将金属块焊于被测物体上进行测温。施焊前金属表面要打磨干净。

二、工作任务

1. 任务描述

① 观察以下热电偶外形及铭牌，确定其安装方式。

② 使用工具将热电偶正确安装在指定测点处。

2. 任务实施

填写表 2-14。

表 2-14　热电偶安装记录表

序号	热电偶图片型号	安装方式
1	WRN-230	
2	WRNK-331	
3	C060K	
4	WRN-420	
5	WRN-130	

三、拓展训练

① 试将现场安装的热电偶拆除，总结应如何操作。

② 观察现场热电偶编号，找出编号的基本规则。

③ 热电偶测表面温度时，为减少误差，必要时采用其他的方法进行安装。阅读下面的文字，比较与图 2-21 的方法的差异。

【知识延伸】测量表面温度时热电偶的安装

热电偶在测量绝热层表面温度时，其热接点安装在绝热层的表面，所以必然有一部分热量从热电偶导出，从而降低了热电偶接点上的温度，改变了原来的热状态，造成了测量的误差。因此必须采取适当的安装方法来尽量减少这个误差。

图 2-22 是用热电偶测量表面温度时的一些安装方法的示意图。

图中 2-22(a) 为常规方法，但误差较大。图 2-22(b) 焊在导热性能良好的金属集热

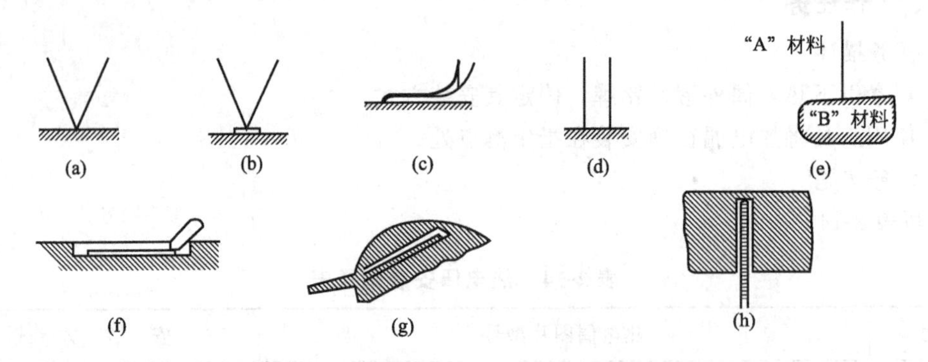

图 2-22 热电偶测表面温度时安装示意图

块上，再装到被测表面上，以减少被测表面与热电偶接点之间的热阻；图 2-22(c) 将热电偶沿壁面安装一段距离，减少了从热接点向热电偶导热的损失；图 2-22(d) 两根热偶丝分别焊在壁面（金属壁）上，可以提高精度，但测出的是两点的平均温度；图 2-22(e) 用“B”材料作为一个引出极代替一根热电偶丝；图 2-22(f) 将热电偶焊在或埋在专门开的小槽里，以减少外部气流对热电偶的影响；图 2-22(g)、图 2-22(h) 是埋设热电偶的两种方法。

图 2-22(b)～(h) 各种方法都是为了减小误差提高测量精度而采取的，可以根据设备及管道绝热应用技术情况选用。另外，为了减小热电偶接点与被测表面之间的热阻，往往还在其接触部位涂上硅脂或黄油等。

子任务六 热电偶的校验与检修

一、知识准备

热电偶在测温过程中，由于测量端受到氧化、腐蚀、污染等影响，使用一段时间，热电特性发生变化，增大了测量误差。为了保证测量准确，热电偶不仅在使用前要检测，而且在使用一段时间后也必须定期进行检定。热电偶的检定方法有两种，比较法和定点法。

用被校热电偶和标准热电偶同时测量同一对象的温度，然后比较两者示值，以确定被检热电偶的基本误差等质量指标，这种方法称为比较法。

1. 影响热电偶检验周期的因素

① 热电偶使用的环境条件。环境条件恶劣的，检验周期应短些；环境条件较好，周期可长些。

② 热电偶使用的频繁程度。连续使用的，检验周期应短些；反之，可长些。

③ 热电偶本身的性能。稳定性好的，检验周期长；稳定性差的，检验周期短。

2. 热电偶的检验项目

工业用热电偶的检验项目主要有外观检查和允许误差检验两项。

(1) 外观检查

热电偶装配质量和外观应满足以下要求。

① 测量端焊接应光滑、牢固、无气孔和夹灰等缺陷，无残留助焊剂等污物。

② 各部分装配正确，连接可靠，零件无缺损。

③ 保护管外层无显著的锈蚀和凹痕、划痕。

④ 电极无短路、断路，极性标志正确。

外观质量通过目测进行观察；短路、断路可使用万用表检查。

(2) 允许误差检验

允许误差检验一般采用比较法，即将被检热电偶与比它准确度高的标准热电偶同置于检定用的恒温装置中，在检验点温度下进行热电势比较，比较法的检验准确度取决于标准热电偶的准确度等级、测量仪器仪表的误差、恒温装置均匀性和稳定程度。比较法的优点是设备简单、操作方便，一次能检验多支热电偶，效率高，见图 2-23。校验主要设备和仪器如下。

管式电炉；二等标准铂铑-铂热电偶；直流电位差计（UJ31 或 UJ36）；冰点槽，恒温误差不大于 0.1℃；精密级热电偶补偿导线；标准水银温度计，最小分度 0.1℃。

① 将被校热电偶和标准热电偶的测量端置于管式电炉内的多孔或单孔镍块（或不锈钢块）孔内，以使它们处于相同的温度场中。

② 将热电偶冷端置于充有变压器油的试管内，然后将试管放入盛有适量冰水混和物的冰点槽中，冰点槽中温度用具有 0.1℃分度值的水银温度计测量。

③ 当电炉温度升至第一个校验点，且炉温在 5min 内变化不大于 2℃时即可读数。

④ 校验前应检查电位差计的工作电流。

读数时，由标准热电偶开始依次读数，读至最后一支被校热电偶，再从该支热电偶反方向依次读数，取每支热电偶的两次读数的平均值，作为标准与被校热电偶的读数结果。再分别由分度表查出对应的温度 t_0 和 t，误差值应符合允许误差的要求。大于允许误差，则认为不合格。

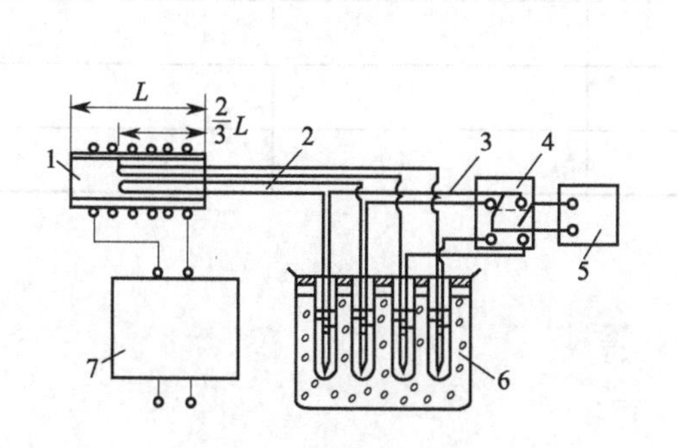

图 2-23 热电偶校验线路图

1—电炉；2—被校与标准热电偶；3—铜导线；4—切换开关；5—电位差计；6—冰点槽；7—调压器

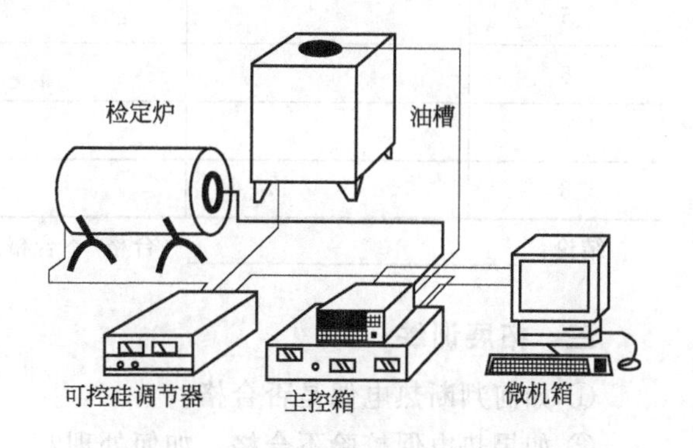

图 2-24 热电偶自动检定系统组成

若标准热电偶出厂检定证书的分度值与统一分度表值不同，则应将标准热电偶测量值加上校正值后作为热电势标准值。

现在有很多公司开发研制了热电偶自动检定系统，系统是以高档微机为核心，通常由高精度数字多用表、主控箱、可控硅调节器、微机系统、恒温装置（检定炉和油槽）以及测量导线和通信导线组成。参见图 2-24。操作者可在中文 Windows 操作系统下方便地用鼠标进行全过程的操作，微机系统实时显示检定炉的温控曲线、温度及检定时间等参数。系统自动进行数据处理，并能打印各种记录表格、检定证书，还可保留原始记录以备将来查阅。系统完全实现了热电偶检定过程的全部自动化，即自动控温、自动检定、自动数据处理、自动打印检定结果，使操作者的劳动强度大大降低，并提高了检定的工作质量。

二、工作任务

1. 任务描述

① 热电偶外观检查。

② 热电偶初步判断极性及故障。

③ 热电偶误差校验。

2. 任务实施

填写表 2-15。

表 2-15　热电偶校验记录表

室温＿＿＿＿＿＿＿＿＿＿＿；湿度＿＿＿＿＿＿＿＿＿＿＿；

型号＿＿＿＿＿＿＿＿＿＿＿；外观检查结果＿＿＿＿＿＿＿＿＿＿＿；

电阻值＿＿＿＿＿＿＿＿＿＿＿；是否断路或短路＿＿＿＿＿＿＿＿＿＿＿。

次　数	校验点 t/℃	t_0/℃(冷端)	E_0/mV(标准)	E/mV
1				
2				
3				
4				
5				
6				
7				
8				

结论：＿＿＿＿＿＿＿＿＿＿＿（合格/不合格）。

三、拓展训练

① 如何判断热电偶是否合格？

② 如果热电偶校验不合格，如何处理？

【知识延伸】热电偶的检修

(1) 热电偶测温误差分析

① 分度误差：指检定时产生的误差，其值不得超过允许误差。

② 冷端温度引起的误差。

③ 补偿导线的误差：它是由于补偿导线的热电特性与所配热电偶不完全相同所造成的。

④ 热交换所引起的误差。

⑤ 测量线路和显示仪表的误差。

⑥ 其他误差。

(2) 热电偶极性的判断方法

见表 2-16。

表 2-16　热电偶极性的判断方法

热电偶类型	电极颜色		硬度比较		对磁铁的作用	
	正	负	正	负	正	负
铂铑 10-铂	白	白	硬	软	不亲磁	不亲磁
镍铬-镍硅	黑褐	绿黑	稍硬	稍软	不亲磁	稍亲磁
镍铬-考铜	黑褐	稍白	稍硬	稍软	不亲磁	不亲磁

(3) 仪表指示值不稳定的原因分析及消除方法

原因分析：

① 热电极与接线柱接触不良。

② 补偿导线与热电偶之间接线松动。

③ 热电极有断续短路现象。

④ 热电极有断续开路现象。

⑤ 补偿导线老化或绝缘不良。

消除方法：

① 重新接线，对接触不良的接线柱进行更换。

② 检查补偿导线与热电偶之间接线是否松动，并重新接线。

③ 将热电极从保护套管中取出，更换绝缘瓷管。

④ 更换热电偶。

⑤ 对老化的补偿导线进行更换，对绝缘不良处进行绝缘处理。

防范措施：

① 定期进行现场元件的检查维护。

② 定期对补偿导线进行检查维护。

(4) 热电偶热电势误差大的原因分析及消除方法

原因分析：

① 热电极材料不符合要求和材料均匀性差产生分度误差或热电极老化变质。

② 补偿导线型号与热电偶型号不一致。

③ 安装位置或插入深度不符合要求。

④ 热电偶冷端温度变化较大。

⑤ 补偿导线老化变质。

消除方法：

① 更换成合格的热电偶。

② 更换成与热电偶型号一致的补偿导线。

③ 按照安装规定要求进行保护套管的安装。

④ 热电偶冷端用补偿导线延至温度变化不大的地方。

⑤ 对老化的补偿导线进行更换。

防范措施：

① 选用合格的热电偶。

② 加强现场元件的检查维护。

③ 按照安装规定要求进行保护套管的安装。

④ 定期对补偿导线进行检查维护。

技能训练　热电偶维修作业

一、工作准备

计划工时：4 小时。

安全措施：检修必须开工作票，执行工作票上的安全措施

工器具：本项目所需工器具如表 2-17 所列。

表 2-17　热电偶维修作业所需工器具

序号	名　称	型号规格	数量
1	热电偶校验装置		1 套
2	扳手	14 英寸(1in=25.4mm)	1 把
3	扳手	12 英寸	1 把
4	十字螺丝刀		1 把
5	尖嘴钳		1 把
6	一字螺丝刀		1 把
7	毛刷		1 把
8	万用表		1 个
9	电笔		1 个
10	电筒		1 个
11	钟表螺丝刀		1 套
12	剥线钳		1 把
13	压线钳		1 把
14	冰瓶		1 个

备品备件：垫片、胶布、冰块、补偿导线。

二、工作过程

工序 1：元件拆除。

① 现场热电偶元件拆除：套管拆除，并对套管尺寸做好记录。

② 确定元件类型：记录元件分度号；测量并确定元件长度及插入深度。

工序 2：标准室校验。

将热电偶送标准室校验，并做校验记录。

工序 3：现场安装及接线。

① 检查线路。

② 在确认元件套管合格并正确的情况下，将垫片放在元件套管及设备的结合面上，并用扳手卡在元件套管的平面位置，上紧套管。

③ 打开套管上盖，将元件装入套管并上紧紧固螺丝，将元件的补偿导线穿入套管上部

的穿线孔，并将补偿导线的正线接在元件的正端子上，负线接在负端子上。

④ 盖上元件端盖并拧紧。

三、维修作业结果记录

被检验的热电偶型号＿＿＿＿＿＿，量程＿＿＿＿＿＿，套管直径＿＿＿＿＿＿＿，长度＿＿＿＿＿。

使用的校验仪器型号＿＿＿＿＿＿＿＿＿。

1. 外观检查结果

2. 校验数据记录

同表 2-15。

3. 检修安装记录

将检修安装过程记录在表 2-18 中。

表 2-18　热电偶检修安装记录表

序号	工序号	工作内容	要求	结果

任务四　热电阻温度计的应用

【学习目标】 熟悉热电阻测温原理和热电阻的材料、结构。

【能力目标】 能辨识热电阻材料，能拆装热电阻。

掌握热电阻三线制方法，会正确连接三线制。

能进行热电阻的安装、校验、维修等工作。

子任务一　热电阻的测温探究

一、知识准备

在工业上广泛使用热电阻温度计测量−200～500℃范围内的温度，它在中、低温下具有较高的准确度。热电阻温度传感器与测量电阻阻值的仪表配套组成电阻温度计。

历史回顾

1821 年，英国的戴维发现金属电阻随温度变化的规律，这以后就出现了热电阻温度计。1876 年，德国的西门子制造出第一支铂电阻温度计。

导体或半导体的电阻率与温度有关，这种物理现象称为热电阻效应。在测量技术中，可利用此特性制成电阻温度感温元件，简称热电阻。当热电阻元件与被测对象通过热交换达到热平衡时，就可以根据热电阻元件的电阻值确定被测对象的温度。热电阻的电阻值与温度的关系特性有三种表示方法：作图法、函数表示法、列表法。

常用的热电阻元件有金属导体热电阻和半导体热敏电阻，它们是热电阻温度计的敏感元件。铂热电阻和铜热电阻属国际电工委员会推荐的，也是我国国标化的热电阻。

二、工作任务

1. 任务描述

① 将金属电阻体置于热水中，测量电阻值。

② 计算电阻温度系数。

③ 探索热电阻效应。

2. 任务实施

器具：金属热电阻温度计 1 支，热敏电阻 1 只，万用表 1 只，导线若干，水槽（或油槽）1 只。

步骤 1：选择 1 只普通型铜电阻温度计，打开接线盒，将电阻体从保护套管中取出；观察电阻丝绕制方式。

步骤 2：先将电阻体静置于冰瓶或室温下，测量电阻值。

步骤 3：将电阻体静置于恒温水槽（或油槽）中，测量电阻值。

【知识链接】金属热电阻特性

大多数金属热电阻随其温度升高而增加，当温度升高 1℃时，其阻值增加 0.4%～0.6%，称具有正的电阻温度系数。

电阻温度系数 α 是指在某一温度间隔 $t \sim t_0$ 内，温度变化 1℃时的电阻相对变化量，单位为 1/℃。

金属材料的纯度对电阻温度系数 α 的影响很大，材料纯度越高，α 值越大；杂质越多，α 值越小且不稳定。

步骤 4：选择一只热电阻，测量电阻值。

步骤 5：将热电阻静置于热水中，测量电阻值。

【知识链接】半导体热电阻特性

大多数半导体热电阻的阻值随温度升高而减小，当温度升高 1℃时，其阻值减小 3%～6%，称具有负的电阻温度系数。半导体热电阻与温度之间通常为指数关系。

半导体热敏电阻通常用铁、镍、锰、钴、钼、钛、镁、铜等复合氧化物高温烧结而成。与金属热电阻相比，半导体热电阻具有如下优点。

① 通常具有较大的负电阻温度系数，因此灵敏度比较高。

② 半导体材料的电阻率远比金属材料大得多，可以做成体积很小而电阻很大的热电阻元件，同时热惯性小，热容量小，适合用于测量点温度与动态温度。

③ 电阻值很大，故连接导线的电阻变化的影响可以忽略不计。

④ 结构简单。

它的缺点是同种半导体热电阻的电阻温度特性分散性大，非线性严重，使用起来很不方便。元件性能不稳定，因此互换性差，精度较低。目前，热敏电阻大多用于测量要求不高的场合，以及作为仪器、仪表中的温度补偿元件。

三、拓展训练

1. 根据表 2-19 分析金属电阻和半导体热电阻的特性差异。

表 2-19　热电阻效应探究数据记录表

工作过程	工作内容	操作结果
步骤 1	选择一只普通型铜电阻温度计	型号________
步骤 2	将电阻体静置于冰瓶或室温下	电阻值________Ω
步骤 3	将电阻体静置于恒温水槽(或油槽)中	水温(油温)________℃电阻值________Ω
步骤 4	选择一只热电阻	型号________电阻值________Ω
步骤 5	热电阻静置于热水中	电阻值________(增大/减小)

2. 根据表 2-19 记录数据计算电阻温度系数。

3. 热电阻分 PTC 和 NTC 两种，阅读下段文字，了解 PTC 和 NTC 的含义。

【知识延伸】PTC 热电阻和 NTC 热电阻

PTC（positive temperature coefficient）是指在某一温度下电阻急剧增加、具有正温度系数的热电阻现象或材料。PTC 热电阻于 1950 年出现，随后 1954 年出现了以钛酸钡为主要材料的 PTC 热电阻。PTC 热电阻在工业上可用作温度的测量与控制，也用于汽车某部位的温度检测与调节，还大量用于民用设备，如控制瞬间开水器的水温、空调器与冷库的温度等方面。

NTC（negative temperature coefficient）是指随温度上升电阻呈指数关系减小、具有负温度系数的热电阻现象和材料。早在 1834 年以前，法拉第就发现硫化银等半导体材料具有很大的负电阻温度系数。但直到 20 世纪 30 年代，才使用硫化银、二氧化铀等材料制成有实用价值的热敏电阻器。随后，由于晶体管技术的不断发展，热电阻器的研究取得重大进展。1960 年研制出了 NTC 热电阻器，NTC 热电阻器广泛用于测温、控温、温度补偿等方面。

子任务二　热电阻结构组成及拆装

一、知识准备

虽然大多数金属和半导体的电阻与温度之间都存在着一定的关系，但并不是所有的金属或半导体都能做成电阻温度计。比较适宜做热电阻丝的材料有铂、铜、铁、镍等。而目前应用最广泛的电阻材料是铂和铜，并且已制成标准化热电阻。

热电阻按其保护管结构形式分为装配式（可拆卸）和铠装式（不可拆卸，内装电阻）两种，它们都由感温元件、引出线、保护套管、接线盒、绝缘材料等组成，如图 2-25 和图 2-26 所示。

目前，现场应用较多的装配式热电阻主要包括分度号为 Pt100 的铂热电阻和分度号为 Cu50 的铜热电阻两大类。工业用装配式热电阻可直接和二次仪表相连接使用，可以测量各种生产过程中－200～420℃范围内的液体、蒸气和气体介质及固体表面的温度。由于它具有良好的电输出特性，可为显示仪、记录仪、调节器、扫描器、数据记录仪以及计算机提供准确的温度变化信号。

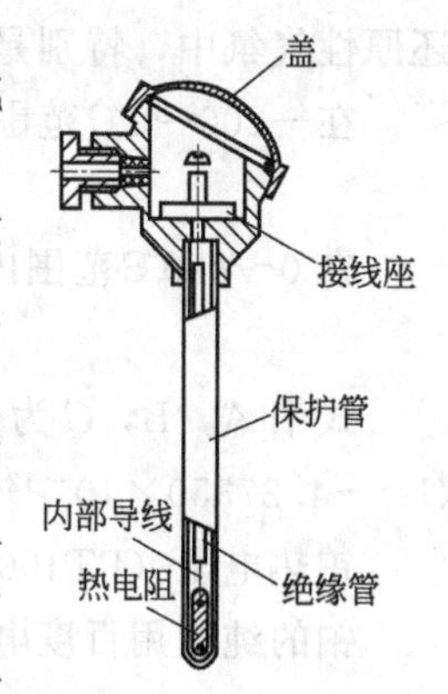

图 2-25　热电阻组成

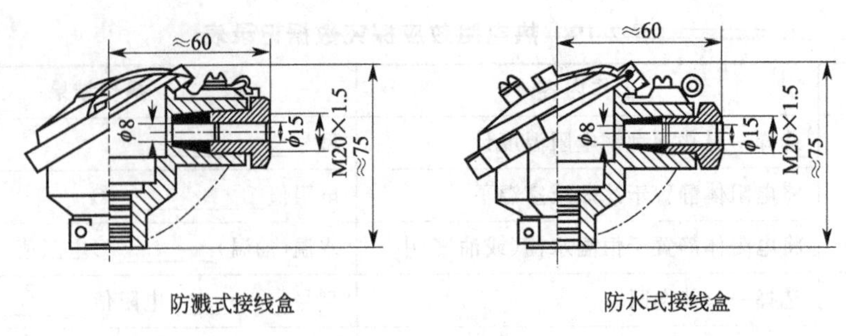

图 2-26　接线盒

二、工作任务

1. 任务描述

① 拆解一支普通型热电阻温度计，观察结构，复装温度计。

② 认知铭牌。

③ 初步检测热电阻，填表 2-21。

2. 任务实施

器具：普通型热电阻 1 支、铠装型热电阻 1 支、万用表 1 只、工具 1 套。

步骤 1：选择一只普通热电阻，观察铭牌。

【知识链接】普通型热电阻的型号

型号命名规则：WZ? -1 2 3。

其中第一节为字母，代号含义：W——温度仪表；R——热电阻；?——热电阻分度号及材料（P-Pt；C-Cu）。

第二节为数字，代号含义与热电偶命名规则相同。

步骤 2：将热电阻分解拆卸，熟悉各组成部分及作用。

【知识链接】热电阻的结构

（1）铂热电阻

铂热电阻是一种精度高、性能稳定的温度传感器。在氧化性的气氛中，甚至在高温下的物理化学性质都非常稳定。它易于提纯，复现性好，有良好的工艺性，可以制成极细的铂丝或极薄的铂箔。与其他热电阻材料相比，有较高的电阻率。其缺点是电阻温度系数较小，在还原性气氛中，特别是在高温下易被沾污变脆，价格较贵。

在−200～0℃范围内，铂的电阻温度关系为

$$R_t=R_0[1+At+Bt^2+C(t-100)t^3] \tag{2-6}$$

在 0～850℃范围内，其关系为

$$R_t=R_0(1+At+Bt^2) \tag{2-7}$$

式中 A，B，C 为分度常数。$A=3.90802\times10^{-3}$(1/℃)；$B=-5.802\times10^{-7}$(1/℃²)；$C=-4.27350\times10^{-12}$(1/℃⁴)。

铂热电阻（PT100）分度表见表 2-20。

铂的纯度用百度电阻比 $W(100)$ 表示，即

$$W(100)=R_{100}/R_0$$

式中　R_{100}——100℃时铂电阻值；

R_0——0℃时铂电阻值。

表 2-20　铂热电阻（PT100）分度表　　（t:℃；R:Ω）

t	−200	−190	−180	−170	−160	−150	−140	−130	−120	−110	−100
R	18.52	22.83	27.10	31.34	35.54	39.72	43.88	48.00	52.11	56.19	60.26
t	−90	−80	−70	−60	−50	−40	−30	−20	−10	0	
R	64.30	68.33	72.33	76.33	80.31	84.27	88.22	92.16	96.09	100.00	
t	0	10	20	30	40	50	60	70	80	90	100
R	100.00	103.90	107.79	111.67	115.54	119.40	123.24	127.08	130.90	134.71	138.51
t	110	120	130	140	150	160	170	180	190	200	210
R	142.29	146.07	149.83	153.58	157.33	161.05	164.77	168.48	172.17	175.86	179.53
t	220	230	240	250	260	270	280	290	300	310	320
R	183.19	186.84	190.47	194.10	197.71	201.31	204.90	208.48	212.05	215.61	219.15
t	330	340	350	360	370	380	390	400	410	420	430
R	222.68	226.21	229.72	233.21	236.70	240.18	243.64	247.09	250.53	253.96	257.38
t	440	450	460	470	480	490	500	510	520	530	540
R	260.78	264.18	267.56	270.93	274.29	277.64	280.98	284.30	287.62	290.92	294.21
t	550	560	570	580	590	600	610	620	630	640	650
R	297.49	300.75	304.01	307.25	310.49	313.71	316.92	320.12	323.30	326.48	329.64
t	660	670	680	690	700	710	720	730	740	750	760
R	332.79	335.93	339.06	342.18	345.28	348.38	351.46	354.53	359.59	360.64	363.67
t	770	780	790	800	810	820	830	840	850		
R	366.70	369.71	372.71	375.70	378.68	381.65	384.60	387.55	390.84		

$W(100)$ 越高，则其纯度越高。

铂热电阻元件是用微型陶管为保护管做成的内绕结构，感温元件可以做得相当小（最小外径可做到 ϕ1mm）。因此，可制成各种微型温度传感器探头。铂热电阻元件配上金属保护管和安装固定装置（如各种螺纹接头、法兰盘等），就构成装配式铂热电阻。铂电阻感温元件结构见图 2-27(a)。

（2）铜热电阻

铜热电阻特点是它的电阻值与温度的关系是线性的，电阻温度系数也比较大，而且材料易提纯，价格比较便宜，但它的电阻率低，易于氧化。

在−50～150℃范围内，铜的电阻温度关系为

$$R_t = R_0(1+\alpha t) \tag{2-8}$$

式中　α——铜的电阻温度系数。

铜电阻感温元件结构见图 2-27(b)。

（3）镍热电阻

镍热电阻特点是电阻温度系数较铂大，约为铂的 1.5 倍。零度时电阻值 $R_0=100\pm0.2\Omega$，在−50～150℃内，其电阻与温度关系为

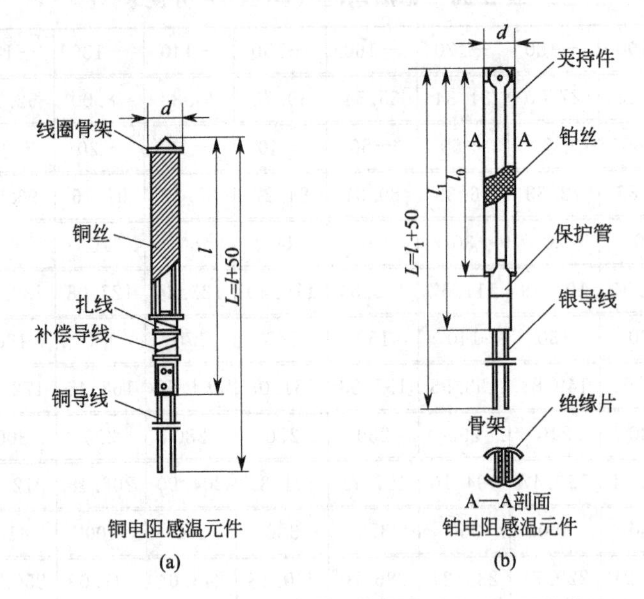

图 2-27 热电阻元件结构

$$R_t = 100 + 0.5485t + 0.665\times10^{-3}t^2 + 2.805\times10^{-9}t^4 \tag{2-9}$$

🕒步骤 3：用万用表检测是否短路或断路。

🕐步骤 4：将热电阻复装完整。

🕔步骤 5：选择一只铠装型热电阻，观察铭牌。

🕘步骤 6：将铠装热电阻接线盒打开；用万用表检测是否短路或断路。

热电阻的拆装数据记录见表 2-21。

表 2-21 热电阻拆装数据记录表

工作过程	工作内容	操 作 结 果
🕐步骤 1	普通型热电阻铭牌	分度号为________，材料为________
🕑步骤 2	普通型热电阻分解	组成部分有：________ 绝缘子材料为________；套管直径______mm，材料为________
🕒步骤 3	用万用表检测	电阻值________Ω；是否短路或断路：________
🕐步骤 4	热电阻复装	
🕔步骤 5	铠装型热电阻铭牌	型号________；分度号为________，材料为________；套管直径________mm，材料为________
🕘步骤 6	用万用表检测	电阻值________Ω；是否短路或断路：________

三、拓展训练

① 比较热电偶和热电阻的外形，总结如何辨别两者的方法。

② 如果热电阻短路，如何处理？如果热电阻断路，如何处理？

【知识延伸】热电阻故障处理

热电阻感温元件的好坏直接影响测量结果，所以在使用前必须检查。检查时，最简单的办法是将热电阻从保护管中抽出，用万用表欧姆挡测量其电阻值。热电阻的常见故障是热电阻的短路和断路。一般断路更常见，这是因为热电阻丝较细所致。断路和短路是很容易判断的，如测得的阻值为0或小于R_0，则可能有短路的地方；若万用表指示为无穷大，可断定电阻体已断路。电阻体短路一般较易处理，只要不影响电阻丝的长短和粗细，找到短路处进行吹干，加强绝缘即可。电阻体的断路修理必然要改变电阻丝的长短而影响电阻值，为此以更换新的电阻体为好；若采用焊接修理，焊后要校验合格后才能使用。

热电阻测温系统在运行中常见故障及处理方法如下。

(1) 热电阻元件阻值比实际值偏小或不稳定

原因分析：

① 热电阻丝之间短路或接地。

② 热电阻元件保护套管内积水。

③ 热电阻接线盒间引出导线短路。

④ 热电阻保护套管磨损。

修理方法：

① 用万用表检查热电阻丝接地部位进行绝缘修复。若热电阻丝之间短路，应进行更换。

② 清除保护套管内的积水，将保护套管与热电阻分别进行烘干处理。

③ 对热电阻接线盒间引出导线进行绝缘处理。

④ 检查保护套管是否渗漏，对不符合要求的保护套管进行更换。

防范措施：

① 加强现场热电阻元件的检查维护。

② 定期检查热电阻保护套管。

③ 加强热电阻接线盒的防雨、防潮措施。

(2) 仪表指针指向标尺终端

原因分析：热电阻断路。

修理方法：如热电阻本身断路，应予以更换；若连接导线断开，应予以修复。

(3) 仪表指针指向标尺始端

原因分析：热电阻短路。

修理方法：如热电阻短路，应予以维修或更换；若连接导线短路，应重新连接。

子任务三　热电阻安装及校验

一、知识准备

1. 热电阻的安装

普通热电阻的基本结构除了感温元件外，其余的保护套管、安装固定装置、接线盒等与普通热电偶相似，热电阻测温元件的安装形式与安装原则与热电偶也基本相同。

2. 热电阻的校验

在工业测量中，为了保证热电阻的准确度，在使用前必须进行检验，在使用中也要定期进行校验。校验方法有比较法和两点法。

(1) 比较法

接线如图2-28所示。利用可调的加热恒温器保持温度的恒定，用标准水银温度计或标准铂电阻温度计进行检测，将被校热电阻插入恒温槽中，在需要或规定的几个稳定温度下，

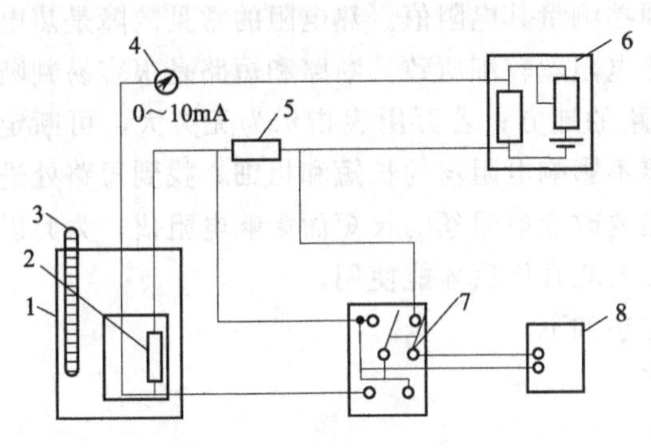

图 2-28 校验热电阻的接线

1—加热恒温器；2—被校验电阻体；3—标准温度计；4—毫安表；5—标准电阻；6—分压器；7—双刀双投开关；8—电位差计

用电位差计测量并计算各校验点的R_t值，在同一校验点应反复测量几次，然后取其平均值。读取标准温度计和被校温度计的示值并进行比较，其偏差不能超过最大允许误差。在校验时使用的恒温器有冰点槽、恒温水槽和恒温油槽。根据所需校验的温度范围选取恒温器。热电阻值的测量可以用电桥，也可以用直流电位差计测量恒电流（小于 6mA）流过热电阻和标准电阻的电压降，然后算出热电阻的阻值。

（2）两点法

比较法虽然可用调整恒温器温度的办法对温度计刻度值逐个进行比较校验，但所用的恒温器规格多，一般实验室多不具备。因此，工业电阻温度计可用两点法进行纯度校验，只需要冰点槽和水沸点槽，分别测得R_0和R_{100}，检查R_0值和R_{100}/R_0的比值是否满足技术数据指标。

二、工作任务

1. 任务描述

① 热电阻外观检查。

② 热电阻初步检测。

③ 热电阻校验。

注意：校验时调节分压器使毫安表指示为 2～9mA，确保电流不超过 9mA。

④ 热电阻维修处理。

2. 任务实施

填写表 2-22。

表 2-22 热电阻检验记录表

室温________________；湿度________________；

型号________________；外观检查结果________________；

电阻值________________；是否断路或短路________________。

次数	校验点 t/℃	R/Ω(标准)	R_t/Ω
1			
2			
3			
4			
5			
6			
7			
8			

结论：____________（合格/不合格）。

三、拓展训练

① 尝试用两点法校验热电阻，分析校验结果是否与比较法一致。

② 如果热电阻校验不合格，如何处理？

③ 热电阻的接线方式有多种，阅读下面的文字，掌握不同的接线方式。

【知识延伸】热电阻接线方式

目前热电阻的引线主要有以下三种方式。

① 二线制：在热电阻的两端各连接一根导线来引出电阻信号的方式叫二线制。这种引线方法很简单，但由于连接导线必然存在引线电阻 r，r 的大小与导线的材质和长度的因素有关，因此这种引线方式只适用于测量精度较低的场合。

② 三线制：在热电阻的根部的一端连接一根引线，另一端连接两根引线的方式称为三线制，这种方式通常与电桥配套使用，是工业过程控制中最常用的。

热电阻采用三线制接法是为了消除连接导线电阻引起的测量误差。这是因为测量热电阻的电路一般是不平衡电桥。热电阻作为电桥的一个桥臂电阻，其连接导线（从热电阻到中控室）也成为桥臂电阻的一部分，这一部分电阻是未知的且随环境温度变化，造成测量误差。采用三线制，将导线一根接到电桥的电源端，其余两根分别接到热电阻所在的桥臂及与其相邻的桥臂上，这样消除了导线线路电阻带来的测量误差（详细分析可参见项目七任务一）。

③ 四线制：在热电阻的根部两端各连接两根导线的方式称为四线制，其中两根引线为热电阻提供恒定电流 I，把 R 转换成电压信号 U，再通过另两根引线把 U 引至二次仪表。可见这种引线方式可完全消除引线的电阻影响，主要用于高精度的温度检测。

技能训练　热电阻维修作业

一、工作准备

计划工时：4 小时。

安全措施：

① 检修必须开工作票，执行工作票上的安全措施。

② 进入现场要戴好安全帽。

③ 在安装元件时，当处于高空时，必须系好安全带，必要时要搭建脚手架。

工器具：本项目所需工具如表 2-23 所列。

表 2-23　热电偶维修作业所需工器具

序号	名　　称	型号规格	数量
1	温度元件校验装置		1套
2	扳手	14 英寸	1把
3	扳手	12 英寸	1把
4	十字螺丝刀		1把
5	尖嘴钳		1把
6	一字螺丝刀		1把
7	毛刷		1把
8	万用表		1个

续表

序号	名　称	型号规格	数量
9	电笔		1个
10	电筒		1个
11	钟表螺丝刀		1套
12	剥线钳		1把
13	压线钳		1把

备品备件：垫片、胶布、棉纱、冰块、安装底座、元件套管。

二、工作过程

工序1：元件拆除。

① 现场热电阻元件拆除：套管拆除，并对套管尺寸做好记录。

② 确定元件类型：记录元件分度号；测量并确定元件长度及插入深度。

工序2：标准室校验。

将热电阻送标准室校验，并做校验记录。

工序3：现场安装及接线。

① 检查线路。

② 在确认元件套管合格并正确的情况下，将垫片放在元件套管及设备的结合面上，并用扳手卡在元件套管的平面位置，上紧套管。

③ 打开套管上盖，将元件装入套管并上紧紧固螺丝，将元件的导线穿入套管上部的穿线孔，并将导线的单线接在元件的单线端子上，两根并接线分别接在负线端子和公共线端子上。

④ 盖上元件端盖并拧紧。

三、维修作业结果记录

被检验的热电阻型号__________，量程__________，套管直径______________，长度__________。

使用的校验仪器型号________________。

1. 外观检查结果

2. 校验数据记录

同表2-22。

3. 检修安装记录

将检修安装过程记录在表2-24中。

表2-24　热电阻检修安装记录表

序号	工序号	工作内容	要求	结果

任务五 辐射式温度计测温

【学习目标】理解非接触式测温原理，了解辐射式温度计种类。

【能力目标】能应用辐射式温度计测量温度并修正。

子任务一　单色辐射光学高温计

一、知识准备

非接触式测温仪是通过辐射原理来测量温度的，测温元件不需与被测介质接触，测温范围广，不受测温上限的限制，不会破坏被测物体的温度场，也不受被测介质的腐蚀等影响，反应速度一般也比较快，尤其适于测量运动物体的温度和极高的温度。但受到物体的发射率、测量距离、烟尘和水气等外界因素的影响。

目前广泛应用的非接触式测温仪有单色辐射高温计、全辐射高温计、比色高温计、红外测温仪等。

物体受热，激励了原子中带电粒子，使一部分热能以电磁波的形式向空间传播，它不需要任何物质作媒介，将热能传递给对方，这种能量的传播方式称为辐射，传播的能量叫辐射能。辐射能量的大小与波长、温度有关，它们的关系被一系列辐射基本定律所描述，而辐射温度传感器就是以这些基本定律为工作原理而实现测温的。

1. 普朗克定律

绝对黑体（又称全辐射体）的单色辐射强度随波长的变化规律由普朗克定律确定。

$$E_0(\lambda,T)=\frac{C_1\lambda^{-5}}{e^{C_2/(\lambda T)}-1} \tag{2-10}$$

式中　$E_0(\lambda,T)$——黑体的单色辐射强度（$W/cm^2\cdot\mu m$）；

C_1——普朗克第一辐射常数，$C_1=3.74\times10^4$（$W\cdot\mu m/cm^2$）

C_2——普朗克第二辐射常数，$C_2=1.44\times10^4$（$\mu m\cdot K$）；

λ——辐射波长（μm）；

T——黑体的绝对温度（K）。

在温度低于 3000K 时，普朗克公式可用维恩公式代替，误差不超过 1%，维恩公式为

$$E_0(\lambda,T)=\frac{C_1\lambda^{-5}}{e^{C_2/(\lambda T)}} \tag{2-11}$$

维恩公式计算较为方便，是光学高温计的理论基础。

2. 全辐射定律

绝对黑体的全辐射定律确定了黑体的全辐射力与温度的关系。

$$E_0=\sigma T^4 \tag{2-12}$$

式中　σ——史蒂芬-玻尔兹曼常数，$\sigma=5.56\times10^{-8}$ [$W/(m^2\cdot K^4)$]。

它表明，绝对黑体的全辐射力和其热力学温度的四次方成正比。如果物体的辐射光谱是连续的，而且它的单色辐射力和同温度下的绝对黑体的相应曲线相似，则叫该物体为灰体。把灰体全辐射能 E 与同温度下黑体全辐射能 E_0 相比较，就得到物体的另一个特征量 $\varepsilon=E/E_0$，ε 称为黑度。

自然界实际存在的物体不是绝对黑体。由于一般工程物体的 ε 值随波长变化不大显著，

可近似地看作灰体。某些物质的辐射吸收系数参见表 2-25。

表 2-25 某些物质的辐射吸收系数

材料	温度/℃	ε_r	材料	温度/℃	ε_r
未加工的铸铁	925～1115	0.8～0.95	镍铬合金	125～1034	0.64～0.76
抛光的铁	425～1020	0.144～0.377	铂丝	225～1375	0.073～0.182
铁	1000～1400	0.08～0.13	铬	100～1000	0.08～0.26
银	1000	0.035	硅砖	1000	0.8
抛光的钢铸件	970～1040	0.52～0.56	耐火黏土砖	1000～1100	0.75
磨光的铜板	940～1100	0.55～0.61	煤	1100～1500	0.52
熔化的铜	1100～1300	0.15～0.13	钽	1300～2500	0.19～0.30
氧化铜	800～1100	0.66～0.54	钨	1000～3000	0.15～0.34
镍	1000～1400	0.056～0.069	生铁	1300	0.29
氧化铁	500～1200	0.85～0.95	铝	200～600	0.11～0.19
氧化镍	600～1300	0.54～0.87			

当温度升高时，单色辐射力增长速度要比全辐射力快得多。因此，单色辐射光学高温计比全辐射高温计灵敏度高，测量准确度高。物体在某一波长下的单色辐射力与温度有单值函数关系，而且单色辐射力的增长速度比温度增长快得多。根据这一原理制作的高温计叫单色辐射光学高温计。单色辐射光学高温计根据被测物体光谱辐射亮度随温度升高而增加的原理，采用的是亮度法测温。

二、工作任务

1. 任务描述

① 认识灯丝隐灭式光学高温计的结构。

② 使用光学高温计测量炉内温度。

2. 任务实施

器具：灯丝隐灭式光学高温计 1 台

步骤 1：认识灯丝隐灭式光学高温计的结构和组成部分作用。

【知识链接】光学高温计的结构原理

灯丝隐灭式光学高温计是一种典型的单色辐射光学高温计，由于在测量时灯丝要隐灭，由此得名。在所有的辐射温度计中，光学高温计准确度最高。

光学高温计的外形和结构原理如图 2-29 所示，主要由光学系统和电测系统组成。

光学系统由物镜 1 和目镜 4 组成望远系统，调节目镜 4 的位置可使灯泡灯丝清晰可见。调节物镜位置可使被测物体成像于灯丝平面上，与灯丝比较亮度。通过调节 R_H 的阻值大小来调节灯丝电流，从而控制灯丝亮度，由人眼睛判断亮度平衡与否，当亮度平衡时，灯丝顶端的轮廓即隐灭。

流过显示仪表 6 的电流与灯丝电流有确定的函数关系，因而仪表能指示出灯丝的亮度温度。当被测物像的亮度与灯丝的亮度相平衡时，显示仪表 6 显示的温度值也就是被测物体亮

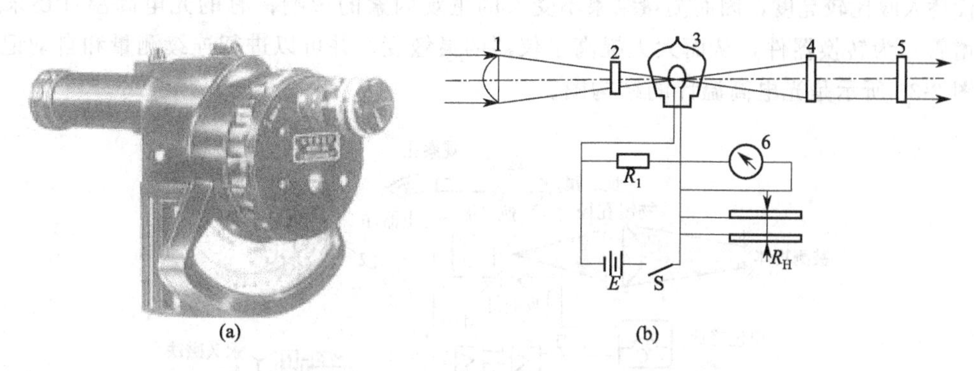

图 2-29　WGGZ 型光学高温计的结构原理图

1—物镜；2—灰色吸收玻璃；3—高温计灯泡；4—目镜；5—红色滤光片；6—显示仪表；R_H—电流调节变阻器；S—按钮开关；E—干电池

度温度值。

步骤 2：零位检查。

步骤 3：调整目镜和物镜的位置。

步骤 4：按下按钮开关，调节电阻，至灯丝隐灭，读亮度温度 T_S。

步骤 5：根据黑度，对读数修正，得实际温度 T。

【知识链接】亮度温度和实际温度

物体在波长 λ 时的亮度与它的单色辐射强度 $E(\lambda,T)$ 成正比，根据灰体的 $\varepsilon=E(\lambda,T)/E_0(\lambda,T)$ 可知，用同一种测量亮度的单色辐射高温计来测量单色黑度系数不同的物体温度，即使它们的亮度相同，其实际温度也会因为单色黑度系数的不同而不同。这就使按某一物体的温度刻度的单色辐射高温计不能用来测量黑度系数不同的另一个物体的温度。为了解决此问题，使光学高温计具有通用性，对这类高温计作这样的规定：单色辐射光学高温计的刻度按绝对黑体的温度进行刻度。用这种刻度的高温计去测量实际物体的温度时，所得到的温度示值叫做被测物体的“亮度温度”。

亮度温度的定义是：在波长为 λ 的单色辐射中，若物体在温度 T 时的亮度和绝对黑体在温度为 T_S 时的亮度相等，则把绝对黑体温度 T_S 叫做被测物体在波长为 λ 时的亮度温度。

使用已知波长 λ 的单色辐射高温计测得物体的亮度温度后，必须同时知道物体在该波长下的黑度系数 ε，才能得出实际温度。因为黑度系数总是小于 1，所以测得的亮度温度总是低于物体实际温度的，且黑度系数越小，亮度温度与实际温度间的差别就越大。

三、拓展训练

① 光学高温计使用时应注意哪些事项？

② 光学高温计使用时需手动操作，为了实现连续自动地测量，发展了光电高温计。阅读下面的文字，了解光电高温计的结构和功能。

【知识延伸】光电高温计

光电高温计是在光学高温计的基础上发展起来的，它的基本原理与光学高温计相同。光电高温计用光电器件作为仪表的敏感元件，替代人眼睛来感受辐射源亮度变化，转换成与亮度成比例的电信号，经放大器放大后，输出与被测物体温度相应的示值，并自动记录。用光电转换器件代替人眼比较亮度，因而测量结果不受人的主观因素的影响；有的光电高温计还采用光电倍增管作为转换器件，从而大大提高了仪器的灵敏度，并可以进行连续测量和自动记录。

图 2-30 所示是光电高温计的结构图。

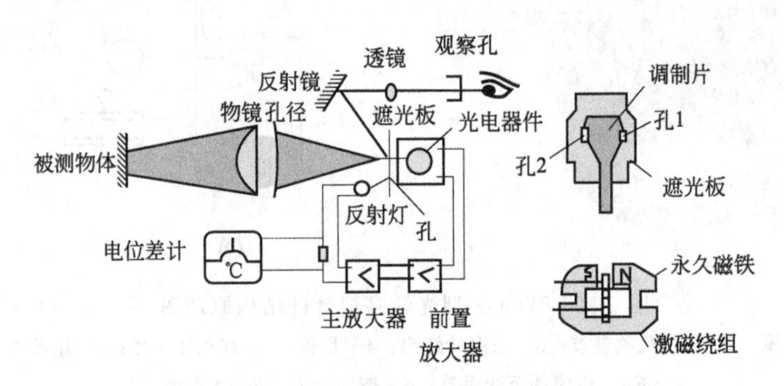

图 2-30 光电高温计的组成示意图

物体的表面发出的辐射能量由物镜聚焦，通过光栏和遮光板上的孔 1，透过遮光板内的红色滤光片，射于光电器件上。被测物体表面发出的光束盖满孔，这可用瞄准系统进行观察。瞄准系统由瞄准透镜、反射镜和观察孔组成。从反馈灯发出的辐射能量通过遮光板上的孔 2，透过同一块红色滤光片也投射在同一个光电器件上。在遮光板前放置着每秒钟振动 50 次的光调制器。在光调制器中，激磁绕组通以 50Hz 的交流电，由此产生的交变磁场与永久磁铁相互作用，使调制片产生 50Hz 的机械振动，交替打开和遮住孔 1 和孔 2，使被测物体表面和反馈灯发出的辐射能量交替地投射到光电器件上。当反馈灯和被测物体表面的辐射能量不相等时，光电器件就产生一个与两个单色辐射能量之差成正比的脉冲光电流，此电流送入前置放大器后再送到主放大器进一步放大。主放大器输出的直流电流流过反馈灯，当此电流的数值使反馈灯的亮度与被测物体单色辐射亮度相等时，脉冲光电流为零，此时通过反馈灯的电流大小就代表了被测物体温度。电位差计用来自动指示和记录通过反馈灯的电流大小，电位差计以温度刻度。

子任务二 全辐射高温计的使用

一、知识准备

全辐射高温计是根据全辐射定律制作的温度计。图 2-31 所示为全辐射高温计的示意图。

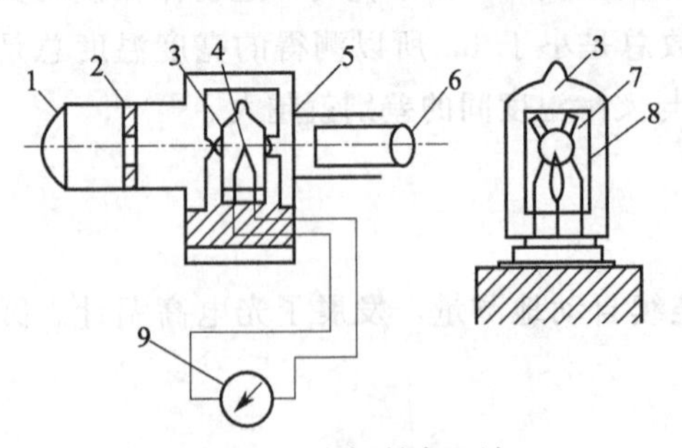

图 2-31 全辐射高温计

1—物镜；2—光栏；3—玻璃泡；4—热电堆；5—灰色滤光片；6—目镜；7—铂箔；8—云母片；9—显示仪表

物体的全辐射能由物镜 1 聚焦后，经光栏 2 焦点落在装有热电堆 4 的铂箔 7 上。热电堆是由 4～8 支微型热电偶串联而成，以得到较大的热电势。热电偶的测量端被夹在十字形的铂箔 7 内，铂箔涂成黑色以增加其吸热系数。当辐射能被聚集到铂箔上时，热电偶测量端感受热量，热电堆输出的热电势送到显示仪表 9，由此表显示或记录被测物体的温度。热电偶的冷端夹在云母片 8 中，这里的温度比测量端低很多。在瞄准被测物体的过程中，观察者可以通过目镜 6 进行观察，目镜前加有灰色滤光片 5，用来削弱光的强度，保护观测者的眼睛。整个外壳内壁面涂成黑色，以便减少杂光的干扰和造成黑体条件。

全辐射高温计按绝对黑体对象进行分度。用它测量实际物体温度时，示值并非真实温度，而是被测物体的“辐射温度”。辐射温度的定义为：温度为 T 的物体，全辐射能量 E 等于温度为 T_P 的绝对黑体全辐射能量时，则温度 T_P 叫做被测物体的辐射温度。辐射温度与真实温度之间的关系可按此定义推导出。

$$T=T_P\sqrt[4]{\frac{1}{\varepsilon}} \tag{2-13}$$

由于 ε 小于1，因此辐射温度总是低于物体的实际温度。

二、工作任务

1. 任务描述

用全辐射高温计测得烧红的煤块温度，其读数为1300℃，试求其真实温度（图2-32)。

2. 任务实施

［思路］利用辐射温度与真实温度之间的关系式。

［解］由表2-24查得煤辐射发射率为0.52，于是由式(2-13）可得

$$T=T_P\sqrt[4]{\frac{1}{\varepsilon}}=(1300+273.15)\sqrt[4]{\frac{1}{\varepsilon}}=1852.5\text{K}$$

$$t=1852.5-273.15=1579℃$$

［结论］即煤的真实温度是1579℃，比读数温度要高279℃。

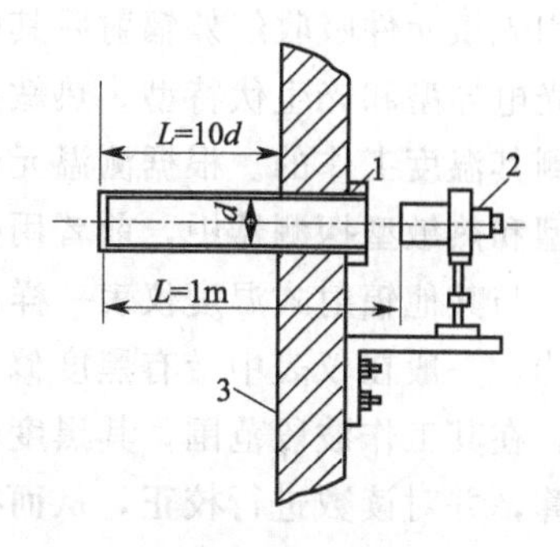

图2-32 辐射感温器在炉前的安装

1—细管；2—辐射感温器；3—炉壁

三、拓展训练

全辐射高温计使用时应注意哪些事项？

【知识延伸】使用辐射高温计的注意事项

(1) 非黑体辐射的影响

由于物体的辐射发射率值较难准确测定，因此测量误差较大。考虑人为创造黑体辐射的方法，可以人为创造黑体辐射的条件，即把一根有封底的细长管插到被测对象中，在充分受热后，管底的辐射就近似黑体辐射。这样，高温计所测管子底部的温度即可视为被测对象的真实温度。要求管子的长度与其内径之比不小于10。

(2) 中间介质的影响

高温计和被测物体之间的灰尘、烟雾和二氧化碳等气体，对热辐射会有吸收作用，因而造成测量误差。为减小误差，高温计与被测物体之间的距离在1～2m之内比较合适。全辐射能被中间介质吸收的能量比单色辐射能多，即全辐射高温计受中间介质的影响更大。

子任务三 红外测温仪的使用

一、知识准备

波长为0.75～100μm范围内的热辐射称为红外辐射。其中，0.75～3μm波段为近红外；3～6μm波段为中红外；6～15μm波段为远红外；15μm以上为极远红外。通过测量红外辐射光来测定物体温度的方法，叫红外测温。红外测温仪依据的是光谱辐射原理，红外辐射出射度与辐射源的温度之间仍遵循普朗克定律。它的原理和结构与辐射高温计、光电高温计相

似。20世纪60年代之前，辐射测温主要用于高温范围（800℃以上），但随着红外技术的发展，它已逐步扩展到中温、常温甚至低温范围。

红外测温除了具有非接触式测温特点外，尚有下列独特之处。

① 是一种不可见光的检测，适用于黑夜中测量。

② 红外波长越长，传输损耗越小，可远距离遥测。

③ 能适用于低温测量，因此可在－10～3000℃的范围内测温。

④ 红外探测元件的响应速度快，可达微秒、纳秒量级。

红外测温仪由光学系统、红外探测器、信号处理放大部分及显示仪表等部分组成。光学系统与红外探测器是整个仪表的关键，而且它们具有特殊的性质。红外光学材料是光学系统中的关键器件，它是对红外辐射透过率很高，而对其他波长辐射不易透过的材料。红外探测器的作用是把接收到的红外辐射力转换成电信号。有光电型和热敏型两种。光电型探测器是利用光敏元件吸收红外辐射后其电子运动状况改变而使电气性质改变的原理工作的，常用的有光电导型和光生伏特型。热敏型探测器是利用了物体接收红外辐射后温度升高的性质，然后测其温度工作的。根据测温元件的不同，又有热敏型、热电偶型及热释电型等几种。在光电型和热敏型探测器中，前者用得较多。

与其他辐射式温度仪表一样，用红外测温仪测温时，被测物体的发射率 ε 对测量结果有影响，一般在仪表中带有黑度修正装置，修正范围（黑度）为0.1～1.0。红外目标物的辐射，在其工作波段范围，其黑度由实验确定，用辐射高温计仪器的刻度温度需通过引入 ε 的计算，并对读数进行校正，从而得出物体的真实温度。

二、工作任务

1. 任务描述

用手持式红外测温仪测量温度并修正（图2-33）。

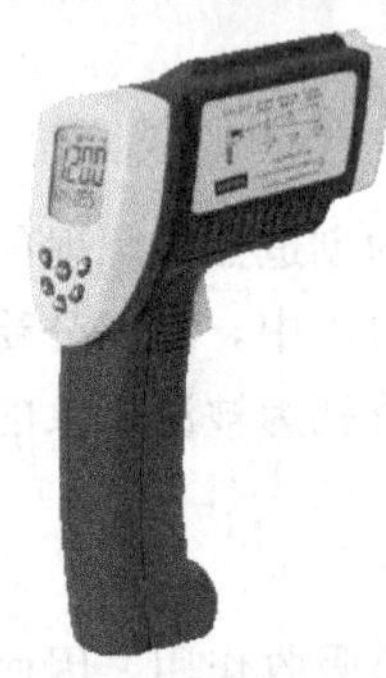
图2-33 手持式红外测温仪

2. 任务实施

步骤1：握住仪器手柄并使其指向被测物体表面。

注意：请不要将激光光束对着或反射到人或动物的眼睛。

步骤2：测量时选好待测物体的发射频率，扣动测量扳机键开始测量；测量时提示符（通常为SCAN）将出现在液晶显示屏上；在测量中，如果所测温度高于或低于报警温度，测温仪通常会有报警声音提示。

步骤3：松开测量键，液晶屏幕显示提示符（通常为HOLD）表明读数已被锁定保持；松开测量键后，约60s后仪器自动关机。

三、拓展训练

阅读下面的文字，了解比色高温计的特点。

【知识延伸】比色高温计

光学高温计和全辐射高温计的测量准确度常常要受到被测物体表面黑度变化和中间介质等因素的影响，因而引起测量误差。比色高温计可消除上述影响，因此测量准确度较高。

图2-34所示为单通道比色温度计原理图，被测对象的辐射能通过透镜组成像于硅光电池7的平面上，当同步电动机以3000rpm速度旋转时，调制器5上的滤光片以200 Hz的频率交替使辐射通过，当一种滤光片透光时，硅光电池接收的能量为 $E_{\lambda 1T}$，而当另一种滤光

(a)

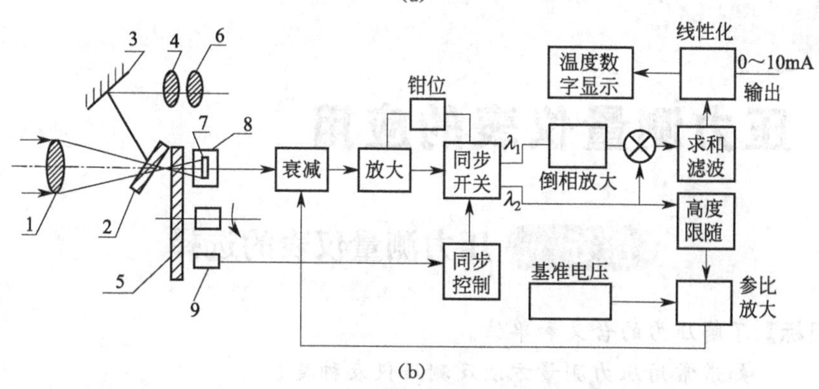

(b)

图 2-34　单通道比色温度计原理图

1—物镜；2—通孔光栏；3—反射镜；4—倒像镜；5—调制器；6—目镜；7—硅光电池；8—恒温盒；9—同步线圈

片透光时，则接收的为 $E_{\lambda 2T}$，因此从硅光电池输出的电压信号为 $U_{\lambda 1}$ 和 $U_{\lambda 2}$，将两电压等比例衰减，设衰减率为 K，利用基准电压和参比放大器保持 $KU_{\lambda 2}$ 为一常数 R，则 $U_{\lambda 1}/U_{\lambda 2}=KU_{\lambda 1}/\mathrm{R}$，测量 $KU_{\lambda 1}$ 即可代替 $U_{\lambda 1}/U_{\lambda 2}$，从而得到 T。输出对应信号为 0～10mA。

压力测量仪表的应用

任务一 压力测量仪表的选择

【学习目标】 了解压力的含义和单位。

知道常用压力测量方法及测压仪表种类。

【能力目标】 能根据检测需要选择适合的压力仪表。

一、知识准备

压力是表征生产过程中工质状态的基本参数之一，只有通过压力及温度的测量才能确定生产过程中各种工质所处状态。从保障生产的安全和经济角度看，压力是生产过程中必须始终监视的参数。压力表的种类很多，目前工程上经常使用的有液柱式压力计、弹性压力计、活塞式压力计和电气式压力计等。

1. 压力的概念及单位

压力是指物体单位表面积所承受的垂直作用力，在物理学上称为压强。在国际单位制(SI)和我国法定计量单位中，压力的单位是“帕斯卡”，简称“帕”，符号为“Pa”。

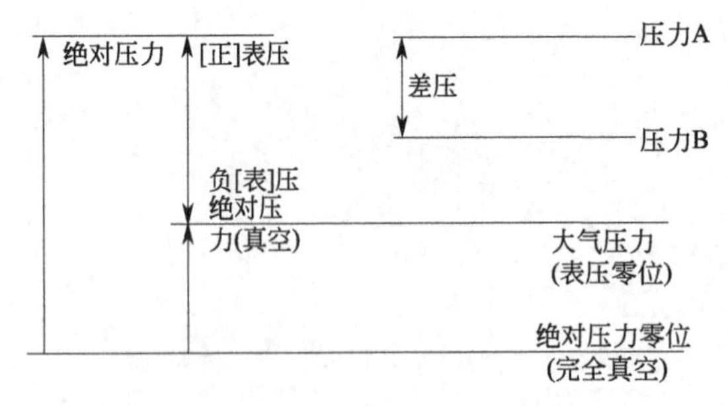

图 3-1 绝对压力、表压力和差压的关系

由于地球表面存在着大气压力，物体受压的情况也各不相同，为便于在不同场合表示压力数值，所以引用了绝对压力、表压力、负压力（真空）和压力差（差压）等概念。表压力为正时简称压力，表压力为负时称负压力或真空。差压测量时，习惯上把较高一侧的压力称为正压，较低一侧的压力称为负压。这些概念的关系表示在图 3-1 中。

所有的压力表都处于大气中，用压力表测取绝对压力时，其读数为表压力。

2. 压力测量的主要方法和分类

目前，测量压力的方法很多，按照信号转换原理的不同，一般可分为以下四类。

(1) 液柱式压力测量

该方法是根据流体静力学原理，被测压力与一定高度的工作液体产生的重力相平衡，可将被测压力转换成为液柱高度差进行测量。一般采用充有水或水银等液体的玻璃U形管或单管进行测量。这类压力计的特点是结构简单、读数直观、价格低廉，但一般为就地测量，信号不能远传。

(2) 弹性式压力测量

该方法是根据弹性元件受力变形的原理，将被测压力转换成弹性元件的位移或力进行测量。常用的弹性元件有弹簧管、弹性膜片和波纹管。此类压力计有多种类型，可以测量压力、负压、绝对压力和压差，其应用最为广泛。

(3) 电气式压力测量

利用测压元件的压阻、压电等特性或其他物理特性，用压力敏感元件直接将压力转换成电阻、电荷量等电量的变化来测量压力。例如扩散硅式变送器等。

(4) 活塞式压力测量

该方法是根据液压机液体传送压力的原理，将被测压力转换成活塞面积上所加平衡砝码的重力进行测量。这类压力计测量范围宽、准确度高（可达±0.01%）、性能稳定可靠，可以测量正压、负压和绝对压力。

在工业生产过程中，常使用弹性式压力仪表进行就地显示，使用电气式压力仪表进行压力信号的远传，使用活塞式压力计作为压力校验仪表；试验时常使用液柱式压力计。

二、工作任务

1. 任务描述

选择合适的压力检测仪表并填写表3-1。

表3-1　压力测量仪表认识及选择表

序号	检测要求	选择仪表类型及理由
1	就地压力指示，压力接近大气压	
2	远距离压力显示，爆炸危险场所	
3	微压力测量	
4	强腐蚀性介质压力测量	

2. 任务实施

【知识链接】压力表的选择

为了在生产过程中准确测量压力，必须选择合适的压力表。选择压力表应根据被测压力的种类（压力、负压和压差），被测介质的物理、化学性质和用途（标准表、指示表和远传表等）以及生产过程所提的技术要求，现场使用的环境等条件，同时应本着既满足测量准确度、又经济的原则，合理地选择压力表的类型、型式、量程和准确度等级。

此外，还必须正确选择测点，正确设计和敷设导压信号管路等，否则都会影响测量结果。

(1) 仪表种类的选择

压力测量仪表类型的选择主要考虑以下几个方面。

① 被测介质的性质：被测介质是流动的还是静止的，黏性大小、温度高低，是液体还

是气体，是否具有腐蚀性、爆炸性和可燃性等。对腐蚀性较强的压力介质应使用像不锈钢之类的弹性元件；对氧气、乙炔等介质应选用专用的压力仪表。

② 对仪表输出信号的要求：是就地显示还是要远传压力信号。弹性式压力测量仪表是就地直接指示型，适用于工业现场进行就地观察压力变化情况。电气式压力测量仪表可把压力信号远传到控制室。

③ 压力测量仪表的使用环境：有无振动，温度的高低，湿度的高低，环境有无腐蚀性、爆炸性和可燃性。对爆炸性较强的环境，在使用电气式压力测量仪表时，应选择防爆型压力仪表；对于温度特别高或特别低的环境，应选择温度系数小的敏感元件以及相应的变换元件。

(2) 仪表量程和精度的选择

目前我国压力和差压测量仪表按系列生产，其量程上限为 (1，1.6，2.5，4.0，6.0)× 10^n kPa。

为了保证测量的精确度，测压仪表的量程上限不能取得太大，也不能取得太小。

如果所测压力比较稳定，被测压力值应在仪表满量程的 1/3～2/3 范围内；如果所测压力波动较大或是脉动压力时，被测压力值应为仪表满量程的 1/2 左右，且不应低于满量程的 1/3。如果所测压力变化范围较大，超过了上述要求，则应使仪表量程上限满足最大工作压力条件。

压力检测仪表的精度主要根据生产允许的最大误差来确定，即要求实际被测压力允许的最大绝对误差应小于仪表的基本误差。

三、拓展训练

① 已知汽轮机凝汽器内的绝对压力为 0.004MPa，气压表测定的环境压力为 0.1MPa，求凝汽器内的真空值。

② 常用的压力测量仪表有哪些？说说你见过的压力计种类及应用场合。

③ 进口仪表或一些旧压力表可能还在使用一些其他的压力单位，熟悉压力换算关系。

【知识延伸】压力单位换算

常用压力单位换算关系如表 3-2 所示。

表 3-2 常用压力单位换算表

单位 \ 单位	Pa	kgf/cm²	bar	atm	mmH₂O	mmHg	psi
牛顿/米²(帕斯卡)(N/m²)(Pa)	1	1.01972×10^{-5}	1×10^{-5}	0.986923×10^{-5}	0.101972	7.50062×10^{-3}	145.038×10^{-6}
公斤力/厘米²(kgf/cm²)	98066.5	1	0.980665	0.967841	10×10^{3}	735.559	14.2233
巴(bar)	1×10^{5}	1.01972	1	0.986923	10.1972×10^{3}	750.061	14.5038
标准大气压(atm)	1.01325×10^{5}	1.03323	1.01325	1	10.3323×10^{3}	760	14.6959
毫米水柱 4℃(mmH₂O)	0.101972	1×10^{-4}	9.80665×10^{-5}	9.67841×10^{-5}	1	7.35559×10^{-2}	1.42233×10^{-3}
毫米水银柱 0℃(mmHg)	133.322	0.00135951	0.00133322	0.00131579	13.5951	1	0.0193368
磅/英寸²(lb/in²,psi)	6.89476×10^{3}	0.0703072	0.0689476	0.0680462	703.072	51.7151	1

任务二　弹性式压力计的应用

【学习目标】熟悉弹性式压力计的种类及结构。
掌握弹簧管压力表的工作原理及使用。
掌握活塞式压力计的原理、结构和使用方法。

【能力目标】会安装和使用弹性压力计。
会拆装、校验、修理弹性压力表。
熟练掌握精密压力计的校验方法、步骤。能进行数据处理，并给出检验结论。

子任务一　弹簧管压力表的结构

一、知识准备

1. 弹性元件测压概述

用弹性传感器（又称弹性元件）组成的压力测量仪表称为弹性式压力计。弹性元件受压后产生的形变输出（力或位移），可以通过传动机构直接带动指针指示压力（或压差），也可以通过某种电气元件组成变送器，实现压力（或压差）信号的远传。这种仪表结构简单，造价低廉，精度较高，便于携带和安装，又有较宽的测量范围（低到0.98Pa，高到上百个兆帕，且可以测量真空），能远距离传送信号和自动记录，还可以制成准确度较高的标准仪表。因此，目前工业测量上应用最为广泛。

历史回顾

1643年，意大利人E. 托里拆利首先测定标准的大气压力值为760毫米汞柱，奠定了液柱式压力测量仪表的基础。1847年，法国人E. 波登制成的波登管压力表，由于结构简单、实用，很快在工业中获得广泛应用，一直是常用的压力测量仪表。20世纪上半叶出现远传压力表和电接点压力表，从而解决压力测量值的远距离传送和压力的报警、控制问题。20世纪60年代以后，为适应工业控制、航空工业和医学测试等方面的要求，压力测量仪表日益向体积轻巧、耐高温、耐冲击、耐振动和数字显示等方向发展。

目前金属弹性式压力计的精确度可达到0.16级、0.25级、0.4级。工业生产过程中使用的弹性压力计，其精确度大都是1.5级、2.0级、2.5级。

弹性式压力表适用的测量条件较广泛，有抗振型、抗冲击型、防水型、防爆型、防腐型等。弹性压力计的敏感元件种类很多，目前比较成熟的弹性元件有膜片、波纹管、弹簧管三种类型。

2. 弹性元件

（1）弹性膜片

弹性膜片是一种沿外缘固定的片状形测压弹性元件，厚度一般在0.05～0.3mm。膜片分为平面膜片、波纹膜片和挠性膜片等，参见图3-2。波纹膜片是一种压有环状同心波纹的圆形薄膜，有时也将两块弹性膜片沿周边对焊起来，形成一薄膜盒子，称之为膜盒，其内部抽成真空，并且密封起来。

弹性膜片的特性一般用中心的位移和被测压力的关系来表征。当膜片的位移较小时，它们之间有良好的线性关系。此外，波纹膜的波纹数目、形状、尺寸和分布情况既与压力测量范围有关，也与线性度有关。

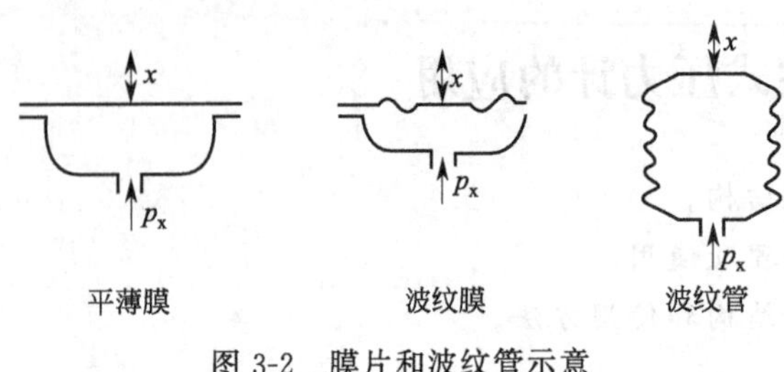

图 3-2 膜片和波纹管示意

弹性膜片受压力作用生产位移，可直接带动传动机构指示。但是，由于弹性膜片的位移较小，灵敏度低，精确度也不高。膜片可与其他转换元件合用，将压力转换成电信号，如电容式压力传感器、光纤式压力传感器、力平衡式压力传感器等。

(2) 波纹管

波纹管是一种具有等间距同轴环状波纹，能沿轴向伸缩的测压弹性元件。

波纹管受压力作用产生位移，由其顶端安装的传动机构直接带动指针读数。相对于弹性膜片而言，波纹管的位移较大，灵敏度高，尤其是在低压区，因此常用于测量较低的压力。但是波纹管存在较大的迟滞误差，精确度一般只能达到 1.5 级。

(3) 弹簧管

弹簧管（又称波登管）是用一根横截面呈椭圆形或扁圆形的非圆形管子弯成圆弧形状而制成的，其中心角为 270°。弹簧管的一端开口，作为固定端，固定在仪表的基座上。另一端封闭，如图 3-3 所示，当固定端通入被测压力时，弹簧管承受内压，其截面有变圆的趋势，即长轴 a 变小，短轴 b 变大，刚度增大。弯曲的弹簧管伸展，中心角 γ 变小 $\Delta\gamma$，封闭的自由端外移。自由端的位移通过传动机构带动压力计指针转动，指示被测压力。

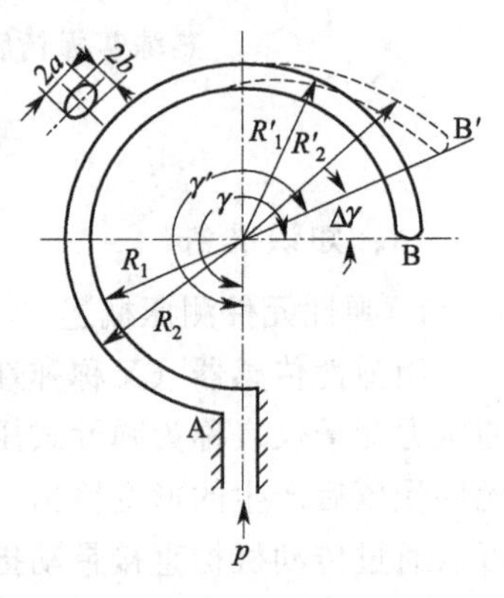

图 3-3 单圈弹簧管示意

二、工作任务

1. 任务描述

用单圈弹簧管压力计测压并熟悉其结构。

2. 任务实施

器具：单圈弹簧管压力计 1 只，螺丝刀 1 把，起针器，气泵 1 只。

步骤 1：打开表壳，取下指针，取下压力表面板，注意观察仪表各组成部分。

【知识链接】弹簧管压力计结构

如图 3-4 所示，它主要由弹簧管和一组传动放大机构等部分组成。

弹簧管的自由端用拉杆和扇形齿轮相连，扇形齿轮又与中心小齿轮相啮合。扇形齿轮与小齿轮起位移放大作用，并将弹簧管自由端的位移转变为指针的角位移。其具体动作过程如下：被测压力介质由接头通入，迫使弹簧管产生弹性变形，其自由端向外扩张，通过拉杆 6 使扇形齿轮 7 作逆时针方向偏转，进而带动中心小齿轮 8 作顺时针方向偏转。于是，与小齿轮同轴的指针 9 便在刻度盘 11 上指示出被测压力的数值。

步骤 2：将指针安在轴上，用气泵从固定开口端打气，注意观察指针的偏转。

步骤 3：对照实物，观察传动放大机构的组成和游丝的作用。

【知识链接】游丝的作用

压力计中游丝的一端与小齿轮轴固定，另一端固定在支架上，借助于游丝的弹力使小齿轮与扇形齿轮始终只有一侧啮合面啮合，这样可以消除扇形齿轮与小齿轮之间因有啮合间隙而产生的测量变差，可见它是用于消除齿轮对指示值的影响。

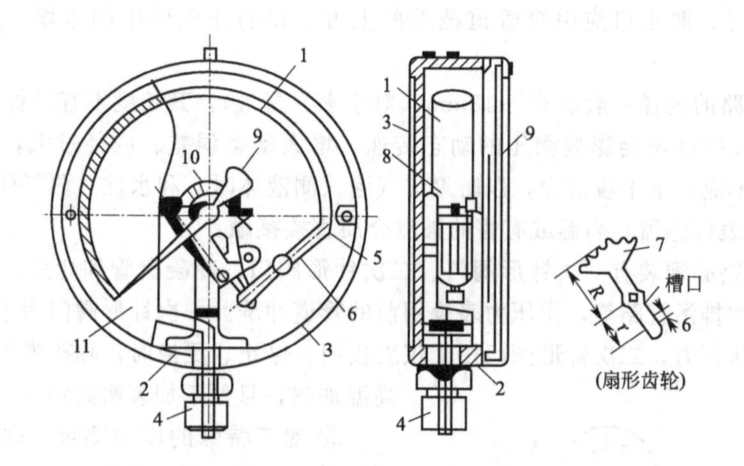

图 3-4　弹簧管压力计结构图

1—弹簧管；2—支座；3—外壳；4—表接头；5—带有铰轴的销子；6—拉杆；7—扇形齿轮；8—小齿轮；9—指针；10—游丝；11—刻度盘

三、拓展训练

① 复装弹簧管压力计，再次使用气泵充气，注意观察指针在刻度盘上的指示值变化情况。

② 想一想，弹簧管横截面为什么是非圆形的？

③ 观察不同的压力表外形和颜色，熟悉压力表种类。

【知识延伸】压力表类型

压力表根据被测介质的性质，分为普通压力表、特殊压力表。普通压力表为惰性被测介质或液体介质，特殊压力表为易燃、易爆、腐蚀性等特殊介质，主要区别在于压力表内部压力敏感元件的材料不同。从表壳的颜色可以区分，见表 3-3。

表 3-3　压力表表壳颜色与被测介质的关系

表壳颜色	天蓝色	深绿色	黄色	褐色	白色	红色	黑色
被测介质	氧气	氢气	氨气	氯气	乙炔	其他可燃性气体	惰性气体或液体

压力表根据使用的场合分为实验用压力表、工业用压力表。实验用压力表精度较高，环境要求相应较高；工业用压力表精度较低，适用于工业环境。

子任务二　压力表的安装和使用

一、知识准备

1. 压力表的安装

测压仪表的安装首先取决于取压点和压力表的空间位置，然后考虑有哪些管路附件，如何敷设。

① 为了正确测取静压力，取压口必须垂直于介质流。取压口不能有倒角、凸缘物和毛刺。测取液体压力时，取压口应引自管道截面的下部，以防液体中气体进入导压管路；

测量气体压力时，取压口应引自管道截面的上方，以防止气体中的尘埃、水滴接入导压管路。

② 取压管路的内径一般取 ϕ7～13mm（对于水、蒸气），其长度不宜过长（<60m）。取压管径过小，长度过长会影响测压的动态传递，增大动态误差。内径过大，不易维修、安装。取压管路不应有水平段敷设，以防聚集气泡（测液体时）和水柱（测气体时）。

③ 防止仪表传感器与高温或有害的被测介质直接接触。

④ 取压管路必须装有一次针形阀门、二次针形阀门、冷凝盘管和弯头，隔离弹性元件以及排污阀门和排污管路等，供压力表投用前的管道冲洗。一次针形阀门用于运行中取压管路有故障时切断压力，二次针形阀门用于仪表投用、停止、更换时，隔离弹性元件免受介质高温加热，且便于加装密封填片。

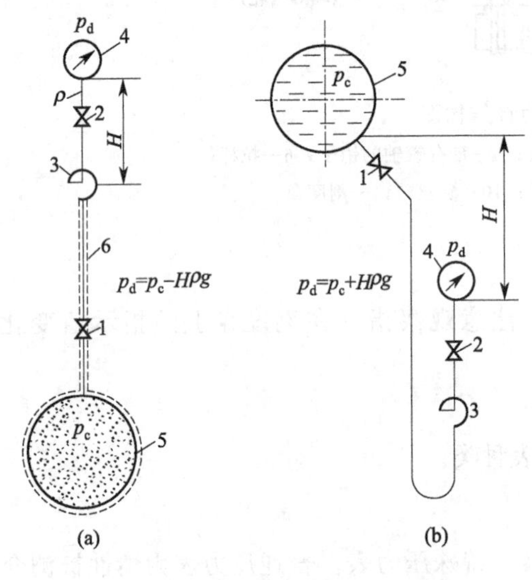

图 3-5 取压管路系统及水柱高度修正

1—一次针形阀门；2—二次针形阀门；3—冷凝盘管；4—压力表；5—被测管道或容器；6—保温层

⑤ 对于特殊的压力测量，取压管路中还必须加装放气阀、隔离阀等。

⑥ 压力表（压力变送器）的安装地点应满足仪表使用的环境条件（温度、湿度、振动等），同时要便于观察、检修和保证安全。高温介质的取压管路必须敷设保温层，以免冲管时烫伤。

2. 压力表的使用

① 仪表投入使用前，应先对取压管路进行压力冲洗，然后待取压管路冷却，装上压力表投入使用。

② 差压计投用前先开平衡门，再开高压侧二次针形阀，再关平衡门，再开低压侧二次针形阀，尽量不让仪表受静压过载及冷凝水流失。压力表投入后应检查传压的灵敏性，否则应重新冲管再启动。

③ 精密测量压力尚需考虑大气压力读数、仪表修正值等综合运算。

二、工作任务

1. 任务描述

安装压力计并进行修正（图 3-6）。

2. 任务实施

器具：压力计 1 只，扳手 1 只，螺丝刀 1 把，卷尺 1 只。

步骤 1：关断隔离阀。

步骤 2：使用扳手将压力表安装在指定位置，注意防止高温、腐蚀，防止泄漏。

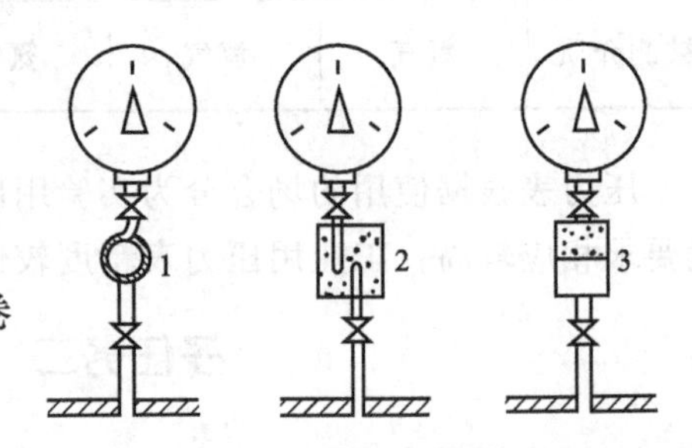

图 3-6 压力表安装示意图

1—冷凝圈；2—凝汽管；3—隔离容器

【知识链接】安装注意事项

测量高温蒸气压力时，应加装冷凝盘管；测量含尘气体压力时，应装设灰尘捕集器；对于有腐蚀性的介质，应加装充有中性介质的隔离容器；对于测量高于 60℃ 的介质时，一般加冷凝圈（环形圈）。

步骤 3：对安装高度不平齐造成的误差进行修正。

【知识链接】安装高度的误差修正

对于未预先调整仪表机械零位的压力表，在使用中其读数应注意安装高度的液柱修正。

对于图 3-5(a) 测蒸气介质，当仪表安装在测点上方时

$$p_d = p_c - H\rho g$$

对于图 3-5(b) 测液体介质，当仪表安装在测点下方时

$$p_d = p_c + H\rho g$$

式中　p_c——测压口的实际表压力；

p_d——仪表指示压力；

H——标高差（垂直高度）；

ρ——取压管路中介质密度；

g——当地重力加速度，通常取标准值 $9.8066\mathrm{m/s^2}$。

一些重要参数压力表（如气包压力、给水压力），为方便运行中读数，将高度修正值 $H\rho g$ 用仪表机械零位调整法预先进行修正，则运行中可不必再修正。

步骤 4：打开针形阀，仪表投入使用。

三、拓展训练

① 想一想，若安装差压计是否需要高度修正？

② 试安装一只差压计检测压力差，说明步骤。

③ 若在同一个管道内需分别安装压力取源部件和温度取源部件，对两个取源部件的前后位置是否有要求？

【知识延伸】《自动化仪表工程施工及验收规范》相关规定

《自动化仪表工程施工及验收规范》为国家标准，编号为 GB 50093—2002，自 2003 年 3 月 1 日起实施。本规范包括总则、术语、施工准备、取源部件的安装、仪表设备的安装、仪表线路的安装、仪表管道的安装、脱脂、电气防爆和接地、防护、仪表试验以及工程验收等十二章。

《自动化仪表工程施工及验收规范》4.3.2 条规定：压力取源部件与温度取源部件在同一管道上时，压力取源部件应安装在温度取源件的上游侧。

由于温度测量需要插入温度套管，将对介质在管道中的流速、压力等（特别是管径小的管道）参数产生一定的影响，从而影响所测数值的真实性和准确性。

子任务三　普通压力表的调校

一、知识准备

压力表的校验工作，可以用比较法或重量法来进行。比较法是将被校压力计（被校表）与标准压力计（标准表）在压力表校验台上产生的某一定值的压力或某一负压下进行比较。重量法是被校表与活塞压力计上的标准砝码在活塞缸内的压力下进行比较。前者用来校验精度在 1 级以下的各种工业用仪表，而后者用于校验精度在 0.5 级以上的各种标准表。

工业上使用普通压力表的校验均采用比较法，国家有规定的检定规程。

二、工作任务

1. 任务描述

校验1只1.5级弹簧管压力计。

2. 任务实施

器具：弹簧管压力表、压力表校验台、活动扳手、螺丝刀、镊子、尖嘴钳、起针器、毛刷子等。

步骤1：校验前根据被校表的测量范围和精度等级，选择好校验设备和标准表，同时还要准备好修表用的工具。

【知识链接】选择标准表原则

为了避免损坏与保护标准表的精度，保证被校表达到足够的准确度，选取标准表时，标准表的测量上限一般应不低于被校表测量上限，标准表的允许误差应不大于被校表允许误差的1/3，或者标准压力表比被校压力表高两个精确度等级。

【知识链接】确定校验点原则

对于1.0、1.5、2.0、2.5精确度等级的压力表，可在5个刻度点上进行校验。

步骤2：检查压力表校验器连接接头垫片的良好情况，安装好并用扳手拧紧标准表和被校表（最好把被校表装于右方接头上，这样便于操作）。

步骤3：开启油杯上的针形阀，注入变压器油。逆时针旋转手轮，将油吸入手摇泵内。

步骤4：排气。顺时针旋转手轮，将油压入油杯，观察是否有小气泡从油杯中升起，若有，逆时针旋转手轮，再顺时针旋转手轮，反复操作，直到不出现气泡。

步骤5：关紧油杯上的针形阀，打开两表下的针形阀，顺时针旋转手轮，平稳地升压，直到被校压力表指示第一个压力校验点，读标准压力表指示值。继续加压到第2个、第3个……校验点，重复以上操作，直到满量程为止。

步骤6：均匀增压至刻度上限，保持上限压力3min。

步骤7：逆时针旋转手轮，均匀降至零压，平稳地降压进行下行程校验。实验中观察指示有无跳动、停止、卡塞现象。

步骤8：求出被校压力表的基本误差、变差。

【知识链接】零位调整方法

用取针器取出被校压力表指针，再按照零刻度位置轻轻压下指针。

【知识链接】量程调整方法

用螺丝刀松开扇形齿轮上的量程调节螺钉，改变螺钉在滑槽中的位置，调好后固紧螺钉，重复上述校验。

调量程时零位会变化，因此一般量程、零位需反复进行调整，直到合格为止。如果被校压力表无法调整好，则作不合格处理。

步骤9：待校验合格后，放掉检验器的压力，拆下被校表，抹掉油污并装上盖子，打好铅封，填写校验记录单（表3-4）。

表 3-4 校验记录单

标准压力表：编号__________________，量程__________________，精度__________。

被校压力表：编号__________________，量程__________________，精度__________。

校验时的环境条件：室温__________℃，湿度______________，大气压__________Pa。

上行程	被校表示值（ ）					
	标准表示值（ ）					
	校验点绝对误差（ ）					
下行程	被校表示值（ ）					
	标准表示值（ ）					
	校验点绝对误差（ ）					

被校压力表的基本误差为________________%；变差为______________%。

结论：__________________________________。

三、拓展训练

① 为什么做仪表上下行程的校验？

② 如果校验不合格，如何调整或处理仪表？

③ 在取下仪表指针时，需使用起针器，阅读下面的文字，练习压力表起针器的使用技巧。

【知识延伸】仪表专用起针器

起针器（图 3-7）又称启针器、取针器，通常压力表启针器采用特种钛合金钢材经高温高压锻造而成，主要作用于各种指针式压力表、温度计、温湿度计及钟表指针的开启和安装。压力表启针器每套分为若干枚，可以将表面直径大小不同的压力表的指针轻易取下。

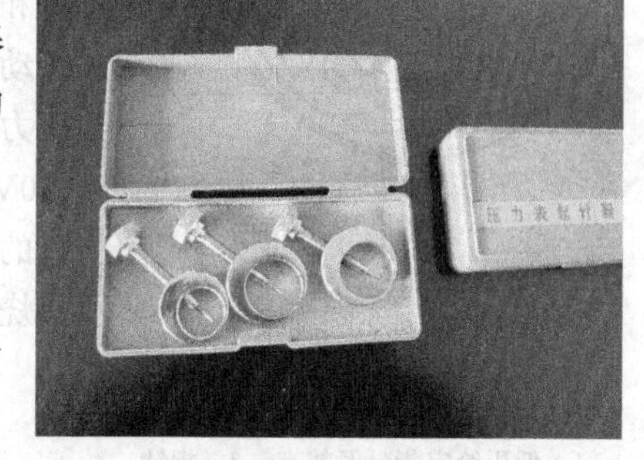

图 3-7 起针器

压力表启针器具体使用方法如下。

① 将压力表外壳侧面固定螺丝取下。

② 将压力表外壳上盖和玻璃面罩连同密封垫圈一同取下。

③ 选用适当的压力表启针器并将压力表启针器手柄逆向旋转到针头距缺口 10mm 处。

④ 将压力表启针器的缺口正面卡入压力表指针下方，并将手柄顺向旋转使针尖对准压力表指针中心的凹处，随着手柄的顺向旋转，压力表指针即与表体分离开来。

⑤ 安装时，左手轻轻地按住压力表指针针尖，右手将压力表指针中端对准压力表指针孔中轻轻卡入其中，之后再用压力表启针器的背面将指针轻轻敲击两下即可。

⑥ 压力表指针装好后，应用压力表校验仪将该压力表重新校验一下，确认指针无误差后即可放心使用。

子任务四 电接点压力表的使用

一、知识准备

在生产过程中，不仅需要进行压力显示，而且需要将压力控制在某一范围内。电接点压力计可用作电气发讯设备联锁装置和自动操纵装置，以提醒工作人员注意，及时进行操作，保证压力尽快地恢复到给定值上。其测量工作原理和一般弹簧管压力计完全相同，但它有一套发讯机构。在指针的下部有两个指针，一个为高压给定指针，一个为低压给定指针，在高低压给定值指针和指示指针上各带有电接点。利用专用钥匙在表盘的中间旋动给定指针的销子，将给定指针拨到所要控制的压力上限和下限值上。

二、工作任务

1. 任务描述

使用电接点压力计监控压力并熟悉其结构。

2. 任务实施

器具：电接点压力计 1 只，螺丝刀 1 把，红、绿信号灯各 1 只，气泵 1 只，导线若干。

步骤 1：打开表壳，取下指针，取下电接点压力表面板，注意观察仪表各组成部分；尤其注意观察三根指针及触点。

【知识链接】电接点压力计结构

电接点式压力计的结构和电路示意图，如图 3-8 所示。当指示指针位于高、低压给定指针之间时，三个电接点彼此断开，不发讯号。当指示指针位于低压给定值指针的下方时，低压接点接通，低压指示灯亮，表示压力过低。当压力高过压力上限时，即指示指针位于高压给定指针的下方，高压接点接通，高压指示灯亮，表示压力过高。电接点压力计除作为高、低压报警信号灯和继电器外，还可以接其他继电器等自动设备，起联锁和自动操纵作用。但这种仪表只能报告压力的高低，不能远传压力指示。触点控制部分的供电电压，交流的不得超过 380V，直流的不得超过 220V。触点的最大容量为 10V·A，通过的最大电流为 1A。使用中不能超过上述电功率，以免将触头烧掉。电接点压力计的准确度一般为 1.5 级、2.5 级。

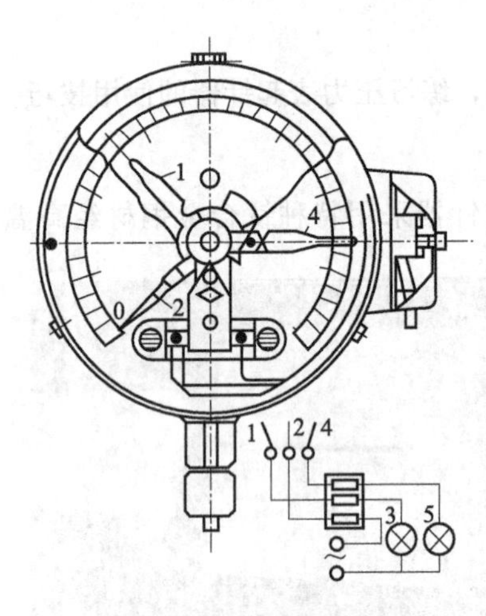

图 3-8 电接点压力计
1—低压给定指针及接点；2—指针及接点；3—绿灯；4—高压给定指针及接点；5—红灯

步骤 2：复装电接点压力计。

步骤 3：按正确接线方式（参见图 3-8）将信号灯与仪表接线盒相连，红灯对应压力上限指针、绿灯对应压力下限指针；外接电源。

步骤 4：调整高、低压指针位置，用手持气泵从固定开口端打气，注意观察指针的偏转与信号灯的亮灭。

三、拓展训练

① 拆解 1 只弹簧管压力计和 1 只电接点压力计，比较它们的结构和功能。

② 试对 1 只电接点压力表进行校验。

【知识延伸】电接点压力表检定

电接点压力表的示值检定与普通的弹性压力计相同。将压力表安装在校验器上，用拨针器将两个信号接触指针分别拨到上限及下限以外，然后进行示值检定。再进行信号误差的检定，其方法是：将上限和下限的信号接触指针分别定于三个以上不同的检定点上，检定点应在测量范围的20%～80%之间选定，对每一个设定点应在升压和降压两种状态下进行设定点偏差检定。使设定指针位于设定值上，缓慢的升压或降低，直至发出信号接通或断开的瞬时为止，动作值与设定值比较计算误差不应超过允许误差1.5倍。在同一设定点上，压力表信号接通与断开时（切换时）的实际压力值之差应不大于满量程的3.5%。

子任务五　精密压力表的调校

一、知识准备

常用校验压力计的标准仪器为活塞式压力计，它的准确度等级有0.02、0.05和0.2，可用来校准0.25级精密压力表，亦可校准各种工业用压力计，被校压力的最高值有0.6MPa、6MPa、60MPa三种。

活塞式压力计是利用静力平衡原理工作的，它由压力发生系统（压力泵）和测量活塞两部分组成，如图3-9所示，图中1～5组成压力发生系统，6～11组成测量系统。通过手轮带动丝杠改变加压泵活塞的位置，从而改变工作液的压力p。此压力通过活塞缸内的工作液作用在活塞上。在活塞上面的托盘上放有砝码。当活塞下端面受到压力p作用所产生的向上顶的力与活塞、托盘及砝码的总重力G相平衡时，活塞被稳定在活塞缸内的任一平衡位置上，此时力的平衡关系为

$$pA=G$$

式中　A——活塞底面的有效面积，一般A为精确测定的值；

G——活塞、托盘及砝码总重力。

因此由公式可以方便而准确地由平衡时所加砝码的重量，求出被测压力值。

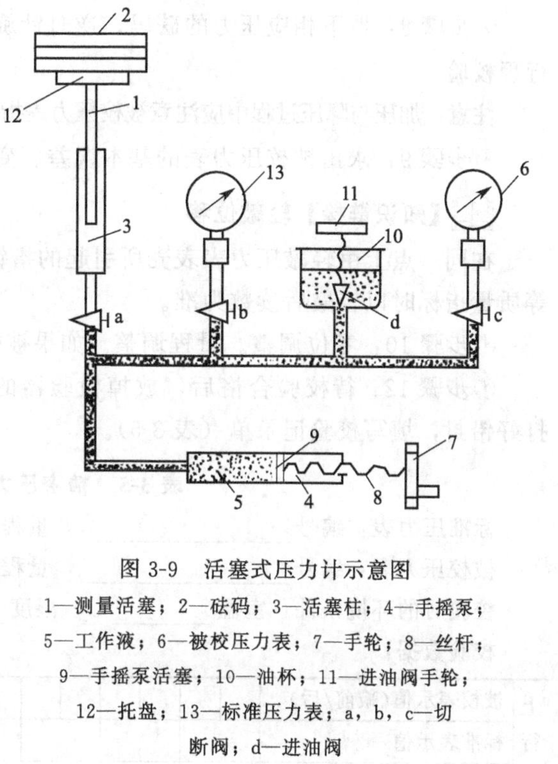

图3-9　活塞式压力计示意图

1—测量活塞；2—砝码；3—活塞柱；4—手摇泵；5—工作液；6—被校压力表；7—手轮；8—丝杆；9—手摇泵活塞；10—油杯；11—进油阀手轮；12—托盘；13—标准压力表；a，b，c—切断阀；d—进油阀

二、工作任务

1. 任务描述

校验一只0.4级精密压力计。

2. 任务实施

器具：精密压力表（被校表）、活塞式压力计、活动扳手、螺丝刀、镊子、尖嘴钳、起针器、毛刷子等。

步骤1：校验前根据被校表的测量范围和精度等级，选择好校验设备和标准表，同时还要准备好修表用的工具。

【知识链接】确定校验点原则

对于0.5级和更高精确度等级的压力表，应取全刻度标尺上均匀分布的10个刻度点进行校验。

步骤2：检查压力表校验器连接接头垫片的良好情况，安装好并用扳手拧紧被校表。

步骤3：校水平。调节地脚螺钉，使水准泡位于正中。

步骤4：开启油杯上的针形阀，注入变压器油。逆时针旋转手轮，将油吸入手摇泵内。

步骤5：排气。顺时针旋转手轮，将油压入油杯，观察是否有小气泡从油杯中升起，若有，逆时针旋转手轮，再顺时针旋转手轮，反复操作，直到不出现气泡。

步骤6：关紧油杯上的针形阀，打开两表下的针形阀，加上相应压力的砝码，顺时针旋转手轮，使油压力上升直到砝码盘逐渐抬起，到规定高度时停止加压，轻轻转动砝码盘，读被校压力表指示值。轻敲表壳再读数，记录2次读数。继续加压到第2个、第3个……校验点，重复以上操作，直到满量程为止。

注意：活塞式压力计上的各切段阀只需有少许开度（例如阀手轮旋开1/4圈），如果开度过大，被加压油可能从切段阀的阀芯处漏出。

步骤7：均匀增压至刻度上限，保持上限压力3min。

步骤8：取下相应压力的砝码，逆时针旋转手轮，均匀降至零压，平稳地降压进行下行程校验。

注意：加压与降压过程中应注意被校压力表指针有无跳动现象，如有跳动现象，应拆下修理。

步骤9：求出被校压力表的基本误差、变差、轻敲位移。

【知识链接】轻敲位移

在同一点上由轻敲压力表表壳所引起的指针位置移动叫做轻敲位移。计算仪表基本误差等质量指标时以轻敲后读数为准。

步骤10：零位调整。量程调整。如果被校压力表无法调整好，则作不合格处理。

步骤12：待校验合格后，放掉检验器的压力，拆下被校表，抹掉油污并装上盖子，打好铅封，填写校验记录单（表3-5）。

表3-5 精密压力表校验记录单

标准压力表：编号________，量程________，精度______。

被校压力表：编号________，量程________，精度______。

校验时的环境条件：室温______℃，湿度______，大气压______Pa。

校验数据：

上行程	被校表示值(敲前/后)										
	标准表示值										
	校验点绝对误差										
下行程	被校表示值(敲前/后)										
	标准表示值										
	校验点绝对误差										

被校压力表的基本误差为______%；变差为______%；轻敲位移为______。

结论：________________。

三、拓展训练

① 为什么使用活塞式压力计先要校水平？

② 校验时为什么要转动砝码盘？

③ 阅读下面的文字，了解使用的活塞式压力计的型号和等级。

【知识延伸】活塞式压力计的规格型号和精度等级

在我国，活塞式压力计的规格型号还没有统一的规范。同一种类型，同一种结构形式的活塞式压力计尚为多种规格型号共存。例如，上海生产的活塞式压力计的规格型号为 YU-6、YU-60、YU-600 等；西安生产的这种活塞式压力计的规格型号为 YS-6、YS-60、YS-600 等。

虽然，各生产厂家的活塞式压力计规格型号不一，但是，它们的编号结构却有相同之处。为了表达这是压力系列仪器仪表产品，在规格型号的首位，都使用了规范的字头“Y”。

在规格型号的扩展名部分，也都是采用活塞式压力计测量上限编制规则。如前面所叙述的“YU-6、YU-60、YU-600”和“YS-6、YS-60、YS-600”。其中，“－6”标识它的测量上限为 0.6MPa；“－60”标识它的测量上限为 6MPa；“－600”标识它的测量上限为 60MPa。

为什么 0.6MPa 测量上限的扩展名不是“－0.6”，却是“－6”呢？这是因为，我国原来是将“$6kgf/cm^2$”作为法定压力计量单位，当时的“－6”型活塞式压力计测量上限为 $6kgf/cm^2$。后来，大约在 20 世纪 70 年代初，我国改用国际压力单位制，将“Pa”作为我国的法定压力计量单位。为了保证活塞式压力计规格型号的延续性，各生产厂家基本上都没有对扩展名进行修改，延续至今。

活塞式压力计的精度等级分为一等、二等、三等。一等的精度为 0.02、二等的精度为 0.05、三等的精度为 0.2。近年来，三等活塞式压力计在国内已基本不再生产。这种压力计的精度等级取决于活塞的制造精度和专用砝码的质量精度。

技能训练　压力表维修作业

一、工作准备

计划工时：4 小时。

安全措施：

① 检修必须开工作票，执行工作票上的安全措施。

② 拆下仪表前，应先停用一、二次阀门。

③ 进入现场要戴好安全帽。

工器具：本项目所需工器具如表 3-6 所列。

表 3-6　压力计维修作业所需工器具

序号	名　　称	型号规格	数量
1	压力表校验装置		1 套
2	扳手	14 英寸	1 把
3	扳手	12 英寸	1 把
4	十字螺丝刀		1 把
5	尖嘴钳		1 把
6	一字螺丝刀		1 把
7	毛刷		1 把

续表

序号	名　称	型号规格	数量
8	万用表		1个
9	电笔		1个
10	电筒		1个
11	钟表螺丝刀		1套
12	剥线钳		1把
13	压线钳		1把

备品备件：管接头、生料带、胶布、不锈钢无缝仪表管。

二、工作过程

工序1：元件拆除。

① 将介质与压力表隔离并泄压；关闭仪表一、二次阀，打开排污阀，并对压力表及测点编号做好记录。

② 包扎管道接头。

③ 清洁并运回到标准室。

工序2：标准室校验。

将压力表送标准室校验，并做校验记录。方法同子任务三和子任务四。

工序3：现场安装。

① 检查管路无泄漏。

② 在确认管接头合格并正确的情况下，将垫片放入，先用手轻轻拧入压力表，并用扳手拧紧，确保不泄漏。

③ 打开一、二次阀，仪表投入使用。

三、维修作业结果记录

被检验的压力表型号________，量程______。

使用的校验仪器型号__________________。

1. 外观检查结果

2. 校验数据记录

同表3-5。

3. 检修安装记录

将检修安装过程记录在表3-7中。

表3-7 压力表检修安装记录表

序号	工序号	工作内容	要求	结果

任务三 压力变送器的应用

【学习目标】熟悉各种压力变送方法。
理解电容式差压变送器的原理、特性。
了解压力变送器的选择和安装的基本知识。

【能力目标】会正确安装、接线和使用 1151、3051 等变送器。
会做压力信号管路的布置、测点布置规划。

子任务一 电容式变送器测压

一、知识准备

(1) 压力变送器作用

在生产过程中，为了实现对压力信号的集中检测，以适应自动调节等需求，通常将测压元件输出的位移或力变换成统一的电信号，然后传送到预定地点进行显示、记录，这项工作由压力（差压）变送器来完成。它可以克服直接传送压力信号到较远地方的缺点。因为直接传送压力信号时，由于信号管道长，传递迟延大，消耗能量大，一旦管道泄漏，便很不安全。尤其是在测量高压、腐蚀、易燃介质时，更为危险。另外，还存在管道防热、防冻等问题。

压力（差压）变送器提高了测压仪表的准确性和可靠性，并使压力（差压）测量仪表的结构实现了小型化。根据工作原理的不同，压力信号的变送方法主要有电容式压力变送器、振弦式压力变送器、扩散硅式压力变送器、力平衡式压力变送器等。

历史回顾

1969 年，美国罗斯蒙特（Rosemount，现为艾默生过程管理的子公司）公司开始生产 1151 系列电容式变送器，成为享誉世界多年的名牌产品。今天，在世界各地使用的 1151 压力变送器、1151 差压变送器超过 5 百万台。

20 世纪 80 年代，西安仪表厂与美国罗斯蒙特公司合作，开创了国外高性能变送器快速进入中国市场的先河（图 3-10）。

20 世纪 80 年代初，美国霍尼威尔（HONEYWELL）公司推出了智能化的现场仪表——ST3000 智能变送器，此后，罗斯蒙特公司、日本横河（YOKOGAWA）公司、ABB 公司、福克斯波罗（FOXBORO）公司等都推出各具特色的智能变送器产品。罗斯蒙特公司 3051S 型变送器为高端产品的代表。

(2) 电容式压力变送器类型

电容式变送器用于连续测量流体介质的压力、差压、流量、液位等参数，将他们转换成直流电流。其中 1151 系列电容差压/压力变送器具有悠久的历史，并依其设计新颖、品种规格齐全、小型、安装使用简便、坚固耐振、精度高、长期稳定性好、单向过载保护能力强、安全防爆等优点而著称。

3051 是小型化的电容式压力/差压变送器，以微处理器为核心，比传统的 1151 电容式变送器结构更小巧，性能更优越，而且具有通信等智能变送器功能。

图 3-10 引进罗斯蒙特公司技术后在中国生产的 1151 系列变送器

二、工作任务

1. 任务描述

① 1151 变送器型号识别。

② 1151 变送器结构认识。

③ 1151 变送器原理探究。

2. 任务实施

步骤 1：记录 1151 变送器型号并判断其功能。

【知识链接】1151 变送器技术指标

1151 变送器技术指标见表 3-8。

表 3-8 1151 变送器技术指标

名称型号	测量范围	量程比	精度
表压变送器 1151GP	0～7.5kPa 至 0～41.369MPa	15∶1	0.1%
绝对压力变送器 1151AP	0～37.4kPa 至 0～6.895MPa	15∶1	0.1%
差压变送器 1151DP	0～7.5kPa 至 6.895MPa	15∶1	0.1%
高静压差压变送器 1151HP	37.4kPa～20.68MPa	15∶1	0.1%
法兰安装液位变送器 1151LT	0～6.2kPa 至 0～690kPa		0.25%
带远传装置的差压变送器 1151DP	0～7.5kPa 至 6.895MPa	15∶1	
带远传装置的表压变送器 1151GP	0～7.5kPa 至 20.68MPa	15∶1	

步骤 2：阅读图 3-11，认识 1151 变送器结构组成。

【知识链接】1151 系列电容式变送器的结构

电容式变送器结构上由测量和转换两部分串联构成，如图 3-11 所示。

被测压力通过两侧或一侧的隔离膜片、灌充油传至中心测量膜片，膜片是感压元件，它是能产生弹性变形的极板。测量膜片与固定极板形成的电容在 30～150 pF 范围内。两电容的固定极板为球面形结构。测量膜片位于两固定极板的中央，它与固定极板构成两个小室，称为 δ 室，两室结构对称。δ 室通孔与自己一侧隔离膜片腔室连通，δ 室和隔离腔室内充有硅油。固定极板是将玻璃绝缘体磨成球形凹面，并在该表面镀上一层金属薄膜而成。金属薄膜和弹性膜片都接有输出引线。

引线 电容固定极板 测量膜片 刚性绝缘体 灌充油 隔离膜片 焊接密封

图 3-11 1151 电容式压力变送器结构

步骤 3：安装好 1151 变送器后，通入压力，观察指示值或测量输出电流。

【知识链接】测量部分的作用

测量部分是把被测压力或差压的变化转换成差动电容值的变化。

以测差压为例，由图 3-11 可见，当被测差压 Δp 进入变送器的高、低压室时，经隔离膜片和灌充油的传达室递进而作用在测量膜片上，金属膜片是一个张紧的弹性元件，差压作用在膜片上，使膜片产生微小位移 Δd，其位移与差压成正比，差动电容的电容量相应发生变化，再由测量电路和放大输出电路将电容量的变化转换成二线制的 4～20mADC 信号输出。

【知识链接】信号转换

变送器的信号转换如图 3-12 所示。

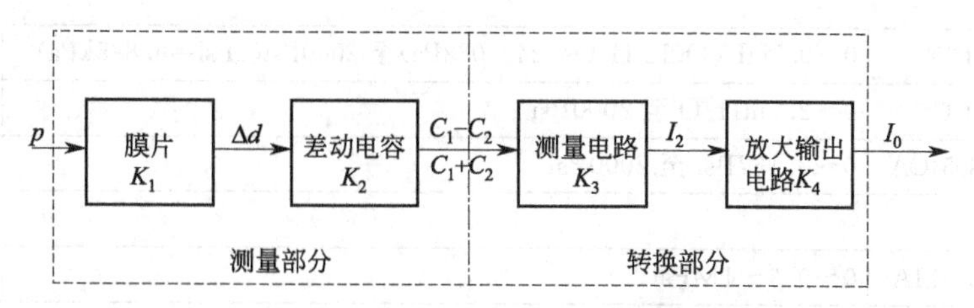

图 3-12 1151 变送器信号转换

(1) 差压-位移转换

当被测压力为均匀压力时，被测差压-位移特性近似为线性关系，即

$$\Delta d = K_1 \Delta p \tag{3-1}$$

式中 K_1 ——膜片的结构系数。

(2) 位移-电容转换

$$\frac{C_1 - C_2}{C_1 + C_2} = K_1 K_2 \Delta p \tag{3-2}$$

式中 C_1 ——活动极板与上固定极板间的电容量；

C_2 ——活动极板与下固定极板间的电容量；

$$K_2 = \frac{1}{d_0}$$

d_0 ——差压为零时，测量膜片（活动极板）与固定极板之间的初始距离。

式(3-2) 作为电容式变送器测量部分的输入与输出之间的静态特性表达式。由该式可得如下结论。

① 当 K_1、K_2 为常数时，$\frac{C_1 - C_2}{C_1 + C_2}$之值与被测压力（或差压）成线性关系。

② $\frac{C_1 - C_2}{C_1 + C_2}$之值与介电常数无关。从设计原理上消除了介电常数的变化带来的误差。

③ 改变结构系数 K_1（改变测量膜片厚度），可改变测量范围，以制造出多种测量范围（如微差压、中差压、高差压等）的变送器。

【知识链接】转换部分的作用

转换部分的作用是将电容比的变化转换成标准输出电流信号 4～20mADC，输出特性是线性的。同时还具有零点调整、零点迁移、量程调整、阻尼调整、线性调整等功能。

三、拓展训练

① 电容式变送器通常有 2 种，差动电容式和单端电容式，分析哪种更优越。

② 如果测量绝对压力和表压力，变送器结构和使用与差压变送器有何区别？

③ 搜集资料，了解 3051 变送器的特点。

【知识延伸】罗斯蒙特 Rosemount 公司 3051 变送器技术指标

3051 变送器技术指标见表 3-9。

表 3-9 3051 变送器技术指标

名称型号	测量范围	量程比	精度
3051C 型			
差压变送器 3051CD	0～0.5inH$_2$O(1inH$_2$O=249.082Pa)至 2000Psi(1Psi=6.895kPa)	100∶1	0.075%
表压变送器 3051CG	0～2.5inH$_2$O 至 2000Psi	100∶1	0.075%
绝对压力变送器 3051CA	0～0.167Psi 至 2000Psi	100∶1	0.075%
3051T 型			
绝对压力变送器 3051TA	0～0.3～1MPsi	100∶1	0.075%
表压变送器 3051TG	0.3～1MPsi	100∶1	0.075%
3051L 型			
液位变送器 3051L	2.5inH$_2$O～8310inH$_2$O	100∶1	0.075%
3051H 型高过程温度压力变送器(过程温度 191℃)			
差压变送器 3051HD	0～0.62kPa 至 13800kPa	100∶1	0.075%
表压变送器 3051HG	0～0.62kPa 至 13800kPa	100∶1	0.075%
3051P 型参考级压力变送器(精度 0.05%)			
差压变送器 3051PD	0～0.62kPa 至 248kPa	10∶1	0.05%
表压变送器 3051PG	0～0.62kPa 至 13800kPa	10∶1	0.05%
3051C 型低功耗压力变送器 6～12V 直流供电,耗电 18～36mW,4～20mA 输出,耗电量为 200mW 以上。0.8～3.2V 与 1～5V 输出可选。			

子任务二 电容式变送器的选择与安装

一、知识准备

(1) 电容变送器的选择

选用要从技术上可行、经济上合理、管理上方便的角度考虑。主要依据如下几点。

① 在选型时要考虑它的介质的性质。对于黏稠、易堵、易结晶和腐蚀性强的测量介质，易选用带法兰的膜片式压力变送器。为防止对膜盒金属的腐蚀，一定要选好膜盒材质，否则使用后很短时间就会将外膜片腐蚀坏，法兰也会被腐蚀，造成设备和人身事故，所以材质选择非常重要。变送器的膜盒材质有普通不锈钢、304 不锈钢、316L 不锈钢、钽膜盒材质等。

② 在选型时要考虑被测介质的温度，如果温度高，一般为 200～400℃，要选用高温型，否则硅油会产生汽化膨胀，使测量不准。

③ 在选型时要考虑设备工作压力等级，变送器的压力等级必须与应用场合相符合。

④ 从选用变送器测量范围上来说，一般变送器都具有一定的量程可调范围，最好将使用的量程范围设在它量程的 1/4～3/4 段，这样才能保证精度。实践中有些应用场合（液位测量）需要对变送器的测量范围迁移，根据现场安装位置计算出测量范围和迁移量，迁移有正迁移和负迁移之分。

⑤ 从经济角度上来讲，选用变送器时，只要不是易结晶介质都可以采用普通型变送器，

而且对于低压易结晶介质增加伴热和保温装置也可使用。

⑥ 目前，智能变送器已相当普及，它的特点是精度高、可调范围大，而且调整非常方便、稳定性好，选型时应多考虑。

(2) 电容变送器的安装

见图 3-13。

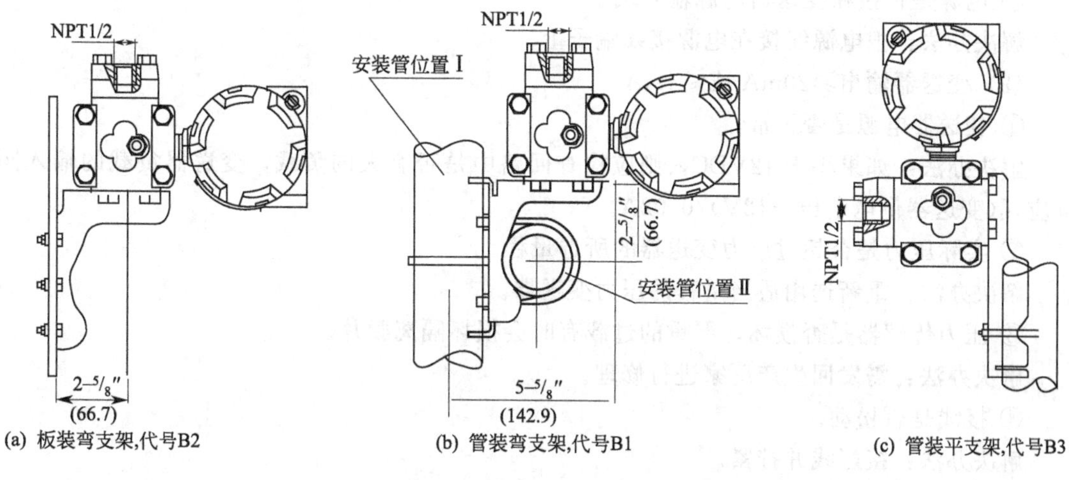

图 3-13 1151 变送器安装图

二、工作任务

1. 任务描述

利用不同种类仪表支架安装电容式变送器，并采集信号。

2. 任务实施

器具：变送器、扳手、支架。

步骤 1：选择合适的支架与变送器配对。

步骤 2：按照图 3-13 所示安装变送器。

步骤 3：将压力变送器端盖打开，接线端子接线，将 4～20mA 电流信号引出，可送入数据采集卡或智能调节仪，显示压力，如图 3-14 所示。

图 3-14 接线端子

三、拓展训练

① 如果螺纹附件有沉积物或堵塞，对信号会有什么影响?

② 压力变送器使用时，若出现故障，该如何处理?

【知识延伸】压力变送器使用故障解决方法

(1) 变送器无输出

① 查看变送器电源是否接反。

解决办法：把电源极性接正确。

② 测量变送器的供电电源，是否有 24V 直流电压。

解决办法：必须保证供给变送器的电源电压≥12V（即变送器电源输入端电压≥12V)。如果没有电源，则应检查回路是否断线、检测仪表是否选取错误（输入阻抗应≤250Ω）等。

③ 如果是带表头的，检查表头是否损坏（可以先将表头的两根线短路，如果短路后正常，则说明是表头损坏）。

解决办法：表头损坏的则需另换表头。

④ 将电流表串入24V电源回路中，检查电流是否正常。

解决办法：如果正常则说明变送器正常，此时应检查回路中其他仪表是否正常。

⑤ 电源是否接在变送器电源输入端。

解决办法：把电源线接在电源接线端子上。

(2) 变送器输出≥20mA或≤4mA

① 变送器电源是否正常。

解决办法：如果小于12VDC，则应检查回路中是否有大的负载，变送器负载的输入阻抗应≤(变送器供电电压−12V)/0.02A。

② 实际压力是否超过压力变送器的所选量程。

解决办法：重新选用适当量程的压力变送器。

③ 压力传感器是否损坏，严重的过载有时会损坏隔离膜片。

解决办法：需发回生产厂家进行修理。

④ 接线是否松动。

解决办法：接好线并拧紧。

⑤ 电源线接线是否正确。

解决办法：电源线应接在相应的接线柱上。

(3) 压力指示不正确

① 变送器电源是否正常。

解决办法：如果小于12VDC，则应检查回路中是否有大的负载，变送器负载的输入阻抗应≤(变送器供电电压−12V)/0.02A。

② 参照的压力值是否一定正确。

解决办法：如果参照压力表的精度低，则需另换精度较高的压力表。

③ 压力指示仪表的量程是否与压力变送器的量程一致。

解决办法：压力指示仪表的量程必须与压力变送器的量程一致。

④ 压力指示仪表的输入与相应的接线是否正确。

解决办法：压力指示仪表的输入是4～20mA的，则变送器输出信号可直接接入；如果压力指示仪表的输入是1～5V的，则必须在压力指示仪表的输入端并接一个精度在千分之一及以上、阻值为250Ω的电阻，然后再接入变送器的输入。

⑤ 变送器负载的输入阻抗应≤(变送器供电电压−12V)/0.02A。

解决办法：如不符合，则根据其不同可采取相应措施，如升高供电电压（但必须低于36VDC）、减小负载等。

⑥ 多点纸记录仪没有记录时输入端是否开路。

解决办法：如果开路，则不能再带其他负载；改用其他没有记录时输入阻抗≤250Ω的记录仪。

⑦ 相应的设备外壳是否接地。

解决办法：设备外壳接地。

⑧ 是否与交流电源及其他电源分开走线。

解决办法：与交流电源及其他电源分开走线。

⑨ 压力传感器是否损坏，严重的过载有时会损坏隔离膜片。

解决办法：需发回生产厂家进行修理。

⑩ 管路内是否有沙子、杂质等堵塞管道，有杂质时会使测量精度受到影响。

解决办法：需清理杂质，并在压力接口前加过滤网。

⑪ 管路的温度是否过高，压力传感器的使用温度是－25～85℃，但实际使用时最好在－20～70℃以内。

解决办法：加缓冲管以散热，使用前最好在缓冲管内先加些冷水，以防过热蒸汽直接冲击传感器，从而损坏传感器或降低使用寿命。

子任务三　电容式变送器的校验

一、知识准备

压力变送器的校验和压力表的校验相似，用压力发生器给压力变送器提供量程范围的标准压力，观察压力变送器的输出值，比较实际输出值和理论输出值，进行校验。校验设备及接线如图 3-15 所示。

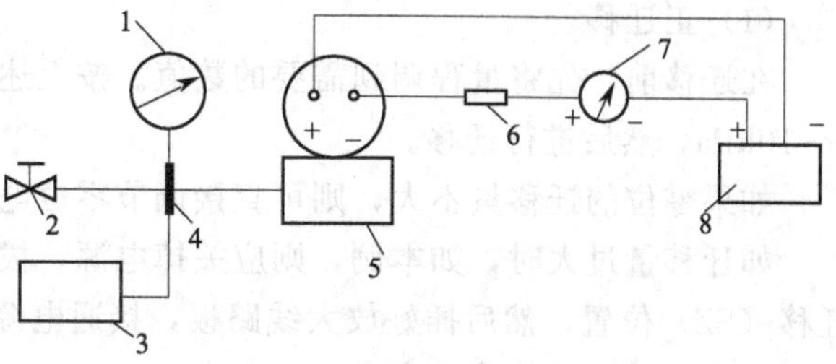

图 3-15　电容式变送器校验线路图

1—精密压力表；2—放空阀；3—活塞压力计或其他压力发生器；4—三通接头；5—压力变送器；6—250Ω 电阻；7—直流毫安表；8—24VDC 电源

将被测差压范围分为四等分，按 0%、25%、50%、75%、100% 逐点输入相应的差压值，则变送器输出电流为 4mA、8mA、12mA、16mA、20mA，其误差应小于允许误差。如果超出范围，应重新进行上述各项的调整，必要时应进行线性调整。

调整零点和进行零点迁移对量程没有影响，但调整量程则会影响零点，无零点迁移时影响较小。

二、工作任务

1. 任务描述

普通型电容式变送器调校（图 3-16）。

2. 任务实施

器具：变送器、加压装置、直流电源、标准电阻。

图 3-16　表头面板

步骤 1：按图 3-15 所示的校验线路图接好线，经检查无误后接通电源。

步骤 2：在变送器输入压力为零时，调零点调整电位器，使得输出电流为 4mA。

步骤 3：在变送器加满量程的压力信号，调量程调整电位器，使得输出电流为 20mA。

注意在调量程电位器时将影响零位，而调零位电位器时不影响量程范围，故在调完量程范围以后尚需调整一次零位。

ⓘ步骤 4：反复进行零点和量程的调整直至零点和量程均满足准确度要求为止。

ⓙ步骤 5：通常变送器出厂时已校好，如要求线性度较高而且具备精密标准仪器时也可进行。在调好零位及量程后，加入相当于50％量程的信号，此时输出为12mA，如不符合要求，则调节线性电位器，使输出达到要求。然后重复检查零位、量程及线性度到合格为止。

三、拓展训练

举例说明在生产中常于什么情况需进行零点迁移。

【知识延伸】零点迁移

按测量的下限值进行零点迁移，输入下限对应压力，用零位调整电位器调节，使输出为4mA。复查满量程，必要时进行细调。

若迁移量较大，则先需将变送器的迁移开关（接插件）切换至正迁移或负迁移的位置（由迁移方向确定），然后加入测量下限压力，用零点调整电位器把输出调至4mA。

为在实际操作中便于理解，现举例说明，如有一变送器，其原始规格为0～40kPa，现需调到30～40kPa（即零位具有30 kPa的正迁移，量程由40kPa减低到10kPa），其调整步骤如下。

(1) 正迁移

在迁移前，先将量程调到需要的数值。按上述零位量程的调整将变送器的测量范围调到0～10kPa，然后进行迁移。

如果零位的迁移量不大，则可直接调节零位电位器来实现，使输出为4mA。

如迁移量过大时，如本例，则应关掉电源，拔出变送器的放大线路板，将短路块拔到正迁移（SZ）位置，然后插好放大线路板，接通电源，加入给定的正迁移起始压力（30kPa），调节零位电位器，使输出为4mA。

最后复核，当输入压力为测量上限时（40kPa）其输出应为20mA，如有偏差可微调量程电位器。

(2) 负迁移

负迁移的调整与正迁移的调整大致相同。

为在实际操作中便于理解，现举例说明。如有一变送器，其原始规格为0～40kPa，现需调到－10～＋10kPa（即零位具有10kPa的负迁移，量程由40kPa减低到20kPa），其调整步骤如下。

在迁移前，先将量程调到需要的数值。按上述零位量程的调整将变送器的测量范围调到0～20kPa，然后进行迁移。

如果零位的迁移量不大，则可直接调节零位电位器来实现，使输出为4mA。

如迁移量过大时，如本例，则应关掉电源，拔出变送器的放大线路板，将短路块拔到负迁移位置，然后插好放大线路板，接通电源，加入给定的负迁移起始压力（－10kPa），调节零位电位器，使输出为4mA。

最后复核当输入压力在测量上限时（＋10kPa）其输出应为20mA，如有偏差可微调量程电位器。

子任务四　扩散硅式变送器的使用

一、知识准备

电阻应变片是基于应变效应工作的一种压力敏感元件，当应变片受外力作用产生形变时，应变片的电阻值也将发生相应变化。电阻应变片有多种形式，常用的有丝式和箔式。图3-17所示是金属电阻应变片的结构示意图，它是由直径为0.02～0.05mm的康铜丝或者镍铬丝绕成栅状（或用很薄的金属箔腐蚀成栅状）夹在两层绝缘薄片（基底）中制成，用镀锡铜线与应变片丝栅连接作为应变片引线，用来连接测量导线。

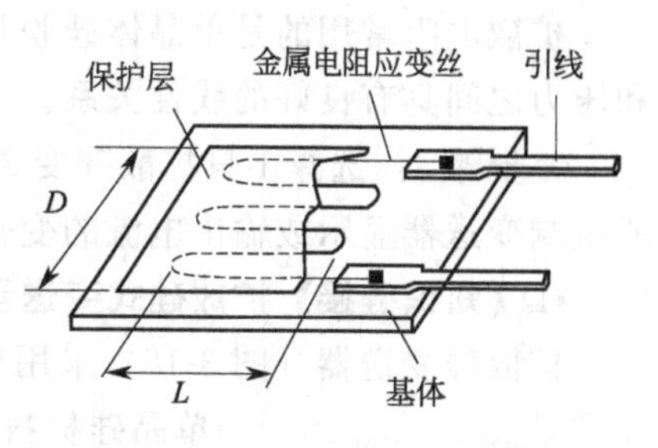

图3-17　金属电阻应变片的结构示意图

通常是将应变片通过特殊的黏合剂紧密地黏合在产生力学应变基体上，当基体受力发生应力变化时，电阻应变片也一起产生形变，使应变片的阻值发生改变，从而使加在电阻上的电压发生变化。

应变式压力传感器是由弹性元件、应变片以及相应的桥路组成的。应变片在受力时产生的阻值变化通常较小，一般这种应变片都组成应变电桥，并通过后续的仪表放大器进行放大，再传输给处理电路（通常是A/D转换和CPU）显示或执行机构。

应变式压力传感器具有结构简单可靠、体积小、重量轻、测量范围广、环境适应性较强、线性度好、灵敏度及精确度高等优点。该传感器可用于静态压力、动态压力测量，由于动态特性较好，可用来测量高达数千赫乃至更高的脉动压力。但是这种传感器存在的缺点是其敏感元件易受温度的影响，必须考虑对温度的补偿措施。

二、工作任务

1. 任务描述

① 探究电阻应变效应。

② 熟悉扩散硅变送器的接线和使用。

2. 任务实施

器具：应变片1只，万用表1只，导线若干，扩散硅变送器1只，手持泵1只。

步骤1：选择1只无覆盖物的裸露金属电阻应变片，用导线连接至万用表，记录电阻值。

步骤2：使应变片弯曲，观察电阻值变化情况。

【知识链接】电阻应变效应

吸附在基体材料上的应变电阻随机械形变而产生阻值变化的现象俗称为电阻应变效应。

金属导体的电阻值可用下式表示

$$R=\rho L/S$$

式中　ρ——金属导体的电阻率，$\Omega \cdot cm^2/m$；

S——导体的截面积，cm^2；

L——导体的长度，m。

以金属丝应变电阻为例，当金属丝受外力作用时，其长度和截面积都会发生变化，从上式中可很容易看出，其电阻值即会发生改变。假如金属丝受外力作用而伸长时，其长度增加，而截面积减少，电阻值便会增大。当金属丝受外力作用而压缩时，长度减小而截面增加，电阻值则会减小。只要测出加在电阻的变化（通常是测量电阻两端的电压），即可获得应变金属丝的应变。

【知识链接】半导体压阻效应

半导体材料随压力变化电阻率发生变化的特性即为压阻效应。压阻元件是基于压阻效应工作的一种压力敏感元件，它是在半导体材料的基片上制成的扩散电阻。

扩散电阻常用的是单晶体硅膜片，单晶硅材料经掺杂后随压力变化电阻发生变化，电阻和压力之间具有良好的线性关系。

🕒步骤3：选择1只扩散硅变送器测量压力。利用手持泵产生压力源，正确接线，观察或检测变送器显示或输出电流的变化。

📖【知识链接】扩散硅式变送器

扩散硅变送器（图3-18）采用集成电路一体化结构，工作原理和结构极为简单。

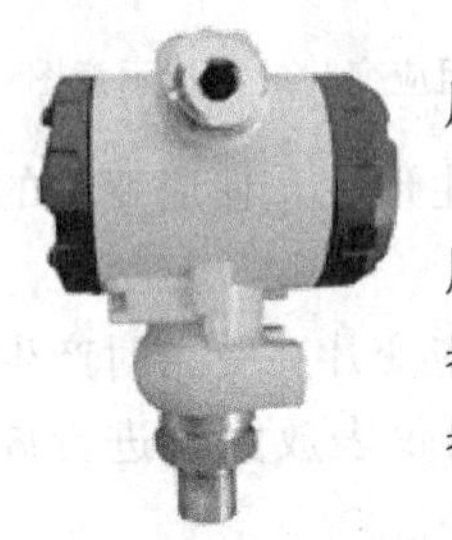

图3-18 扩散硅式变送器

单晶硅材料经掺杂后具有随压力变化，电阻率发生变化的特性，即压阻效应。

扩散硅式压力变送器包括传感器、转换器两部分。传感器是应用金属电阻或半导体电阻将压力或差压信号变换成电阻信号的传感器。转换器将传感器的电阻信号经应变电桥、温度补偿网络、恒流源、输出放大器和电压-电流转换单元等后输出4～20mA标准信号。

三、拓展训练

① 电阻应变效应除测量压力外，还可在生产生活中有哪些应用？

② 近年来，除扩散硅变送器以外，其他类型的应变电阻式变送器也得到广泛应用。阅读下面的文字，总结比较几种应变电阻式变送器的特点。

📖【知识延伸】陶瓷压力变送器和蓝宝石压力变送器

（1）陶瓷压力变送器

陶瓷压力变送器（图3-19）采用陶瓷材料经特殊工艺精制而成。陶瓷是一种公认的高弹性、抗腐蚀、抗磨损、抗冲击和振动的材料。陶瓷的热稳定特性及它的厚膜电阻可以使它的工作温度范围达－40～135℃，而且其具有测量的高精度、高稳定性，输出信号强，长期稳定性好，体积小巧，易封装。高特性、低价格的陶瓷传感器将是压力传感器的发展方向，在欧美国家有全面替代其他类型传感器的趋势，在中国有越来越多的用户使用陶瓷传感器替代扩散硅压力传感器，将其应用在过程控制、环境控制、液压和气动设备、伺服阀门和传动、化学制品和化学工业及医用仪表等众多领域。

图3-19 陶瓷压力变送器

（2）蓝宝石压力变送器（图3-20）

这种压力变送器利用应变电阻工作原理，采用硅-蓝宝石作为半导体敏感元件，具有无与伦比的计量特性。蓝宝石系由单晶体绝缘体元素组成，不会发生滞后、疲劳和蠕变现象。

图3-20 蓝宝石压力变送器

蓝宝石比硅要坚固，硬度更高，不怕形变。蓝宝石有着非常好的弹性和绝缘特性（1000℃以内）。因此，利用硅-蓝宝石制造的半导体敏感元件，对温度变化不敏感，即使在高温条件下，也有着很好的工作特性。蓝宝石的抗辐射特性极强。另外，硅-蓝宝石半导体敏感元件，无漂移，因此，从根本上简化了制造工艺，提高了重复性，确保了高成品率。

用硅-蓝宝石半导体敏感元件制造的压力传感器和变送器，可在最恶劣的工作条件下正常工作，并且可靠性高、精度好、温度误差极小、性价比高，弥补了其他变送器工作的不足，且能在严寒地区和高温地区长期稳定工作。该系列压力变送器可适用于石油、化工、电力、水利、冶金和热力等多种工业领域的压力测量。

技能训练 智能变送器维修作业

本项目任务以 ROSEMOUNT 3051 型差压变送器为例。

一、工作准备

计划工时：4 小时。

安全措施：

① 检修必须开工作票，执行工作票上的安全措施。

② 拆变送器前，应先停用一、二次阀门及通道 24VDC 电源，打开排污阀泄压。

③ 进入现场要戴好安全帽。

工器具：本项目所需工器具如表 3-10 所列。

表 3-10 变送器维修作业所需工器具

序号	名　　称	型号规格	数量
1	压力校验仪		1 套
2	扳手	14 英寸	1 把
3	扳手	12 英寸	1 把
4	十字螺丝刀		1 把
5	尖嘴钳		1 把
6	一字螺丝刀		1 把
7	毛刷		1 把
8	万用表		1 只
9	电笔		1 只
10	转换接头	1/2NPT	2 个
11	钟表螺丝刀		1 套
12	剥线钳		1 把
13	压线钳		1 把

备品备件：管接头、生料带、胶布、导线、不锈钢无缝仪表管、保险丝、二次阀。

二、工作过程

工序 1：变送器拆除。

① 将介质与变送器隔离并泄压，关闭仪表一、二次阀，打开排污阀，并对压力变送器及测点编号做好记录。

② 停变送器电源。停变送器所属通道 24V 电源，如不能停单通道电源，做好相应措施停变送器回路所属卡件电源。

③ 拆掉变送器的信号线，拆线过程中注意不要将两根信号线短路或接地，拆完后要用绝缘胶布把信号线包好。

④ 拆掉变送器引压法兰上的引压接头，管口包扎，防止杂物掉进引压管。

⑤ 拆除变送器，清洁并运回标准室。

🕐工序 2：标准室校验。

将变送器送标准室校验，并做校验记录。

(1) 外观检查

检查变送器无明显破损、锈蚀等现象。将变送器清洁干净，清除过期标签。

(2) 密封性检查

平稳地升压，使变送器测量室压力达到测量上限值后，切断压力源，密封 15min，在最后 5min 内通过压力表观察，其压力值下降不得超过测量上限值的 2%。

差压变送器在进行密封性检查时，高低压力容室连通，并同时引入额定工作压力进行观察。

(3) 基本误差检定

① 按图 3-21 进行线路及管路连接，并送电。校验系统包括变送器、HART 手操器、电源、压力输入源和读数装置。

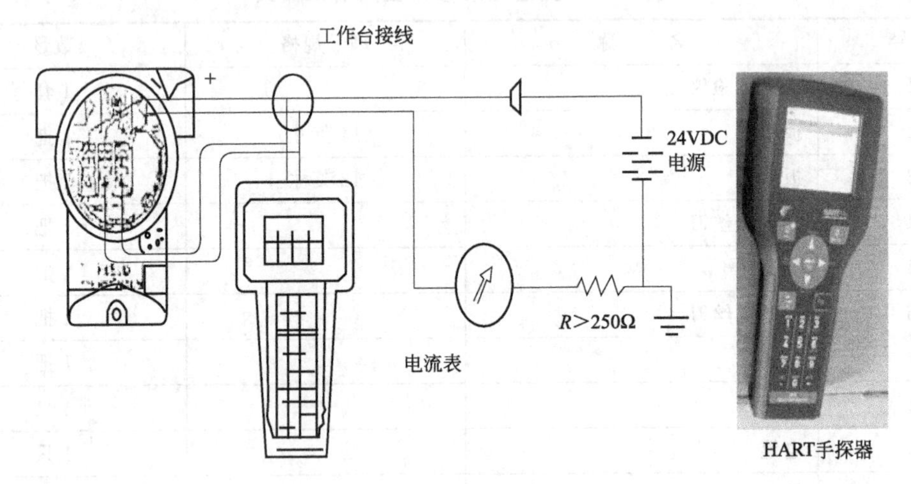

图 3-21 基本误差检定接线图

② 用手操器进行参数设置。

a. 将变送器保护功能跳线开关的位置拨为“OFF”位置。

b. 检查调整工程单位。

c. 检查调整变送器输出模式。

d. 检查调整变送器量程。

e. 检查调整变送器阻尼。

f. 将变送器保护功能开关拨至“ON”位置。

③ 校验。

a. 传感器微调。

b. 零点微调。

c. 数模微调。

d. 均匀加对应 4mA、8mA、12mA、16mA、20mA 的压力，读取相应的压力及电流值，并记录在检修报告单中。

步骤 3：现场安装。

① 检查管路无泄漏。

② 将变送器安装在支架上，并用扳手拧紧，确保管接头处不泄漏。

③ 依次打开一次阀、平衡阀、二次阀，变送器投入使用。

三、维修作业结果记录

被检验的变送器型号＿＿＿＿＿＿＿＿＿＿＿＿＿。

使用的校验仪器型号＿＿＿＿＿＿＿＿＿＿＿＿＿。

1. 外观检查结果

2. 校验数据记录

填表 3-11。

表 3-11　校验数据记录

标准压力	标准信号/mA	校前/mA			校后/mA		
		上	下	最大误差	上	下	最大误差

3. 检修安装记录

将检修安装过程记录在表 3-12 中。

表 3-12　变送器检修安装记录表

序号	工序号	工作内容	要求	结果

流量测量仪表的应用

任务一 了解流量测量仪表的类型

【学习目标】 了解流体流量的名称定义与单位。

知道常用流量测量方法及测量计种类。

【能力目标】 能根据检测需要选择适合的流量计。

一、知识准备

1. 流量的概念及单位

流量能反映生产过程中物料、工质或能量的产生和传输的量，流量测量仪表是用来测量管道或明沟中的液体、气体或蒸气等流体流量的工业自动化仪表，又称流量计。

流量有瞬时流量和累积流量之分。

所谓累积流量，是指在某一时间间隔内流体通过的总量。该总量可以用在该段时间间隔内的瞬时流量对时间的积分而得到，所以也叫积分流量。

所谓瞬时流量，是指在单位时间内流过管道或明渠某一截面的流体的量，即通常所说的流量，用 q 表示。流体数量用质量表示的称为质量流量，用 q_m 表示，单位为 kg/s。流体数量用体积表示者称为体积流量，用 q_v 表示，单位为 m^3/s。

质量流量和体积流量之间可以互相换算，有下列关系

$$q_m = \rho q_v \tag{4-1}$$

式中 ρ——流体密度，kg/m^3。

质量流量是表示流量的较好方法。表示气体流量大小时，要注意所使用单位的不同。由于流体的密度受压力、温度的影响，用体积流量表示时，必须同时指出被测流体的压力和温度的数值。为了便于比较，常将体积流量换算成“标准体积”，即指在温度为 20℃，压力为 1.01325×10^5 Pa 下的体积流量数值。在标准状态下，已知介质的密度为定值，所以标准体积流量和质量流量间的关系是确定的，能确切地表示流量。

累积流量除以流体流过的时间间隔即为平均流量。

2. 流量测量的方法

为满足各种状况流量测量，目前已出现100多种流量计。

测量流量的方法很多，各种方法的选用应考虑到流体的种类（相态、参数、流动状态、性能）、测量范围、显示形式（指示、报警、记录、积算、控制等）、测量准确度、安装条件、使用条件、经济性等。目前工业上常用的流量测量方法大致可分为容积式、速度式和质量式三类。

（1）速度式流量计

以测量流体在管道内的流速作为测量依据，这一类的流量仪表很多，例如叶轮式水表、转子流量计、涡轮流量计、超声波流量计以及电磁流量计等。

（2）容积式流量计

容积式流量计相当于一个标准容积的容器，它接连不断地对流动介质进行度量。以单位时间内所排出流体的固定容积 V 作为测量依据。属于这一类的流量计有椭圆齿轮流量计、腰轮流量计等。如果单位时间内排出次数为 n，则体积流量 $q_v = nV$。适于测量高黏度、低雷诺数的流体。

（3）质量式流量计

测量所流过的流体的质量。目前这类仪表有直接式和补偿式两种，直接式质量流量计利用与质量流量直接有关的原理进行测量，如科里奥利质量流量计。这种质量流量计具有被测流量不受流体的温度、压力、密度、黏度等变化的影响，是一种在发展中的流量测量仪表。间接式质量流量计是用密度计与容积流量直接相乘求得质量流量的。

历史回顾

流量测量的发展可追溯到古代的水利工程和城市供水系统。古罗马凯撒时代已采用孔板测量居民的饮用水水量。公元前1000年左右，古埃及用堰法测量尼罗河的流量。我国著名的都江堰水利工程应用宝瓶口的水位观测水量大小等。

早在1738年，瑞士人伯努利（Daniel Bernoulli）以伯努利方程为基础，利用差压法测量水流量。后来，意大利人文丘里（Venturi）研究用文丘里管测量流量，并于1791年发表了研究结果。1886年，美国人赫谢尔（Herschel）用文丘里管制成测量水流量的实用装置。

自1910年起，美国开始研制测量明沟中水流量的槽式流量计。1922年，帕歇尔（Pashall）将原文丘里水槽改革为帕歇尔水槽。1911—1912年，美籍匈牙利人卡门（Karman）提出卡门涡街的新理论；30年代，出现了探讨用声波测量液体和气体的流速的方法，1955年有了应用声循环法的马克森（Maxson）流量计，用于测量航空燃料的流量。1945年，科林用交变磁场成功地测量了血液流动的情况。具有宽测量范围和无活动检测部件的实用卡门涡街流量计在20世纪70年代问世。随着集成电路技术的迅速发展，超声波流量计也得到了普遍应用。

二、工作任务

1. 任务描述

查阅资料，辨识不同种类流量计。

2. 任务实施

填写表4-1。

表 4-1 流量测量仪表认识及应用表

流量计实物图片					
流量仪表类型及特点					

三、拓展训练

查找科技信息，列举新型流量计的类型及应用。

【知识延伸】流量测量仪表的发展

为了满足流量测量的特殊要求，随着新技术的发展，又出现一些新型流量测量仪表。例如多普勒（Doppler）激光流速计能测量射流元件内气流变化速度、超声速的气流和湍流、燃烧火焰，特别是它能测量速度的分布；用气动力输送各种物料时，需要测量气-固两相流的流量，为此而研制出一种不需要单独标定的相关流量计。

另外，为了解决烟丝、水泥和玉米粉等固体流量测量，研制出冲量流量计；为解决矿石、纸、煤破碎后变成浆状液的输送和污水处理、挖泥等污泥的运送中的计量问题，已有耐磨内衬和带浓度补偿的电磁流量计；另外，在大口径中插入一种小口径涡轮、涡街和电磁等插入式流量计，就可测量大流量，而且仪器价格低廉，压损小，也便于维修。

任务二 毕托管流量计的应用

【学习目标】 了解毕托管流量计的原理。

【能力目标】 熟悉毕托管流量计的结构和使用方法。

一、知识准备

在科研、生产、教学活动中，常用毕托管测量风道、烟道内的气流速度，经过换算来确定流量，也可测量管道内的水流速度。用毕托管测速和确定流量，有可靠的理论根据，使用方便、准确，是一种经典的、广泛的测量方法；此外，它还可用来测量流体的压力。

流体流动时的能量，包括静压能、动压能、位压能。对于不可压缩的流体，在不考虑阻力所造成的能量损失（实际测量此项损失很小，可忽略不计），而且全压和静压取压口位于同一点时，根据伯努利方程，全压和静压之差 Δp 与流速 v 之间的关系为

$$v=\sqrt{\frac{2\Delta p}{\rho}} \tag{4-2}$$

对于可压缩流体，考虑压缩性影响，可用下式表示

$$v=(1-\varepsilon)\sqrt{\frac{2\Delta p}{\rho}} \tag{4-3}$$

式中　$(1-\varepsilon)$——可压缩性校正系数，当流体为液体时 $\varepsilon=0$。

此式即为毕托管测量流速的计算式。

用毕托管只能测得管道断面上某一点的流速，但计算流量时要用平均流速，由于断面流量分布不均匀，为了确定截面上的平均速度，必须将截面按面积均分若干，测定各份的速度，然后再求它们的算术平均值 $\bar{v}$，即可求得流量。

$$q_V=\bar{v}F\ (\mathrm{m^3/s}) \tag{4-4}$$

式中　F——截面面积，$\mathrm{m^2}$。

二、工作任务

1. 任务描述

熟悉毕托管结构；使用 L 型毕托管测量风速。

2. 任务实施

步骤 1：熟悉毕托管结构组成。

【知识链接】毕托管结构

全压力和静压力通常用毕托管来测量。毕托管由两根不同内径管子同心套接而成，端部弯成 90°，内管端头通直端尾接头敞开接受全压力，外套管头部封闭，通侧接头而侧面开有

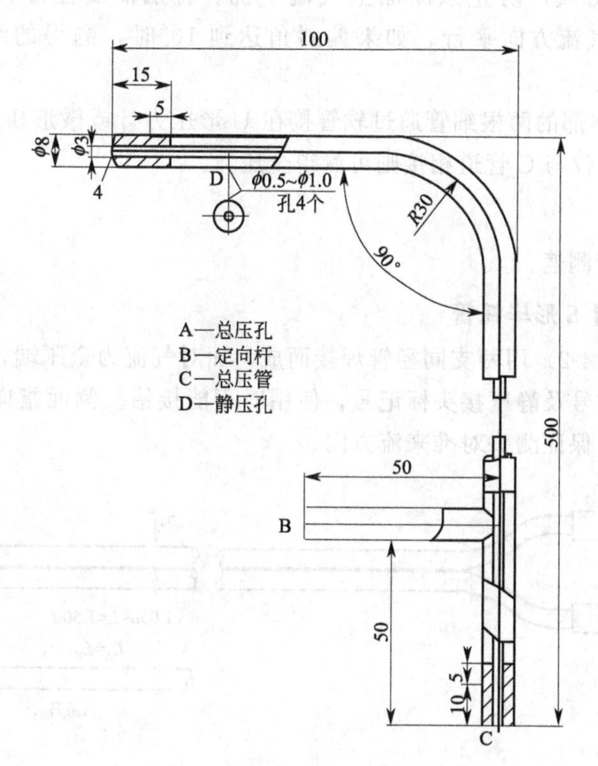

图 4-1　毕托管结构

4～8 个小孔，接受静压力。测量时，将毕托管插入被测气流中，并迎着气流方向，其中心轴线应力求与流动方向平行，见图 4-1。

步骤 2：使用前测试一下畅通性。

注意：小静压孔经常检查，勿使杂质堵塞小孔；使用后及时清洁内外管，以保证长期良好状态。

步骤 3：正确选择测量点断面。

【知识链接】选择测点注意事项

要正确选择测量点断面，确保测点的气流流动平稳的直管段。为此，测量断面离来流方向弯头、阀门、变径异形管等局部构件要大于 6 倍管道直径。离下游方向的局部弯头、变径结构应大于 3 倍管道直径。

测点按烟道（管道）测定法规定，国际标准 ISO 3354 推荐按“对数-线性”法划分，也可按常用的等分面积来划分。

> **历史回顾**
>
> 早在 1732 年，法国工程师皮托（H. Pitot）首次用这样一根弯管测量了塞纳河的流速。不过皮托当时所用的小管只能测出水流的总压，必须减去静压才能得到流速。
>
> 德国学者普朗特（L. Prandtl）于 1905 年设计出同时能测量流体总压和静压的复合管。这种复合管称为皮托——静压管，简称皮托管。

步骤 4：使用毕托管测量流速。

【知识链接】使用注意事项

① 内管外管不能接错。

② 尾部指向杆与测杆头部平行，使用时以确定方向，保证测头对准来流方向。皮托管插入孔应避免漏风，防止该断面上气流干扰。特别需要注意，测量时毕托管头部管段的方向必须与气流方向平行，如果偏斜角达到 10°时，测得的结果将有 3%以上的误差。

③ 使用时，将尾部的两根细管通过软管接在 U 形压力计或微形压力计的接口上，即可测得动压值；压力计仅与 C 管道相接则可测得全压力。

三、拓展训练

使用 S 形毕托管测速。

【知识延伸】S 形毕托管

S 形毕托管（图 4-2）用两支同径管焊接而成，面对气流为全压端，背对气流为静压端，并在接头处标有系数号及静压接头标记号，使用时不能接错。侧面指向杆与测头方向一致，使用时可确定方向，保证测头对准来流方向。

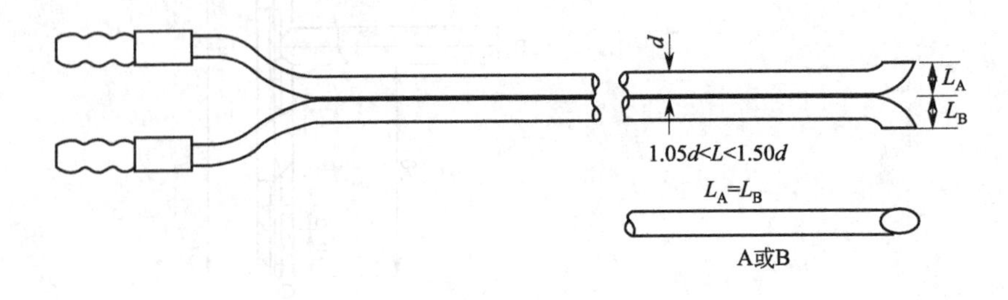

图 4-2 S 形毕托管

任务三　差压式流量计的应用

【学习目标】掌握节流流量计的工作原理、公式及应用。
理解标准节流装置基本要求。

【能力目标】会安装使用节流式流量测量系统。

子任务一　节流效应探究

一、知识准备

节流式流量计测量流量的方法历史悠久，比较成熟，世界各国一般都用在比较重要的场合，约占各种流量测量方式的80%。

节流式流量计由一次装置和二次装置组成，一次装置称流量测量元件，它安装在被测流体的管道中，产生与流量（流速）有关的压力差，供二次装置进行流量显示。二次装置称显示仪表。它接收测量元件产生的差压信号，并将其转换为相应的流量进行显示。由于差压和流量呈平方根关系，故流量显示仪表都配有开平方装置，以使流量刻度线性化。多数仪表还设有流量积算装置，以显示累积流量，以便经济核算。

节流式流量计的特点是：方法简单，仪表无可动部件，工作可靠，寿命长，量程比大约为3∶1，管道内径在50～1000mm范围内均能应用，几乎可测各种工况下的单相流体流量；不足之处是对小口径管的流量测量有困难，压力损失较大，仪表刻度为非线性，测量准确度不很高，维护工作量也较大，且感测组件与显示仪表必须配套使用。就显示仪表而言，差压和流量标尺的刻度值中，任何一个值不相同时，仪表就无互换性。尽管如此，它仍是目前使用最广的流量测量仪表。

二、工作任务

1. 任务描述

探索节流效应。

2. 任务实施

器具：透明有机玻璃管（内置流量孔板1只，孔板前后管壁上各打一取压孔），U形管差压计1只，橡皮管2根。

步骤1：将U形管的两个开口端通过橡皮管与取压口相连，注意防止泄漏。

步骤2：改变流过玻璃管的水流量，注意观察差压计液柱高度变化。

【知识链接】节流流量计测量原理

节流变压降流量计测量流量是基于流体流动的节流原理。在流体管道内，加一个孔径较小的阻挡件，当流体经过阻挡件时，流束产生局部收缩，部分位能转化为动能，收缩截面处流体的平均流速增加，静压力减小，在阻挡件前后产生静压差，这种现象称为节流，阻挡件称为节流件。对于一定形状和尺寸的节流件，在一定的测压位置和前后直管段情况，以及一定参数的流体和其他条件下，节流件前后产生的差压值随流量而变，两者之间有确定的关系。因此，可通过测量差压来测量流量。

步骤3：橡皮管弯折，观察对差压指示值的影响。

三、拓展训练

将孔板下游侧取压点移至较远处（如图 4-3 截面 3 处），测量上、下游侧压差值。

【知识延伸】节流流量计前后的流动情况及压损

图 4-3 显示了流体流经孔板时的压力和流速变化情况。

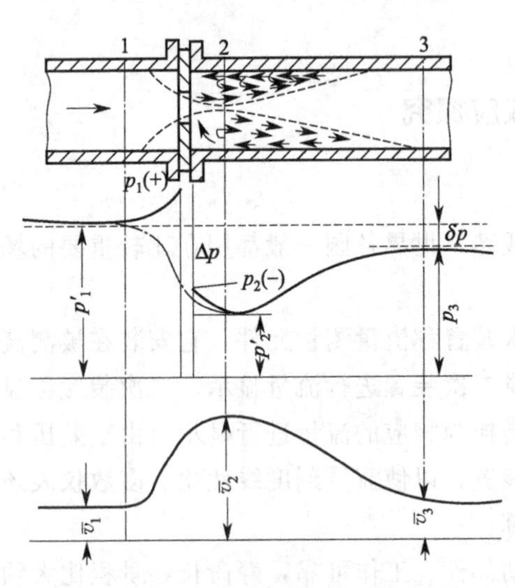

图 4-3　节流件前后压力和流速变化

进一步分析流体在节流装置前后的变化情况可知以下结论。

① 沿管道轴向连续向前流动的流体，由于遇到节流装置的阻挡，近管壁处的流体的一部分动压头转化为静压头，节流装置入口端面近管壁处的静压 p_1 升高，即比管道中心处的静压力大，形成节流装置入口端面处的压差。这一径向压差使流体产生径向附加速度，从而改变流体原来的流向，近管壁处流体质点的流向就与管中心轴线相倾斜，形成了流束的收缩运动。

② 由于节流装置造成流束局部收缩，同时流体保持连续流动状态，因此在流束截面积最小处（截面 2，直径 d'）的流速达最大。根据伯努利方程式和位能、动能的互相转化原理，在流束收缩截面积最小处流体的静压力最低。流束最小的截面上各点的流动方向完全与管道中心线平行，流束经过最小截面后向外扩散，这时流速降低，静压升高，直到恢复到流束充满管道内壁的情况。图中实线代表管壁处静压力，点划线代表管道中心处静压力。涡流区的存在，导致流体能量损失，因此，在流束充分恢复后，静压力不能恢复到原来的数值，静压力下降的数值就是流体流经节流件的压力损失。

子任务二　流量公式应用

一、知识准备

从图 4-3 可看出节流装置入口侧的静压力 p_1 比出口侧的 p_2 要大。前者称为正压，常以“+”标记，后者称为负压，常以“−”标记。并且，流量愈大，流束局部收缩和位能、动能的转化也愈显著，节流装置两端的差压也愈大，Δp 可以反映 q，这是节流式流量计的工作原理。

二、工作任务

1. 任务描述

① 探索流量和差压的关系。

② 掌握流量公式的应用。

2. 任务实施

器具：透明有机玻璃管（内置流量孔板 1 只，孔板前后管壁上各打一取压孔），U 形管差压计 1 只，橡皮管 2 根。

步骤 1：记录水流量和差压计指示值。

步骤 2：制作特性曲线图。

🕔步骤 3：找出差压随流量变化的规律。

📖【知识延伸】流量公式

差压和流量之间的关系式可通过伯努利方程和流动连续性方程来推导。设流经水平管道（管道内径 D）的流体为不可压缩性流体，并忽略流动阻力损失，对图 4-3 截面 1 和 2 可写出伯努利方程和流动连续性方程。

$$\frac{p_1'}{\rho}+\frac{\bar{v}_1^2}{2}=\frac{p_2'}{\rho}+\frac{\bar{v}_2^2}{2} \tag{4-5}$$

$$\rho\frac{\pi}{4}D^2\bar{v}_1=\rho\frac{\pi}{4}d'^2\bar{v}_2 \tag{4-6}$$

代入质量流量公式 $q_m=\frac{\pi}{4}d'^2\bar{v}_2\rho$

推导可得

$$q_m=\sqrt{\frac{1}{1-\left(\frac{d'}{D}\right)^4}}\frac{\pi}{4}d'^2\sqrt{2\rho(p_1'-p_2')} \tag{4-7}$$

式(4-7) 中的压力差不是角接取压或法兰取压所测得的差压 Δp；对于喷嘴，式中 d' 等于节流件开孔直径 d；对于孔板，它小于开孔直径 d。此外，式(4-7) 也没有考虑流动过程中的损失，这种损失对于不同形式的直径比 β (d/D) 是不同的，所以考虑这些因素，式中的压力差用从实际取压点测得的差压 Δp 代替，用节流件开孔直径 d 代替 d'，并引入流出系数 C 加以修正，则得

$$q_m=\frac{C}{\sqrt{1-\beta^4}}\frac{\pi}{4}d^2\sqrt{2\rho\Delta p} \tag{4-8}$$

流出系数 C 是一个影响因素复杂的实验系数，对于节流法流量测量具有重要的意义。C 的值与节流件形式、直径比值、雷诺数 Re、管道粗糙度及取压方式等有关。在节流件形式、直径比值、管道粗糙度及取压方式等完全确定的情况时，只与雷诺数 Re 有关。当 Re 大于某一数值时，C 可认为是一个常数，因此节流流量计应工作在临界雷诺数以上，否则会造成测量误差。

式(4-8) 只适用于不可压缩流体，对于可压缩流体，为方便起见，规定公式中的 ρ 使用节流件前的流体密度 ρ_1，C 取相当于不可压缩流体的数值，而把全部的流体可压缩性影响用一流束膨胀系数 ε 来考虑。当流体为不可压缩流体时，$\varepsilon=1$。所以流量公式可以统一写成

$$q_m=\frac{C}{\sqrt{1-\beta^4}}\varepsilon\frac{\pi}{4}d^2\sqrt{2\rho_1\Delta p}=\frac{C}{\sqrt{1-\beta^4}}\varepsilon\frac{\pi}{4}\beta^2D^2\sqrt{2\rho_1\Delta p} \tag{4-9}$$

节流装置、显示仪表以及流体性质确定以后，上述系数均为常数，因此上述公式可变成下列形式

$$q=K\sqrt{\Delta p} \tag{4-10}$$

式中　K——常数。

式(4-10) 说明，当 K 为定值时，流量与差压的平方根成正比，这就是差压与流量之间的定量关系。

三、拓展训练

通过实例，理解节流流量计测量原理和特性。

[**例 4-1**] 已知某节流装置最大流量 100 t/h 时，产生的差压为 40kPa。试求差压计在 10kPa、20kPa、30kPa 时，分别流经节流装置的流量为多少。

[**思考**] 流量与节流装置前后的差压有关，即有节流公式 $q_x = K\Delta p_x^{1/2}$。

[**解**] 设 $q_m = 100t/h$，$\Delta p_m = 40kPa$，则由式(4-10) 得

$\Delta p_x = 10kPa$ 时，$q_{10} = 100\times(10/40)^{1/2} = 50.0t/h$

$\Delta p_x = 20kPa$ 时，$q_{20} = 100\times(20/40)^{1/2} = 70.7t/h$

$\Delta p_x = 30kPa$ 时，$q_{30} = 100\times(30/40)^{1/2} = 86.6t/h$

[**结论**] 此例说明，可通过差压测量流量，但流量和差压并不是线性关系。

子任务三　标准节流装置的组成

一、知识准备

节流式流量计 DPF 的检测件按其标准化程度分为标准型和非标准型两大类。标准节流装置按照标准文件设计、制造、安装和使用，无需经实流校准即可确定其流量值并估算流量测量误差，非标准节流装置成熟程度较差，尚未列入标准文件中。

20 世纪 80 年代美国和欧洲开始进行大规模的孔板流量计试验研究，试验的目的是用现代最新测试设备及试验数据的统计处理技术进行新一轮的范围广泛的试验研究，为修订 ISO 5167 打下技术基础。1999 年 ISO 发出 ISO 5167 的修订稿（ISO/CD 5167—1—4），新的 ISO 5167：2003（E）标准于 2003 年正式公布。ISO 5167 新标准在标准的两个核心内容皆有实质性变化，具体内容可参阅有关文献资料。

标准节流装置包括标准节流件、取压装置和前后直管段。迄今标准节流装置的节流件有以下类型：标准孔板、标准喷嘴、文丘里管、文丘里喷嘴。

所谓标准节流装置，是指符合国际建议和国家标准规定的节流装置。通过大量试验求标准节流装置的流量与差压的关系，并据此制订“流量测量节流装置国家标准”。我国 1981 年制订了 GB 2624—81《流量测量节流装置》，1993 年又重新进行了修订（GB/T 2624—93）。国际标准有 ISO 5167《用差压装置测量流量》。凡按标准设计、制作和安装的节流装置，不必经过个别标定即可应用，测量准确度一般为±(1%～2%)，能满足工业生产的要求。

历史回顾

标准型节流式 DPF 的发展经过漫长的过程，早在 20 世纪 20 年代，美国和欧洲即开始进行大规模的节流装置试验研究。用得最普遍的节流装置——孔板和喷嘴开始标准化。现在标准喷嘴的一种型式 ISA 1932 喷嘴，其几何形状就是 30 年代标准化的，而标准孔板亦曾称为 ISA 1932 孔板。节流装置结构形式的标准化有很深远的意义，它将国际上众多研究成果汇集到一起，它促进检测件的理论和实践向深度和广度拓展，这是其他流量计所不及的。1980 年国际标准化组织 ISO 正式通过国际标准 ISO 5167，至此流量测量节流装置第一个国际标准诞生了。

标准节流装置只适用于测量直径大于 50mm 的圆形截面管道中的单相、均质流体的流量。要求流体充满管道，在节流件前后一定距离内不发生流体相变或析出杂质现象；流速小于音速；流动属于非脉动流；流体

在流过节流件前，其流束与管道轴线平行，不得有旋转流。

二、工作任务

1. 任务描述

① 认识标准节流件。

② 检验标准节流件。

2. 任务实施

步骤 1：观察实物，认识标准孔板结构组成。

【知识链接】标准孔板结构特点

标准孔板是用不锈钢或其他金属材料制造，具有圆形开孔、开孔入口边缘尖锐的薄板。

图 4-4 所示为标准孔板的结构图。图中所注的尺寸在“标准”中均有具体规定。标准孔板的结构最简单，体积小，加工方便，成本低，因而在工业上应用最多。但其测量准确度较低，压力损失较大，而且只能用于清洁的流体。

标准孔板的进口圆筒形部分应与管道同心安装，其中心线与管道中心线的偏差不得大于 $0.015D$，无毛刺和可见的反光，即进口边缘应很尖锐。圆筒厚度 e 和孔板厚度 E 不能过大，$E=(0.02\sim 0.05)D$，$e=(0.005\sim 0.02)D$。这种孔板的全称是“同心薄壁锐缘孔板”。

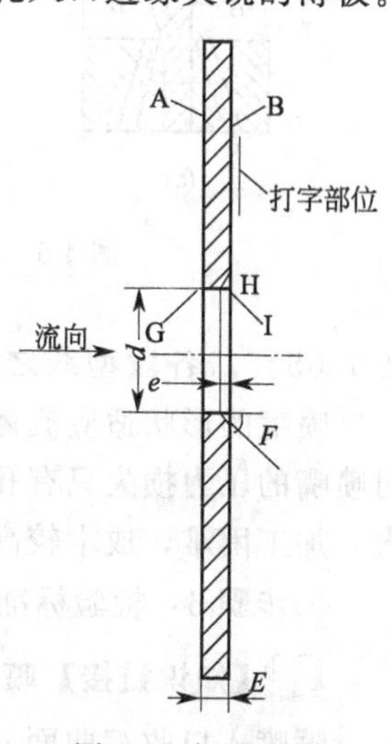

图 4-4　标准孔板

步骤 2：实测标准孔板特征尺寸。

【知识链接】标准孔板的开孔直径 d

标准孔板的开孔直径 d 是一个重要尺寸，安装前应实际测量。测量在上游端面进行，最好是在四个大致相等的角度上测量直径，求其平均值。要求各个单测值与平均值之差应在$\pm 0.05\%$之内。

步骤 3：检验孔板直角入口边缘的锐利度。

【知识链接】标准孔板直角入口边缘

可用模铸法或铝箔模压法实测直角入口边缘的倒角半径 r_h 和垂直度。

孔板开孔直角入口边缘的锐利度，在例行检验时，允许采用下述方法：将孔板倾斜45°，使日光或人工光源射向直角入口边缘，当 $d\geqslant 125$mm 时，采用 4 倍放大镜观察，当 $d<125$mm 时，采用 12 倍放大镜观察，均应无光线反射。

步骤 4：将孔板安装在管道中。

【知识链接】标准孔板安装和制造要求

① 在各处测量 E 的结果不得相差 $0.005D$ 以上，在各处测量 e 的结果不得相差 $0.001D$ 以上。

② 孔板必须与管道轴线垂直，其偏差不超过$\pm 1°$。

③ 若 $E\leqslant 0.02D$ 可以不作圆锥形出口，这样的孔板适用于测量双向流动的流体，但这时要求下游端面的粗糙度和边缘尖锐度必须与上游端面的相同。

④ 孔板加工过程中，不得使用刮刀和砂布进行修刮和打磨。

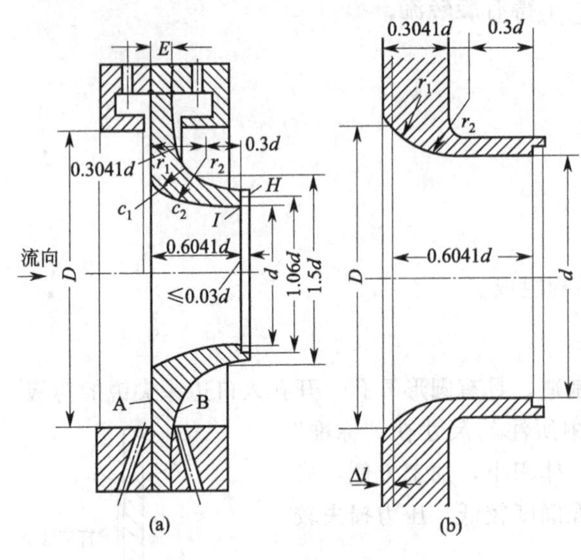

图 4-5　ISA 喷嘴图

⏱步骤 5：观察实物，认识标准喷嘴结构组成。

📖【知识链接】喷嘴结构

喷嘴有 ISA1932 喷嘴和长径喷嘴。

ISA1932 喷嘴如图 4-5 所示。喷嘴的型线由进口端面 A、收缩部分第一圆弧面 c_1、第二圆弧面 c_2、圆筒形喉部 e 和圆筒形出口边缘保护槽 H 等五部分组成。圆筒形喉部长度为 $0.3d$，其直径就是节流件开孔直径 d，d 值应是不少于 8 个单测值的算术平均值，其中 4 个是在圆筒形喉部的始端测得，另 4 个是在其终端测得，并且是在大致相距 45°角的位置上测得的，要求任何一个单测值与平均值的差不得超过 ±0.05%。各段型线之间必须相切，不得有不光滑部分。

喷嘴的形状适应流体收缩的流型，所以压力损失较孔板小，在同样的流量和相同的 β 值时喷嘴的压力损失只有孔板的 30%～50%，测量准确度较高。但它的结构比较复杂，体积大，加工困难，成本较高。

⏱步骤 6：检验标准喷嘴。

📖【知识链接】喷嘴样板检验

喷嘴入口收缩曲面 c_1 和 c_2 的轮廓及其半径，用两个曲面和 A 面及圆筒形喉部 B 面做成一体的样板检验，该样板必须在投影仪上检验合格后，才能用来检验喷嘴的 A 面、圆筒形喉部 B 面和入口收缩曲面的轮廓，样板和各面之间应不透光。

喷嘴圆筒形喉部出口边缘的毛刺和机械损伤的检验方法同孔板的规定。特别注意该出口边缘不应有明显的圆弧或直径扩大。

⏱步骤 7：观察实物，认识长径喷嘴结构组成。

📖【知识链接】长径喷嘴

长径喷嘴有两种型式：高比值 β 和低比值 β 喷嘴，如图 4-6 所示。

高比值喷嘴由以下部分组成：入口收缩部分 A、圆筒形喉部 B、下游端平面 C，如图 4-6(a) 所示。

① 收缩段 A 的曲面形状为 1/4 椭圆，椭圆圆心距喷嘴的轴线为 $D/2$。椭圆的长轴平行于喷嘴的轴线，长半轴为 $D/2$，短半轴为 $(D-d)/2$。

② 喉部 B 的直径为 d，长度为 $0.6d$。喉部外表面到管道内壁之间的距离应大于或等于 3mm。

③ 喷嘴厚度 H 应大于或等于 3mm，并小于或等于 $0.15D$。喉部壁厚 F 应等于或大于 3mm，$D \leqslant 65$mm 时 F 应等于或大于 2mm。壁厚应足够，以防止因机械加工应力而损坏。下游侧表面的形状不作具体规定，但应符合上述厚度的规定。

低比值喷嘴如图 4-6(b) 所示。收缩段 A 具有 1/4 椭圆的形状。椭圆的圆心到喷嘴轴线

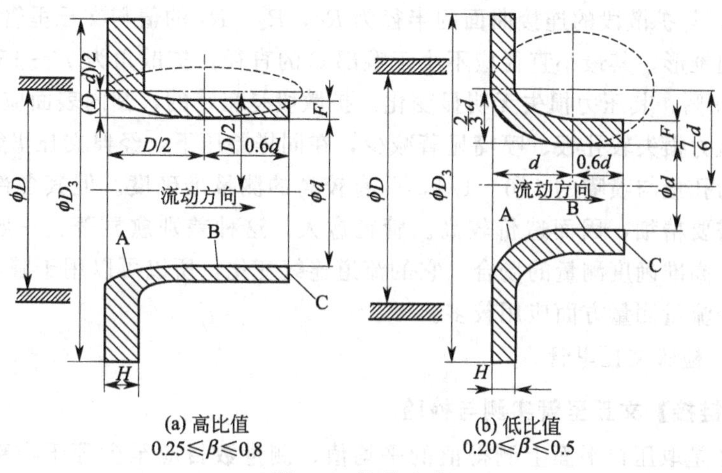

图 4-6　长径喷嘴

的距离为 7/6d。椭圆的长轴平行于喷嘴轴线，长轴半径等于 d；短轴半径等于 2/3d。其余还应满足与高比值喷嘴相同的规定。

步骤 8：检验长径喷嘴。

【知识链接】喷嘴实测与检验

喉部直径 d 值应取相互之间大致相等角度的 4 个直径的测量结果的平均值。任意横截面上任意直径与直径平均值之差为直径平均值的 0.05%。

收缩段廓形应使用样板进行检验，在垂直于喷嘴轴线的同一平面内，两个直径彼此相差为直径平均值的 0.1%。

喷嘴内表面粗糙度应为 $Ra \leqslant 10^{-4}d$。

步骤 9：观察实物，认识文丘里管结构组成。

【知识链接】经典文丘里管

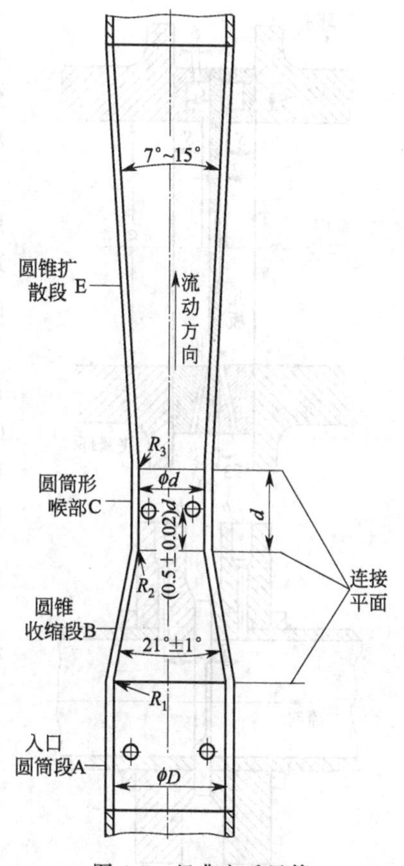

图 4-7　经典文丘里管

经典文丘里管的轴向截面如图 4-7 所示。经典文丘里管由以下部分组成：入口圆筒段 A；圆锥收缩段 B；圆筒形喉部 C；圆锥扩散段 E。

圆筒段 A 的直径为 D，与管道直径之差不大于 0.01D，其长度等于 D，按照文丘里管的不同型式，其长度可略有不同。

直径比及 D 值的确定：在每对取压口附近测量直径，亦应在取压口平面之外的其他平面上测量直径，所有这些测量值的平均值作为 D 值，任何一直径与直径平均值之差不超过直径平均值的 0.4%。

收缩段 B 为圆锥形，并有 21°±1°的夹角。收缩段与圆筒段 A 的连接曲面的半径为 R_1，R_1 值取决于经典文丘里管的形式。

喉部 C 为直径为 d 的圆形管段。上游始端起自收缩段与喉部的相交线平面，下游终端止于喉部与扩散段的相交线平面。喉部 C 的长度等于 $d \pm 0.03d$，喉部与收缩段 B 的连接曲

面的半径为 R_2，与扩散段的连接曲面的半径为 R_3，R_2、R_3 的值与文丘里管的形式有关。

扩散段为圆锥形，其最小直径应不小于喉部 C 的直径，扩散角为 7°～15°。扩散段 E 可截去其长度的 35%，其压力损失无明显变化。扩散段是粗铸的，其内表面应清洁而光滑。

文丘里管压力损失较孔板、喷嘴显著减少，在同样差压下，经典文丘里管和文丘里喷嘴的压力损失约为孔板与喷嘴的 1/6～1/4，并有较高的测量准确度。但其各部分尺寸都有严格要求，加工需要精细，因而造价较高。管径愈大，这种差别愈显著。一般用在有特殊要求，如低压损、高准确度测量的场合。它的流道连续变化，所以可以用于脏污流体的流量测量，并在大管径流量测量方面应用较多。

步骤 10：检验文丘里管。

【知识链接】文丘里管实测与检验

喉部直径 d 是取压口平面上测得值的平均值，测量数目应至少等于喉部取压口的数目（最少为 4 个），还应在取压口平面之外的其他平面上测量直径。在喉部各处测得的直径与直径平均值之差不得超过直径平均值的 0.1%。应分别检验半径 R_2、R_3 的连接曲面是否为旋转表面。喉部 C 以及其邻近的连接曲面的表面粗糙度为 $Ra \leqslant 10^{-4}d$。曲率半径 R_2 和 R_3 之值应采用样板检验。

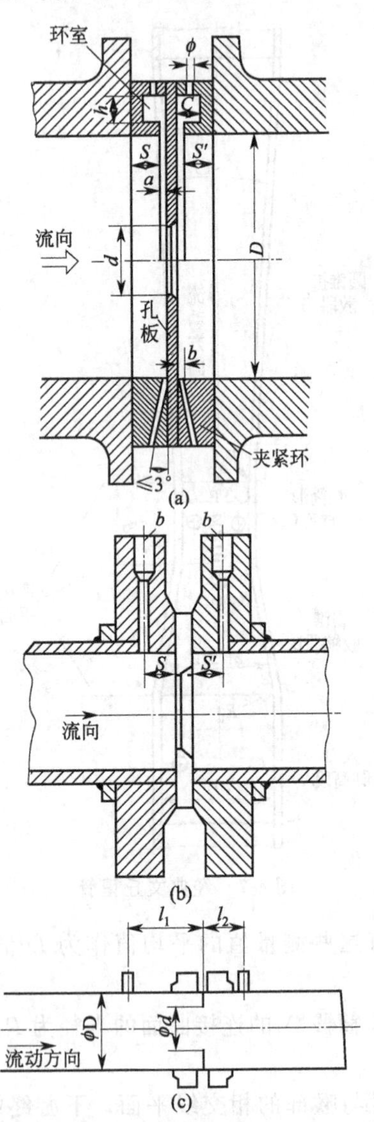

图 4-8 取压装置

圆筒段 A 的长度从收缩段 B 与圆筒段 A 的相交线的所在平面量起，圆筒段 A 的直径 D 从垂直于轴线的上游取压口所在的平面上测量，测量数目至少应等于取压口的数目（最少为 4 个）。

收缩段内，在垂直于轴线的同一平面上，任意测量两个直径，其值与平均值之差不得超过直径平均值的 0.4%，这样才认为内表面为旋转表面。用同样的方法检验半径为 R_1 的连接曲面是否为旋转表面。收缩段的廓形应用样板检验。

三、拓展训练

① 总结比较孔板、喷嘴和文丘里管的优缺点，并分析其应用场合。

② 了解标准节流装置的几种取压方式，并与标准节流件配合使用。

【知识延伸】取压装置

标准节流装置规定了由节流件前后引出差压信号的几种取压方式，有角接取压、法兰取压、径距取压等，如图 4-8 所示。

图 4-8(a) 所示为角接取压的两种结构，适用于孔板和喷嘴。上部为环室取压，可以得到均匀取压；下部表示钻孔取压，取压孔开在节流件前后的夹紧环上，这种方式在大管径（D>500mm）时应用较多。

环室取压是在节流件上下游各装一环室，压力信号由节流件与环室空腔之间的缝隙 a 引到环室空腔，再通到压力信号管道。对于任何 β，环室取压的隙缝宽度应在1～10mm 之间，单独钻孔取压的应在 4～10mm 之间。如环室或夹紧环和节流件之间有太厚的垫片时将增加隙缝宽度值，并且还可能使节流件与管轴之间的垂直度偏差超过 1°，所以垫片厚度不要超过 1mm。为起到均压作用，环腔截面积的值应≥1/2πDa。环腔与导压管之间的连通孔至少有 2ϕ 长度为等直径圆筒形，ϕ 为连通孔直径，其值应为 4～10mm。

前后环室和垫片的开孔直径 D'应等于管道内径 D。绝不允许小于管道内径，即绝不允许环室或垫片突入管道内。

也可使用不连续缝隙，此时断续缝隙数至少为 4，等角距配置。

单独钻孔取压可以钻在法兰上，也可以钻在法兰之间的夹紧环上。取压孔在夹紧环内壁的出口边缘必须与夹紧环内壁平齐，并有不大于取压孔直径十分之一的倒角，无可见的毛刺和突出部分，取压孔应为圆筒形，其轴线应尽可能与管道轴线垂直。允许与上下游孔板端面形成不大于 3°的夹角，取压孔直径规定与环室取压的缝隙宽度一样。

图 4-8(b) 所示为法兰取压，上、下游侧取压孔开在固定节流件的法兰上，适用于孔板。孔板夹持在两块特制的法兰中间，其间加两片垫片，厚度不超过 1mm。取压口只有一对，在离节流件前后端面各为 1in（25.4mm±1mm）处法兰外圆上钻取。取压口直径不得大于 0.08D，最好为 6～12mm。取压孔必须符合单独钻孔取压的全部要求，取压口的中心线必须与管道中心线垂直。

图 4-8(c) 所示为径距取压，取压孔开在前、后测量管段上，适用于标准孔板和长径喷嘴。上游取压口的间距 l_1 名义上等于 D，但允许在（0.9～1.1)D 内变化，下游取压口的间距 l_2 名义上等于 $D/2$，当 $\beta \leqslant 0.6$ 时，$l_2=(0.48 \sim 0.52)D$，$\beta > 0.6$ 时，$l_2=(0.49 \sim 0.51)D$；l_1、l_2 间距均取自孔板的上游端面。

子任务四　差压式流量计的安装

一、知识准备

节流装置的流量和差压之间的关系，不仅与节流件有关，而且与流体在节流件上下游流动情况也有关。标准节流装置要求在节流件前 1D 长度处的管截面上形成典型的紊流分布，节流件下游的阻力件不影响流束的正常恢复，因此对节流件前后的管道必须有明确要求，此外还必须确定节流装置所用管道的内壁粗糙度。

(1) 节流件上下游侧直管段长度的要求

节流件上、下游第一个阻力件与节流件之间的直管段长度 l_1、l_2 取决于上下游第一个阻力件的形式和所用节流件的直径比值，如孔板可查表 4-2（其他节流件可参考有关手册），表中所列数值为管道内径 D 的倍数。如果实际的 l_1 在 B 列和 A 列的数字之间，则应对流量测量的极限相对误差算术相加±0.5%。

对于实验室用系统，l_1 应至少为 A 列数值的一倍。

上游第一阻力件与第二阻力件之间的直管段长度 l_0 按上游第二个阻力件的形式和 $\beta=0.7$（不论所用节流件实际为多少）按表查得，数值折半。

如在节流件上游安装温度计套管时，除满足上述要求外，温度计套管与节流件之间的距离应满足以下关系：

① 当温度计套管直径≤0.03D 时，$l=5D(3D)$。

表 4-2 孔板与阻流件之间所要求的直管段长度（无流动调整器）（数值以管径 D 倍数表示）

直径比	孔板上游侧（入口）																								孔板下游侧（出口）	
	单个 90°弯头 两个 90°弯头在任意平面（$S>30D$）*		在同一个平面上的两个 90°弯头 S 形状（$30D\geqslant S>10D$）*		在同一个平面上的两个 90°弯头 S 形状（$10D\geqslant S$）*		在垂直平面上的两个 90°弯头（$30D\geqslant S\geqslant 5D$）*		在垂直平面上的两个 90°弯头（$5D>S$）*+		单个 90°三通		单个 45°弯头在同一平面上两个 45°弯头 S 形状（$S>22D$）		渐缩管在 $1.5D$ 到 $3D>$ 的长度内由 $2D$ 变为 D		渐扩管在 $D\sim 2D$ 长度内由 $0.5D$ 变为 D		全控球阀或闸阀全开		对称突缩管		温度计套管或插口 * * 直径小于 $0.03D$++		前面全部阻流件类型和密度计套管	
	A	B	A	B	A	B	A	B	A	B	A	B	A	B	A	B	A	B	A	B	A	B	A	B	A	B
0.20	6	3	10	10	10	10	19	18	34	17	9	3	* * *	* * *	5	5	16	8	12	6	30	15	5	3	4	2
0.40	16	3	10	10	10	10	44	18	50	25	9	3	30	9	5	5	16	8	12	6	30	15	5	3	6	3
0.50	22	9	18	10	22	10	44	18	75	34	19	9	30	9	6	5	18	9	12	6	30	15	5	3	6	3
0.60	42	13	30	18	42	18	44	18	65	25	29	18	30	18	9	5	22	11	14	7	30	15	5	3	7	3.5
0.67	44	20	44	20	44	20	44	20	60	10	36	18	44	18	12	6	27	14	18	9	30	15	5	3	7	3.5
0.75	44	20	44	22	44	22	44	20	75	18	44	18	44	18	22	11	38	19	24	12	30	15	5	3	8	4

* S——两个弯头分隔的间距，从上游弯头曲面部分的下游端到下游弯头曲面部分的上游端的间距。

* * 对于其他阻流件，温度计套管的安装不会变更其上游的最短直管段长度。

* * * 此处无数据，用 $\beta=0.4$ 的长度足够了。

+恶劣的安装条件，可能的话，采用流动调整器。

++当 A 栏和 B 栏分别增加到 $20D$ 和 $10D$ 时，则可安装温度计套管的直径 $0.03D\sim 0.13D$。

注：① 对于直径比<0.2 可以取同样的长度。

② 最小直管段长度是指孔板的上下游阻流件与孔板之间的长度，该长度是从最靠近的弯头或三通的曲面部分下游末端或渐缩管和渐扩管的锥管部分下游末端测量起。

③ 本表中大多数弯头其曲率半径等于 $1.5D$，但亦可用于任意曲率的弯头。

④ 各种阻流件中 A 栏的长度是指“零附加不确定度”的。

⑤ 各种阻流件中 B 栏的长度是指“0.5%附加不确定度”的。

② 当温度计套管直径在 $(0.03\sim 0.13)D$ 之间时，$l=20D(10D)$。

如节流件前有大于 2∶1 的骤缩，则除上述要求外，骤缩处距离节流件不得小于 $30D(15D)$。

凡实际装在节流件上游的阻力件形式没有包括在表之内，或要求的三段直管段有一个小于 B 列的数值或有两个都在 A 列、B 列的数值之间，则应在实验室实际测定差压和流量之间的关系。

安装节流装置用的管道应该是直的，它只需目测检验。在节流件前后 $2D$ 长的管道上，管道内壁不能有任何凸出的物件，安装的垫圈必须与管道内壁齐平，也不允许管道内壁有明显的粗糙不平现象。在节流件上游侧管道的 $0D$、$1/2D$、$1D$、$2D$ 处取与管道轴线垂直的 4 个截面，在每个截面上，以大致相等的角距离取 4 个内径的单测值，这 16 个单测值的平均值即为设计节流件时所用的管道内径。任意单测值与平均值的偏差不得大于±0.3%，这是管道圆度要求。在节流件后的 l_2 长度上也是这样测量直径的，但圆度要求低，只要任何一个单测值与平均值的偏差在±2%以内就可以。

（2）节流件的安装要求

安装节流件时必须注意它的方向性，不能装反。例如孔板以直角入口为“+”方向，扩散的锥形出口为“−”方向，安装时必须使孔板的直角入口侧迎向流体的流向。

节流件安装在管道中时，要保证其前端面与管道轴线垂直，偏差不超过1°；还要保证其孔中心轴与管道同轴，不同心度不应超过 $0.015D(1/\beta-1)$。经典文丘里管，在上游测量管与入口圆筒段A的连接平面上，上游测量管轴线与经典文丘里管轴线之间的偏移距离 e_x 应小于 $0.005D$。另外，$e_x+1/2\Delta D$ 应小于 $0.0075D$，ΔD 为上游测量管与经典文丘里管入口圆筒段A的直径偏差。上游测量管轴线与文丘里管轴线的夹角应小于1°。

夹紧节流件用的垫片，包括环室或法兰与节流件之间的垫片，夹紧后不允许凸出管道内壁。在安装之前，最好对管道系统进行冲洗和吹灰。

（3）差压计信号管路的安装

差压信号管路是指连接节流装置与差压变送器（或差压计）的导压管路。它是差压流量计的薄弱环节。据统计，差压流量计中引压管路的故障最多，如堵塞、泄漏、腐蚀、冻结、虚假信号等，约占全部故障率的70%，因此对差压信号管路的配置和安装应引起高度重视。

早在20世纪70年代，国际标准化组织（ISO）就已颁布差压信号管路的国际标准ISO 2186《封闭管道流量——一次元件与二次元件压力信号传输的连接》，我国国家计量检定规程JJG 640—94附录中列有ISO 2186的摘录。

流量测量时使用的差压计与节流装置之间用差压信号管路连接，信号管路应按最短的距离敷设，一般总长度不超过60m，差压信号管路敷设主要需满足以下条件。

① 所传送的差压不因信号管路而发生额外误差。

② 信号管路应带有阀门等必要的附件，使得能在生产设备运行条件下冲洗信号管路，现场校验差压计以及在信号管路发生故障情况下能与主设备隔离。

③ 信号管路与水平面之间应有不小于1∶10的倾斜度，随时排出气体（对液体、蒸气介质）或凝结水（对于气体介质）。

④ 为了能防止有害物质（如高温介质）进入差压计，在测量腐蚀性介质时应使用隔离容器，如信号管路中介质有凝固或冻结的可能，应沿信号管路进行保温或设伴热装置，此时应特别注意防止两信号管路加热不均匀，或局部汽化造成误差。

下面介绍几种不同情况下信号管路安装的一般原则。

① 测量液体流量的信号管路。主要是防止被测液体中存在的气体进入并积存在信号管路内，造成两信号管路中介质密度不等而引起误差。因此，取压口最好在节流装置取压室的中心线下方45°的范围内，以防止气体和固体沉积物进入。为了能随时从信号管路中排出气体，最好向下斜向差压计。如差压计比节流件高，则在取压口处最好设置一个U形水封。信号管路最高点要装设气体收集器，并装有阀门，以便定期排出气体，见图4-9。

② 测量蒸气流量时的信号管路。主要是保持两信号管路中凝结水的液位在同样高度，防止高温蒸气直接进入差压计。因此在取压口处一定要加装凝结容器，容器截面要稍大一些（直径约75mm）。取压室到凝结容器的管道应保持水平或向取压室倾斜，凝结容器上方两个管口的下缘必须在同一水平高度上，以使凝结水液面等高。其他如排气等要求同测量液体时

的相同，见图 4-10。

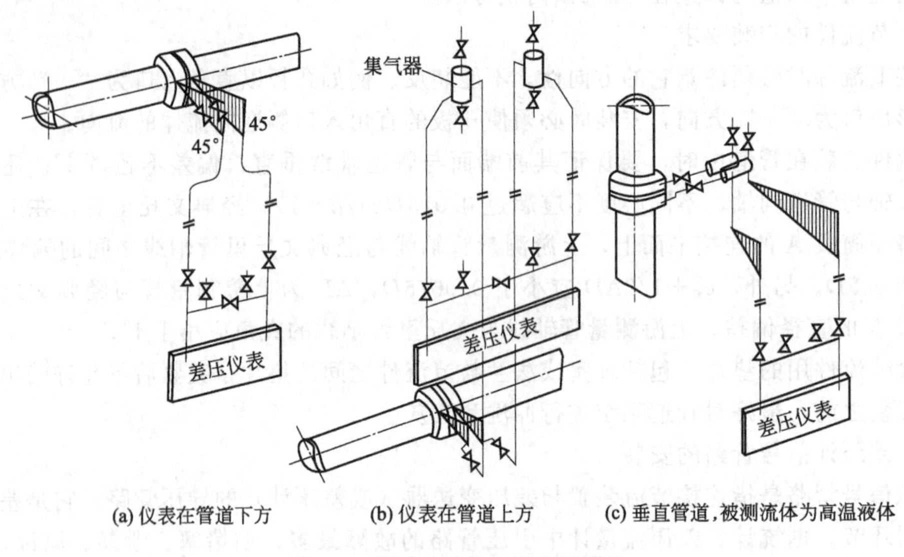

(a) 仪表在管道下方　(b) 仪表在管道上方　(c) 垂直管道，被测流体为高温液体

图 4-9　测量液体流量的信号管路

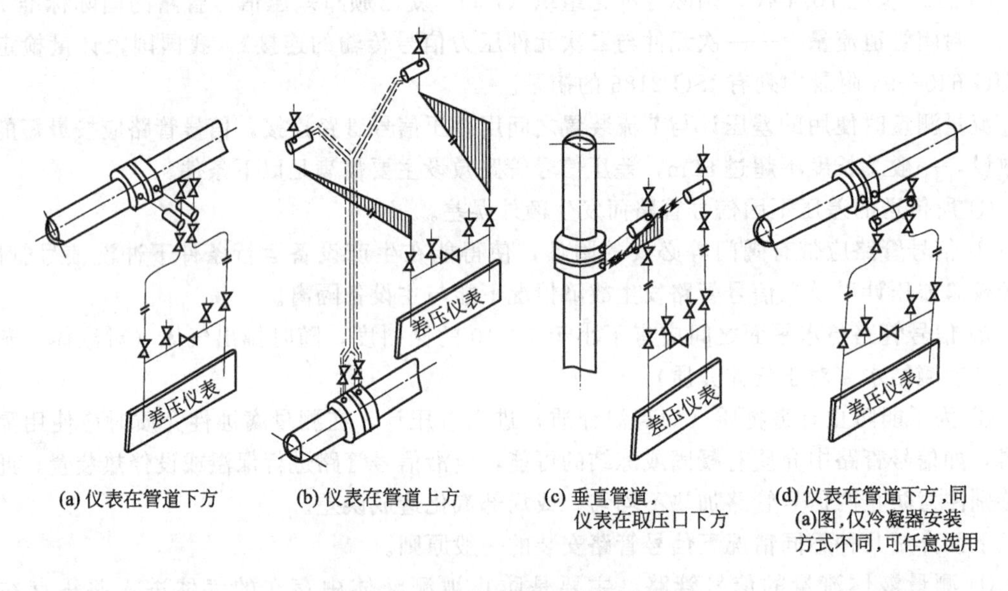

(a) 仪表在管道下方　(b) 仪表在管道上方　(c) 垂直管道，仪表在取压口下方　(d) 仪表在管道下方，同(a)图，仅冷凝器安装方式不同，可任意选用

图 4-10　测量蒸汽流量的信号管路

③ 测量气体流量时的信号管路。测量气体流量时，主要是防止被测气体中存在的凝结水进入并积存在信号管路中，因此取压口应在节流装置取压室的上方，并希望信号管路向上斜向差压计。如差压计低于节流装置，则要在信号管路的最低处装设集水器，并装设阀门，以便定期排水。

在测量脏污或危险的流体时，为防止被测介质进入导压管，采用恒定压力经正负导压管，同时向主管道喷吹一定量的清洁流体（如水、空气等）以代替隔离系统。有三种喷吹系统：被测流体为气体时，用清洁气体吹入主管道；被测流体为液体时，用清洁气体吹入主管道；被测流体为液体时，用清洁液体吹入主管道。图 4-11 所示为喷吹系统示意图。

喷吹系统应保证主管道的被测流体不进入导压管，并且不因喷吹改变流量与差压信号的关系。如何掌握喷吹量是一个比较重要的问题，必要时应装设喷吹量流量计以监视喷吹量的稳定性。实行喷吹隔离办法的正负压导压管系统，两条导压管的压力阻力均匀一致是很重要的。

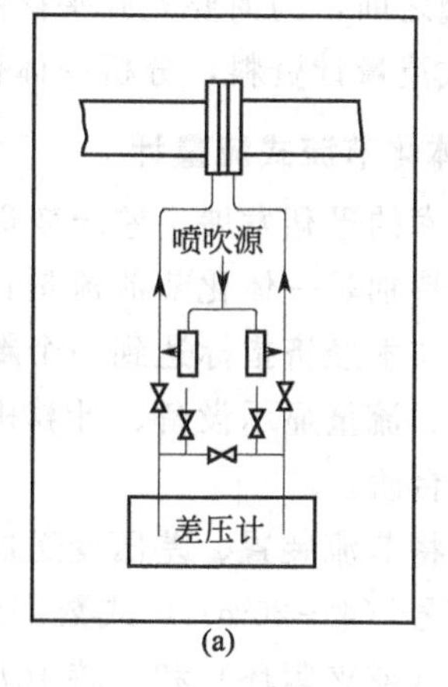

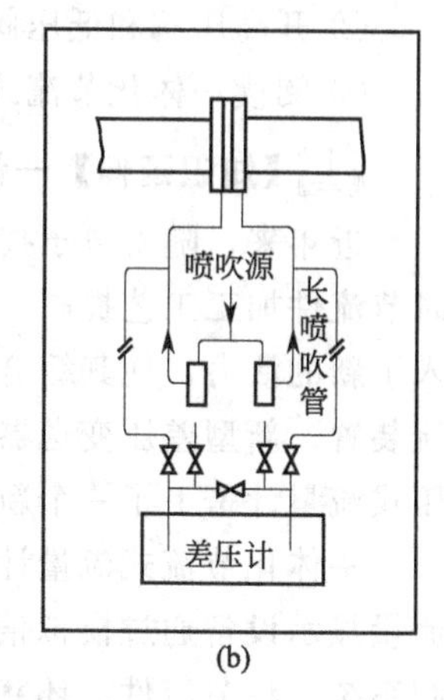

图 4-11　喷吹系统示意图

二、工作任务

1. 任务描述

① 节流流量计系统安装。

② 使用节流流量计测量流量。

2. 任务实施

器具：节流流量计全套装置、三阀组。

步骤 1：将流量计、差压变送器照图 4-12 所示安装，注意节流件方向需正确，紧固法兰，防止泄漏。

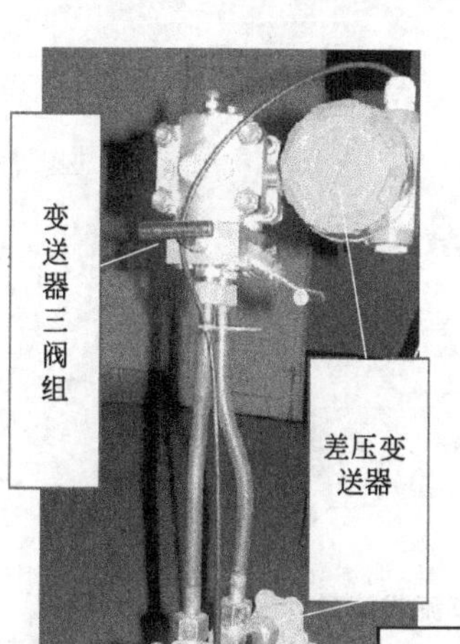

图 4-12　节流流量计系统

步骤 2：冲洗引压导管。

步骤 3：认识一次隔离阀、三阀组的位置和作用；

【知识链接】三阀组与五阀组

用节流件＋差压变送器测流量时，变送器通常配置三阀组或五阀组，主要作用是保护膜片及调零。

差压计一般都装有三只阀门，其中两只作隔离阀，一只作平衡阀，打开平衡阀可检查差压计的零点，另两只是用于冲洗信号管路和现场校验差压计。操作阀门时应首先打开平衡阀，特别注意防止差压计单向受压而造成损坏。

五阀组的作用是两个切断，两个排放，一个平衡。五阀组在三阀组的基础上集成了高低压排污阀，便于维护处理故障排污用。

步骤 4：变送器投运，先开平衡阀，再开高压阀，再关平衡阀，再开低压阀。

【知识链接】差压变送器的投运顺序

先开平衡阀，使正负压室连通；然后再依次逐渐打开正压侧的切断阀和负压侧的切断阀，使差压计的正负压室承受同样的压力；最后再渐渐地关闭平衡阀，差压计即投入运行。当差压计需要停用时，应先打开平衡阀，然后再关闭两个切断阀。

步骤 5：测量流量。

三、拓展训练

① 孔板装反，流量指示值会怎样变化？

② 开高压阀和低压阀之前，为何要先开平衡阀？

③ 阅读一体化节流式流量计资料，分析一体化节流式流量计的应用前景。

【知识延伸】一体化节流式流量计

近年来，随着电子技术的迅猛发展，差压变送器和流量显示技术有了突破性的进展，同时节流件加工工艺提高，特别是一体化节流流量计的出现（图 4-12），给传统的节流装置注入了新的活力，使其综合技术经济指标达到一个新的高度。一体化节流流量计集合了定值节流装置、新型差压变送器、流量显示设备、计算机软件、先进的加工工艺等现代技术，使差压式流量计跨上了一个新台阶。

一体化节流式流量计将节流装置、差压变送器与流量显示装置融为一体，差压变送器与流量显示设备通过模拟信号（4～20mA）或数字信号（HART 协议）的通信，构成流量检测系统。将节流件、环室（或夹紧环）和上游 10D 及下游侧 5D 长的测量管先行组装，检验合格后再接入主管道，它可消除现场安装偏心或不垂直等带来的附加误差，不仅保证了安装准确性和测量准确度，而且缩短了引压管线，减少了故障率，改善了动态特性，这对于自动控制系统具有重要的意义。

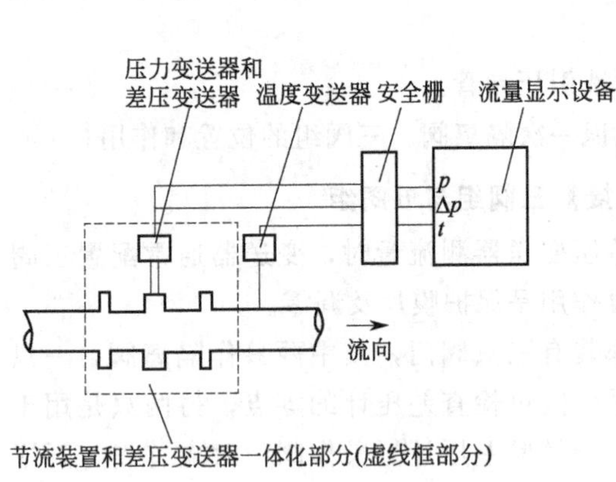

图 4-13 一体化节流式流量计系统构成

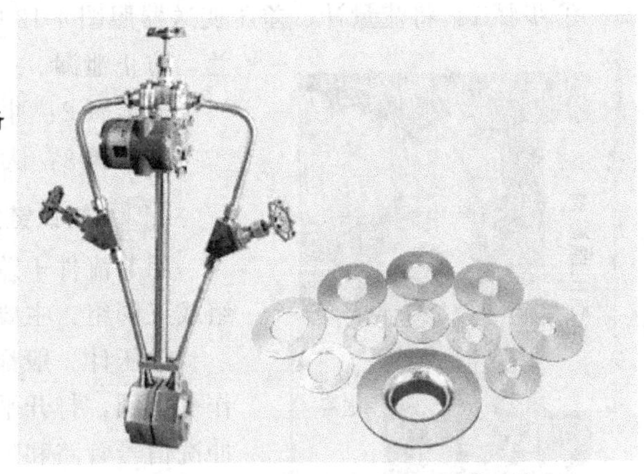

图 4-14 一体化节流式流量计及可选用节流件

一体化节流式流量计的测量原理仍然是节流的原理，系统构成如图 4-13 所示。一体化节流式流量计可采用多种节流件，配置智能型差压变送器的一体化节流式流量计，可实现宽量程检测；一体化节流式流量计可方便地对在线节流装置进行量程迁移和扩展，流量测量范围可达 10∶1 或更宽。根据不同的计量要求可分为高档型、中档型和普通型。如图 4-14 所示。

高档型节流式流量计，节流装置配宽量程差压变送器、带 HART 协议的流量计算机或智能仪表。当工况流量、温度、压力等参数发生变化时，流量显示设备可通过 HART 协议与差压变送器联系，直接读取差压值。

传统的差压式流量计在一定的范围内（其范围度为 3∶1）流出系数为定值，当超出流量范围时，其精度便不能保证。而一体化节流流量计由于将流量计算机作为流量显示设备，它不仅可通过 HART 协议来实现宽量程检测，还可在允许的雷诺数范围内逐点计算流出系数，使其精度在全量程范围内保证在 1%以内。

中档型节流式流量计，配可变量程差压变送器及智能仪表或流量计算机（不带 HART 协议）。在某些应用场所，当流量变化范围较大或流量随季节变化时，可通过调节差压变送器的量程，并将变化的有关参数置入智能仪表或流量计算机中，从而保证计量准确度。

节流装置与差压流量计的引压管线是一个薄弱环节。据统计，70%的故障发生在这部分，因此把这两部分做成一体、缩短引压管线是解决此问题的根本办法，这对于自动控制也有着重要意义。当然，对一些极特殊的场所，也可沿用传统的引压方法，一体化节流流量计考虑了与这些引压方式的兼容。

定值节流装置是指对每种通径测量管道配以有限数量的节流件，节流件的孔径按优选系数选取确定。定值节流装置彻底改变了传统节流装置的应用模式，使节流装置的设计、制造从“量体裁衣”变成了“成衣选用”。定值节流装置符合大批量生产的要求，可以采用专用加工设备及先进的加工工艺，使产品生产效率大为提高，制造成本大幅度下降。采用定值的方式，制造质量容易得到保证，使廓形节流件的广泛应用成为可能。一体化节流装置通常优选 ISA1932 喷嘴作为节流件。

一体化节流流量计严格按 GB/T 2624—93 和 JJG 640—94 设计、制造，流量显示设备的数学模型按照有关标准来设计。为了提高流量计的测量精度，一般的流量显示设备都采用了对流出系数、可压缩性系数和密度的修正。流出系数和可压缩性系数采取实时计算，密度进行查表修正，使流出系数、可压缩性系数和密度变化造成的附加误差降至可忽略不计的程度，使其测量精度得到大幅度的提高。

差压式流量计对直管段的长度、圆度和内径等都有严格的规定，传统的差压式流量计结构分散，对现场的安装要求高，节流件偏心、节流件不垂直、节流件附件及环室尺寸产生台阶、偏心等都会使流出系数偏离标准值，影响测量精度。一体化节流流量计提供序列化直管段，节流装置在生产厂制作时即已安装完毕，并与差压变送器做成一体，从而消除了现场安装可能带来的安装附加误差。

子任务五　流量测量系统故障的处理

一、知识准备

在生产运行过程中，流量测量系统比压力测量系统多了一套标准节流装置。有些故障与压力测量系统类似，不再叙述。下面就针对标准节流装置部分常见的故障举一些例子。

① 标准节流装置高低压引压管接反，造成流量指示值不但不上升，反而跑零下。

② 工艺介质流动方向与标准节流装置流动方向相反，造成流量指示值不但不上升，反而跑零下。

③ 变送器前面的三阀组中的平衡阀关不严，有少量泄漏，致使流量指示值总是偏低。

故障处理可以按图 4-15 所示思路进行判断和检查。

二、工作任务

1. 任务描述

节流流量计流量指示不正常，排除故障检修。

2. 任务实施

器具：节流流量计全套装置、三阀组、扳手等工具。

①步骤 1：在处理故障时应向工艺人员了解故障情况，了解工艺情况，如被测介质情况，泵类型，简单工艺流程等。

步骤2：对照现场一次表指示，如一次表正常，则为二次表（变送器）故障。

步骤3：按图4-15所示思路进行判断和检查。

步骤4：根据具体情况进行检修，排除故障。

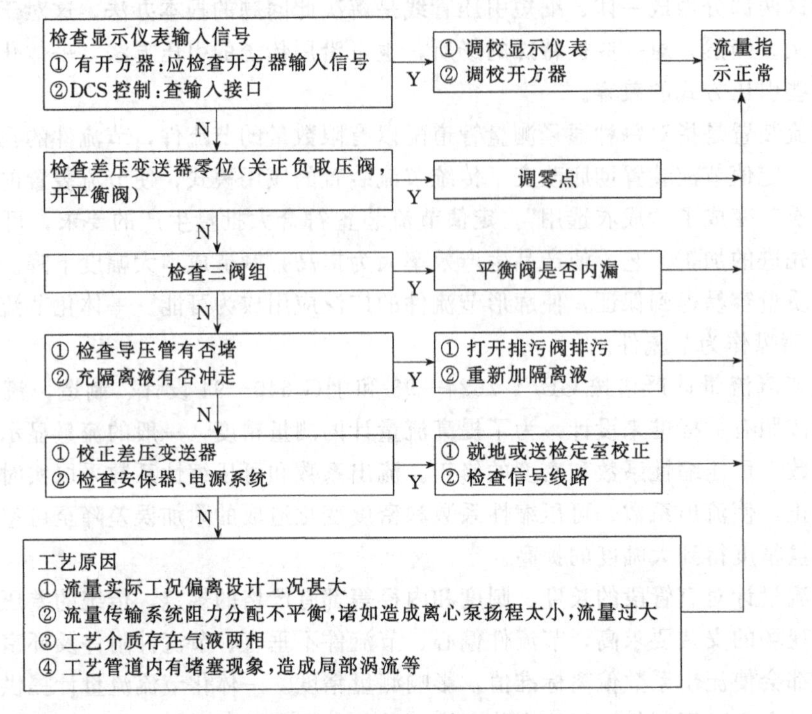

图4-15 流量检测故障判断

【知识链接】差压式流量计常见故障、原因及排除方法

(1) 指示零或移动很小

其原因为：

① 平衡阀未全部关闭或泄漏；

② 节流装置根部高低压阀未打开；

③ 节流装置至差压计间阀门、管路堵塞；

④ 蒸汽导压管未完全冷凝；

⑤ 节流装置和工艺管道间衬垫不严密；

⑥ 差压计内部故障。

其对应处理方法为：

① 关闭平衡阀，修理或换新；

② 打开；

③ 冲洗管路，修复或换阀；

④ 待完全冷凝后开表；

⑤ 拧紧螺栓或换垫；

⑥ 检查、修复。

(2) 指示在零下

其原因为：

① 高低压管路反接；
② 信号线路反接；
③ 高压侧管路严重泄漏或破裂。
其对应处理方法为：
① 检查并正确连接好；
② 检查并正确连接好；
③ 换件或换管道。
(3) 指示偏低
其原因为：
① 高压侧管路不严密；
② 平衡阀不严或未关紧；
③ 高压侧管路中空气未排净；
④ 差压计或二次仪表零位失调或变位；
⑤ 节流装置和差压计不配套，不符合设计规定。
其对应处理方法为：
① 检查、排除泄漏；
② 检查、关闭或修理；
③ 排净空气；
④ 检查、调整；
⑤ 按设计规定更换配套的差压计。
(4) 指示偏高
其原因为：
① 低压侧管路不严密；
② 低压侧管路积存空气；
③ 蒸汽等的压力低于设计值；
④ 差压计零位漂移；
⑤ 节流装置和差压计不配套，不符合设计规定。
其对应处理方法为：
① 检查、排除泄漏；
② 排净空气；
③ 按实际密度补正；
④ 检查、调整；
⑤ 按规定更换配套差压计。
(5) 指示超出标尺上限
其原因为：
① 实际流量超过设计值；
② 低压侧管路严重泄漏；
③ 信号线路有断线。
其对应处理方法为：
① 换用合适范围的差压计；

② 排除泄漏；

③ 检查、修复。

(6) 流量变化时指示变化迟钝

其原因为：

① 连接管路及阀门有堵塞；

② 差压计内部有故障。

其对应处理方法为：

① 冲洗管路、疏通阀门；

② 检查排除。

(7) 指示波动大

其原因为：

① 流量参数本身波动太大；

② 测压元件对参数波动较敏感。

其对应处理方法为：

① 高低压阀适当关小；

② 适当调整阻尼作用。

(8) 指示不动

其原因为：

① 防冻设施失效，差压计及导压管内液体冻住；

② 高低压阀未打开。

其对应处理方法为：

① 加强防冻设施的效果；

② 打开高低压阀。

三、拓展训练

差压式流量计使用时，当介质密度变化时，会造成很大的附加误差，通常在测量系统内部进行修正，以使其测量精度得到大幅度的提高。阅读下面的例子，对密度修正的重要性加以体会。

【知识延伸】差压式流量计密度修正

[**例 4-2**] 利用标准节流装置测量某种流体流量，设计工况为 $p_0=14\text{MPa}$，$t_0=550℃$，$\rho_0=40.44\text{kg/m}^3$，当工作参数变为 $p=4\text{MPa}$，$t=300℃$，$\rho=16.99\text{kg/m}^3$，只考虑密度变化的影响，若指示值为 210000kg/h，则实际流量 $q=$？

[**思考**] 回忆流量公式(4-9)，该式可简化为

$$q=K\sqrt{\rho\Delta p}$$

可以看出流量 q 与密度 ρ 的平方根成比例。

[**解**]

$$\text{相对误差}=\sqrt{\frac{\rho_0}{\rho}}-1=54\%$$

$$q=210000\times\sqrt{\frac{\rho}{\rho_0}}=136116\text{kg/h}$$

[结论] 从相对误差为54%的数据看，密度变化的影响造成的附加误差非常大，因此差压式流量计必须进行密度修正。

任务四 涡轮流量计的应用

【学习目标】了解涡轮流量计的结构组成。

【能力目标】能使用涡轮流量计检测流量。

能检验涡轮流量计。

一、知识准备

涡轮流量计是叶轮式流量（流速）计的主要品种，叶轮式流量计还有风速计、水表等。

在各种流量计中，涡轮流量计、容积式流量计和科氏质量流量计是三类重复性、精确度最佳的产品，而涡轮流量计又具有自己的特点，如结构简单、加工零部件少、重量轻、维修方便、流通能力大（同样口径可通过的流量大）和可适应高参数（高温、高压和低温）等。至今，这类流量计产品可达如下技术参数：口径4～750mm，压力达250MPa，温度为－240～700℃。像这样的技术参数，其他两类流量计是难以达到的。

涡轮流量计作为最通用的流量计，其产品已发展为多品种、全系列、多规格批量生产的规模。

涡轮流量计广泛应用于以下一些测量对象：石油、有机液体、无机液、液化气、天然气、煤气和低温流体等。在国外液化石油气、成品油和轻质原油等的转运及集输站，大型原油输送管线的首末站都大量采用它进行贸易结算。在欧洲和美国，涡轮流量计是仅次于孔板流量计的天然气计量仪表。

二、工作任务

1. 任务描述

① 探究涡轮流量计的测量原理。

② 知道涡轮流量计的结构组成。

③ 安装使用涡轮流量计。

器具：涡轮流量计（传感器＋变送器）1套，导线若干，万用表。

步骤1：阅读图4-16，了解涡轮流量计的测量原理。

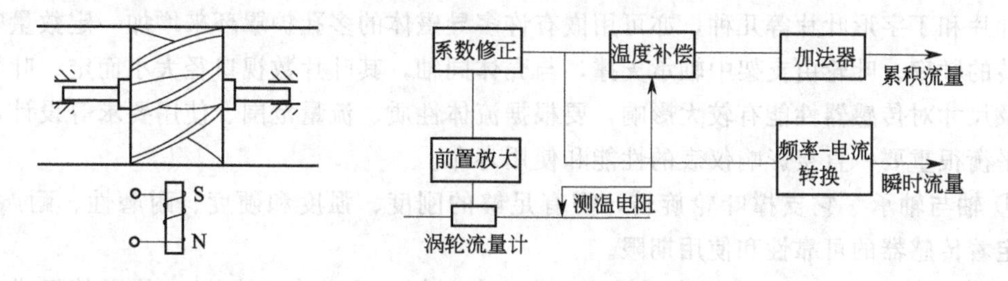

图4-16 涡轮流量计传感器原理图

【知识链接】

涡轮流量计的测量原理图4-16所示为涡轮流量计传感器原理图。由图可见，在管道中心安放一个涡轮，两端由轴承支撑。当流体通过管道时，冲击涡轮叶片，对涡轮产生驱动力矩，使涡轮克服摩擦力矩和流体阻力矩而产生旋转。在一定的流量范围内，对一定的流体介质黏度，涡轮的转速与管道平均流速成正比。涡轮的转速通过装在机壳外的传感线圈来检测，当涡轮叶片切割由壳体内永久磁钢产生的磁力线时，检测线圈中磁通随之发生周期性变化，产生周期性的感应电势，即电脉冲信号，传感线圈将检测到的磁通周期变化信号送入前置放大器，对信号进行放大、整形，产生与流速成正比的脉冲信号，送入单位换算与流量积算电路得到并显示累积流量值；同时亦将脉冲信号送入频率电流转换电路，将脉冲信号转换成模拟电流量，进而指示瞬时流量值，送至显示仪表显示。

涡轮流量计的实用流量方程为

$$q_v = f/K \tag{4-11}$$

式中 f——流量计输出信号的频率，Hz；

K——流量计的仪表系数，$1/m^3$。

传感器的仪表系数由流量校验装置校验得出，根据输入（流量）和输出（频率脉冲信号）确定其转换系数，便于实际应用。但要注意，此转换系数（仪表系数）是有条件的，其校验条件是参考条件，如果使用时偏离此条件，系数将发生变化，变化的情况视传感器类型、管道安装条件和流体物性参数的情况而定。

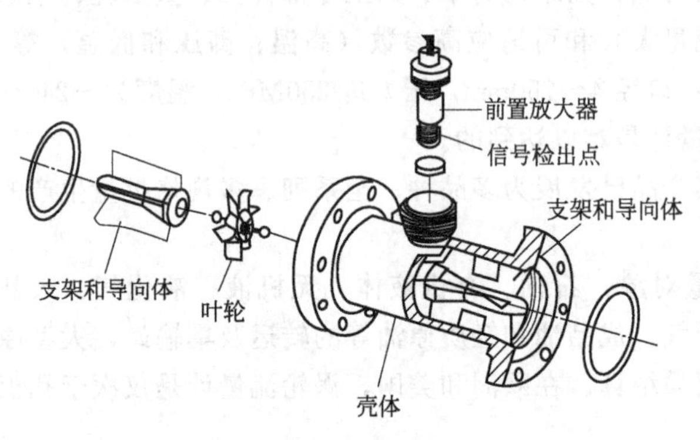

图 4-17 涡轮流量传感器结构图

⏲步骤 2：阅读图 4-17，解析涡轮流量计的结构组成。

涡轮流量传感器由壳体、导向体（导流器）、叶轮、轴、轴承及信号检出器组成。

① 壳体 壳体是传感器的主体部件，它起到承受被测流体的压力，固定安装检测部件，连接管道的作用。壳体采用不导磁不锈钢或硬质合金制造，对于大口径传感器亦可用碳钢与不锈钢组合的镶嵌结构，壳体外壁装信号检出器。

② 导向体 在传感器进出口装有导向体，它对流体起导向整流以及支撑叶轮的作用，通常选用不导磁不锈钢或硬铝材料制作。

③ 涡轮 亦称叶轮，是传感器的检测部件，它由高导磁性材料制成。叶轮有直板叶片、螺旋叶片和丁字形叶片等几种，亦可用嵌有许多导磁体的多孔护罩环来增加一定数量叶片涡轮旋转的频率。叶轮由支架中轴承支撑，与壳体同轴，其叶片数视口径大小而定。叶轮几何形状及尺寸对传感器性能有较大影响，要根据流体性质、流量范围、使用要求等设计，叶轮的动平衡很重要，直接影响仪表的性能和使用寿命。

④ 轴与轴承 它支撑叶轮旋转，需有足够的刚度、强度和硬度、耐磨性、耐腐性等。它决定着传感器的可靠性和使用期限。

⑤ 信号检出器 国内常用变磁阻式，由永久磁钢、导磁棒（铁芯）、线圈等组成。永久磁钢对叶片有吸引力，产生磁阻力矩，小口径传感器在小流量时，磁阻力矩在诸阻力矩中成为主要项，为此将永久磁钢分为大小两种规格，小口径配小规格以降低磁阻力矩；输出信号有效值在 10mV 以上的可直接配用流量计算机，配上放大器则输出伏级频率信号。

涡轮流量计的优点如下。

① 高精确度，对于液体一般为±(0.25%～0.5%)，高精度型可达±0.15%；介质为气体，一般为±(1%～1.5%)，特殊专用型为±(0.5%～1%)。

② 输出脉冲频率信号，适于总量计量及与计算机连接，无零点漂移，抗干扰能力强。

③ 范围度宽，中大口径可达10∶1～40∶1，小口径为6∶1或5∶1。

④ 结构紧凑轻巧，安装维护方便，流通能力大。

⑤ 适用高压测量，仪表表体上不必开孔，易制成高压型仪表。

涡轮流量计的缺点如下。

① 难以长期保持校准特性，需要定期校验。对于无润滑性的液体，液体中含有悬浮物或磨蚀性物质，造成轴承磨损及卡住等问题，限制了其适用范围。采用耐磨硬质合金轴和轴承后情况有所改进。

② 一般液体涡轮流量计不适用于较高黏度介质（高黏度型除外），随着黏度的增大，流量计测量下限值提高，范围度缩小，线性度变差。

③ 流体物性（密度、黏度）对仪表特性有较大影响。气体流量计易受密度影响，而液体流量计对黏度变化反应敏感。由于密度和黏度与温度、压力关系密切，在现场温度、压力波动是难免的，要根据它们对精确度影响的程度采取补偿措施，才能保持高的计量精度。

④ 流量计受来流流速分布畸变和旋转流的影响较大，传感器上下游侧需设置较长的直管段，如安装空间有限制，可加装流动调整器（整流器）以缩短直管段长度。

⑤ 不适于脉动流和混相流的测量。

⑥ 对被测介质的清洁度要求较高，限制了其适用领域，虽可安装过滤器以适应脏污介质，但亦带来压损增大、维护量增加等副作用。

步骤3：安装前初步检查。

【知识链接】涡轮流量计安装前初查

当用微小气流吹动叶轮时，叶轮应能转动灵活，并没有无规则的噪声，计数器（若有）转动正常，无间断卡滞现象，则流量计可安装使用。

步骤4：安装涡轮流量计。

【知识链接】涡轮流量计安装注意事项

① 流量计必须水平安装在管道上，安装时流量计轴线应与管道轴线同心，流向要一致。

② 流量计上游管道长度应有不小于$2D$的等径直管段，如果安装场所允许，建议上游直管段为$20D$、下游为$5D$。

③ 为了保证流量计检修时不影响介质的正常使用，在流量计的前后管道上应安装切断阀门（截止阀），同时应设置旁通管道。流量控制阀要安装在流量计的下游，流量计使用时上游所装的截止阀必须全开，避免上游部分的流体产生不稳流现象。

④ 为了保证流量计的使用寿命，应在流量计的直管段前安装过滤器。过滤器和流量计之间必须加一定长度的直管段，其内径为D，与流量计的口径相同。

⑤ 安装流量计时，法兰间的密封垫片不能凹入管道内。

步骤5：使用涡轮流量计测量流量，正确接线，将4～20mA电流信号送入了数显表模拟量输入第一通道或智能PID调节仪模拟量输入端等（视具体装置而定）。

注意：

① 电远传信号连接线应采用屏蔽线，信号线与动力线要分开布线；

② 流量计应可靠接地，不能与强电系统地线共用；

③ 流量计投运时应缓慢地先开启前阀门，后开启后阀门，防止瞬间气流冲击而损害涡轮。

④ 流量计运行时不允许随意打开前、后盖，更动内部有关参数，否则将影响流量计的正常运行。

步骤 6：流量计校验。

【知识链接】流量测量系统校验

除标准节流装置和标准毕托管以外的各种流量测量仪表，在使用中还需要定期校验。在进行流量测量仪表的校验和分度时，瞬时流量的标准值是用标准砝码、标准容积和标准时间通过一套标准试验装置来得到的。所谓标准装置，也就是能调节流量并使之稳定的一套液体或气体循环系统。若能保持系统中流量稳定不变，则可通过准确测量某一段时间 $\Delta\tau$ 和这段时间内通过系统的流体总容积 ΔV 或总质量 ΔM，由 $q_v=\Delta V/\Delta\tau$ 或 $q_m=\Delta m/\Delta\tau$ 求得这时系统的瞬时容积流量或质量流量的标准值。

将标准值与安装在系统中的被校仪表指示值对照，就能达到校验和分度被校流量计的目的。图 4-18 所示为流量计校验装置系统图。

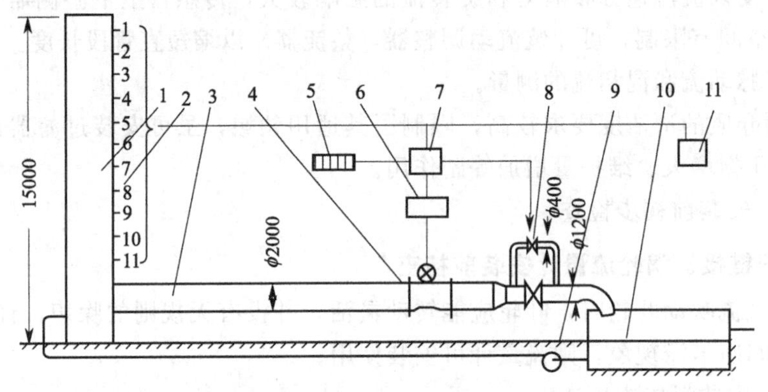

图 4-18 流量计校验装置系统图

1—高位槽；2—触点；3—主管道；4—被校仪表；5—计数器；6—转换器；7—控制器；8—控制阀；9—泵；10—下位水池；11—计时器

三、拓展训练

比较涡轮流量计和差压式流量计校验方法的不同。

【知识延伸】流量测量系统校验

为了获得流量仪表的流量量值及其测量精确度，必须对每台流量仪表作流量校验或标定。流量仪表的校验一般有直接测量法和间接测量法两种方式。直接测量法也称为实流校验法，是以实际流体流过被校验仪表，再用别的标准装置（标准流量计或流量标准装置）测出流过被校仪表的实际流量，与被校仪表的流量值作比较，或将待标定的仪表进行分度。这种校验方法也有人称为湿法标定（wet calibration）。实流校验法获得的流量值既可靠又准确，是目前许多流量仪表（如电磁流量计、容积式流量计、涡轮流量计、涡街流量计、浮子流量计及科里奥利质量流量计等）校验时所采用的方法，也是目前建立标准流量的方法。一般包括零点校验和零点以外的示值校验，通常先进行零点校验，在零点正常后，再进行其他点的示值校验。

间接测量法是以测量流量仪表传感器的结构尺寸或其他与计算流量有关的量，并按规定方法使用，间接地校验其流量值，获得相应的精确度。这种方法相对于湿法标定也被称为干法标定（dry calibration）。间接法校验获得的流量值没有直接法准确，但它避免了必须要使用流量标准装置，特别是对大型流量装置带来的困难，所以，已经有一些流量仪表采用了间接校验法。如差压式流量计中已经标准化了的孔板、喷嘴、文丘里管等都积累了丰富的试验数据，并有相应的标准，所以通过标准节流装置的流量值就可以采用检验节流件的几何尺寸与校验配套的差压计（差压变送器）来间接地进行。

任务五　超声波流量计的应用

【学习目标】了解超声波流量计的结构组成。

【能力目标】能使用超声波流量计检测流量。

一、知识准备

1. 超声波流量计与差压式流量计比较

差压式流量计已经发展得相当成熟，并占据着流量计市场的很大份额。但其缺点也是显而易见的。

① 植入流体中的检测元件会破坏原流场而影响测量精度，还造成压力损失。

② 由于被测介质处于流动状态，且介质的理化性能（如腐蚀性、多相流、高黏度等）繁杂多样，使检测元件受到流体的冲击、摩擦和磨蚀而使仪表的寿命降低。

③ 流体中的浮游物等杂质的黏着和沉淀，会使流量计的性能发生变化，示值失真，并有可能引起管路堵塞，产生故障。

④ 这类流量计在使用时必须拆开原来的管路接入到系统中，安装与拆卸时不可避免地会引起介质的泄漏（既浪费能源，又污染环境）和被污染，多次拆装还会造成管接头的损伤，降低管路系统连结的可靠性。

⑤ 这些流量计的测量精度及运行寿命受安装状况、流体特性、上游流动情况以及清洁程度等的直接影响，因此安装工艺较为复杂，所需附件较多，如过滤器、集气器、整流器（直管段）等。

⑥ 流量计的位置固定，只能实现定点测量。

在非接触式流量计中，管外夹装式超声波流量计是比较成熟的一种，已经推向市场。它

历史回顾

1928年德国人研制成功第一台超声波流量计，并取得了专利。

1955年首先应用于马克森（MAXSON）流量计测量航空燃烧油，这是一种基于声循环法的两组探头（换能器）组成的液体流量计。

1958年A. L. H-ERDRICH等人发明折射式探头，由于他们的研究可进一步消除由于管壁的交混回响所产生的相位失真，也为管外夹装提供了理论依据。

进入20世纪70年代以后，由于集成电路和锁相环路技术的发展，使超声波流量计得以克服以前的精确度不高，响应慢，稳定性与可靠性差等致命弱点，使实用的超声波流量计得以发展。

将检测元件置于管壁外而不与被测流体直接接触，不破坏流体的流场，没有压力损失；仪表的安装、检修均不影响管路系统及设备的正常运行，测量精度几乎不受被测流体的温度、压力、黏度、密度等参数的影响。只要能传播超声波的流体皆可用此法来测流速和流量，尤其适于测量腐蚀性液体、高黏度液体、非导电性液体或气体的流量。采用多声道方式时，可以缩短要求的直管段长度而仍能保证较高的测量精度。特别是超声波法可以从厚的金属管道外侧测量管内流动流体的流速，无需对原有管子进行任何加工。所有这些优点都是接触式流量计所不具备的，因而非接触式管道流量测量技术是一种很有发展前途的管道流量测量方法。在电厂中，用便携式超声波流量计测量水轮机进水量、汽轮机循环水量等大管径流量，比过去的皮托管流速计方便得多。管径的适用范围从 2cm 到 5m，从几米宽的明渠、暗渠到 500m 宽的河流都可适用。

超声波流量计的缺点是当液体中含有气泡或有噪声时，会影响声波传播，超声波流量计实际测定的是流体速度，它将受速度分布的影响，虽可以校正，但不十分准确，故要求变送器前后分别有 $10D$ 和 $5D$ 的直管段长度；该流量计结构比较复杂，成本较高。

超声波流量计目前所存在的缺点主要是可测流体的温度范围受超声波换能器及换能器与管道之间的耦合材料耐温程度的限制，以及高温下被测流体传声速度的原始数据不全。目前我国只能将其用于测量 200℃以下的流体。另外，超声波流量计的测量线路比一般流量计复杂。这是因为，一般工业计量中液体的流速常常是每秒几米，而声波在液体中的传播速度约为 1500m/s，被测流体流速（流量）变化带给声速的变化量最大也是 10^{-3} 数量级。若要求测量流速的准确度为 1%，则对声速的测量准确度需为 $10^{-6}\sim10^{-5}$ 数量级，因此必须有完善的测量线路才能实现，这也正是超声波流量计只有在集成电路技术迅速发展的前提下才能得到实际应用的原因。

2. 超声波流量计的原理

超声波技术应用于流量测量主要是依据超声波入射到流体后，在流体中传播的超声波就载有流体流速的信息，利用接收到的超声波信号就可以测量流体的流速和流量。产生超声波的方法很多，在工业自动化仪表中多采用磁致伸缩和压电式两种超声波换能器来产生超声波，超声波流量测量领域则常用压电式换能器，它是利用某些晶体的压电效应及其可逆性能。

利用压电材料制成相应的换能器来产生（发射）和接收超声波，这就是通常所说的探头。管外夹装式探头通常采用钢绳或磁性基座固定，并用黏结剂胶合在管子外壁上。采用适当的发射电路，把电能加到发射换能器的压电元件上，使其产生超声波。超声波以某一角度射入流体并在其中传播，然后由接收换能器接收，并经压电元件变为电能，以便检测。发射换能器利用压电元件的逆压电效应，而接收换能器则是利用其正压电效应。

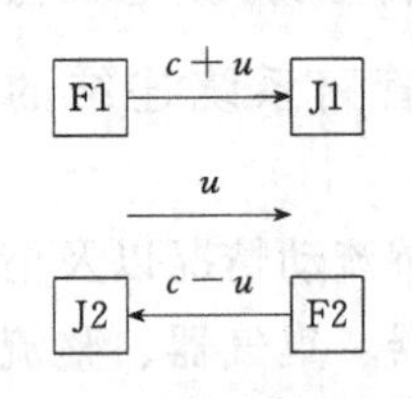

图 4-19　超声波在顺、逆流中的传播情况

例如超声波在顺流和逆流中的传播情况，如图 4-19 所示。图中 F 为发射换能器，J 为接收换能器，u 为介质流速，c 为介质静止时声速。顺流中超声波的传播速度为 $c+u$，逆流中超声波的传播速度为 $c-u$，顺流和逆流之间速度差与介质流速有关。测得这一差值即可求得流速，进而通过计算得到流量值。

超声波流量计一般由超声波换能器、电子线路（包括发射、接收、信号处理和显示电路）及流量显示和累积系统三部分组成。发射换能器将电能转换为超声波能量，并将其发射到被测流体中，接收换能器将接收到的超声波信号经电子线路放大并转换为代表流量的电信号，供显示和积算仪表进行显示和积算，测得的瞬时流量和累积流量值可用数字量或模拟量的形式表示。这样就实现了流量的检测和显示。

3. 超声波流量计换能器

超声波流量计换能器的压电元件常做成圆形薄片，沿厚度振动。薄片直径超过厚度的10倍，以保证振动的方向性。压电元件材料多采用锆钛酸铅。为固定压电元件，使超声波以合适的角度射入到流体中，需把元件放入声楔中，构成换能器整体。声楔的材料不仅要求强度高、耐老化，而且要求超声波经声楔后能量损失小，即透射系数接近1。常用的声楔材料是有机玻璃，因为它透明，可以观察到声楔中压电元件的组装情况。另外，某些橡胶、塑料及胶木也可作声楔材料。

二、工作任务

1. 任务描述

安装调试超声波流量计（图4-20）。

2. 任务实施

器具：超声波流量计1套（含二次仪表），导线若干。

步骤1：安装超声波流量计。

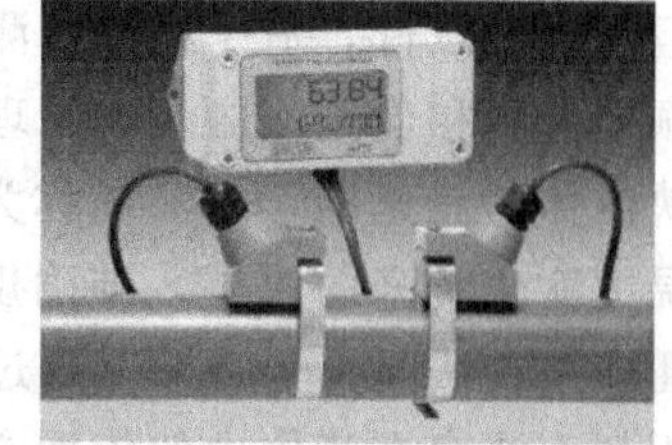

图4-20　超声波流量计

【知识链接】超声波流量计安装方式

通常采用三种安装方式：W型，V型，Z型。根据不同的管径和流体特性来选择安装方式，通常W型适用于小管径（25～75mm），V型适用于中管径（25～250mm），Z型适用于大管径（250mm以上）。

为了保证仪表的测量准确度，应选择满足一定条件的场所定位。通常选择上游$10D$、下游$5D$以上直管段；上游$30D$内不能装泵、阀等扰动设备。

以Z型安装为例说明超声波流量计探头的安装方法。具体采用“坐标法安装”，即先将管道外表面处理干净，涂上专用耦合剂，首先固定其中一个探头的位置，用纸带绕管道一周，量出周长作好对折标记，在周长1/2处确定另一探头轨道的位置，同样该轨道应与管道轴心平行，再根据仪表显示的安装距离，确定两探头在轨道上的相对距离，保证超声波有足够的信号强度，通常使得面板上显示的信号强度大于2%，待读数显示稳定，说明安装调试结束，仪表可正常工作。

步骤2：调试超声波流量计。

(1) 零流量的检查

当管道液体静止，而且周围无强磁场干扰、无强烈振动的情况下，表头显示为零，此时自动设置零点，消除零点漂移，运行时需做小信号切除，通常流量小于满程流量的5%，自动切除。

(2) 仪表面板键盘操作

启动仪表运行前，首先要对参数进行有效设置。例如，使用单位制、安装方式、管道直径、管道壁厚、管道材料、管道粗糙度、流体类型、两探头间距、流速单位、最小速度、最大速度等。只有所有参数输入正确，仪表方可正确显示实际流量值。

(3) 流量计的定期校验

为了保证流量计的准确度，进行定期的校验，通常采用更高精度的便携式流量计进行直接对比，利用所测数据进行计算：误差=(测量值-标准值)/标准值。利用计算的相对误差，修正系数，使得测量误差满足±2%的误差，即可满足计量要求。该操作简单方便，可有效提高计量的准确度。

三、拓展训练

超声波流量计种类很多，阅读下面的文字，了解超声波流量测量方法。

【知识延伸】超声波流量测量方法

根据信号检测的原理，目前超声波流量计大致可分传播速度差法（包括直接时差法、时差法、相位差法、频差法）、波束偏移法、多普勒法、相关法、空间滤波法及噪声法等类型，如图 4-21 所示。其中，以噪声法原理及结构最简单，便于测量和携带，价格便宜但准确度较低，适于在流量测量准确度要求不高的场合使用。由于直接时差法、时差法、频差法和相位差法的基本原理都是通过测量超声波脉冲顺流和逆流传播时速度之差来反映流体的流速的，故又统称为传播速度差法。其中，频差法和时差法克服了声速随流体温度变化带来的误差，准确度较高，所以被广泛采用。按照换能器的配置方法不同，传播速度差法又分为 Z 法（透过法）、V 法（反射法）、X 法（交叉法）等。波束偏移法是利用超声波束在流体中的传播方向随流体流速变化而产生偏移来反映流体流速的，低流速时，灵敏度很低适用性不大。多普勒法是利用声学多普勒原理，通过测量不均匀流体中散射体散射的超声波多普勒频移来确定流体流量的，适用于含悬浮颗粒、气泡等流体流量测量。相关法是利用相关技术测量流量，原理上，此法的测量准确度与流体中的声速无关，因而与流体温度、浓度等无关，因而测量准确度高，适用范围广。但相关器价格贵，线路比较复杂。在微处理机普及应用后，这个缺点可以克服。噪声法（听音法）是利用管道内流体流动时产生的噪声与流体的流速有关的原理，通过检测噪声表示流速或流量值。

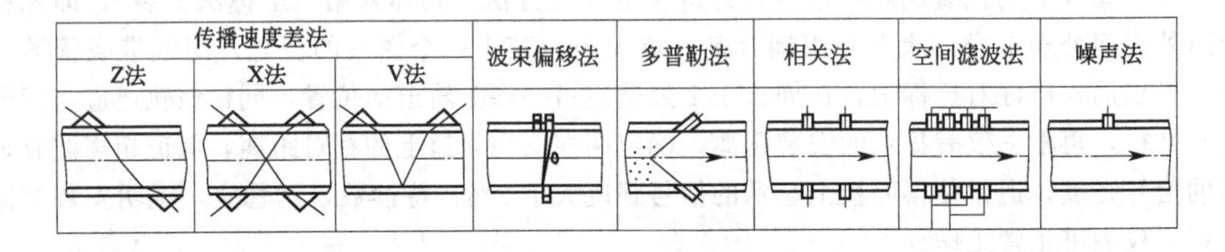

图 4-21 典型的超声波流量测量方式

以上几种方法各有特点，应根据被测流体性质、流速分布情况、管路安装地点以及对测量准确度的要求等因素进行选择。一般说来，由于工业生产中工质的温度常不能保持恒定，故多采用频差法及时差法。只有在管径很大时才采用直接时差法。对换能器安装方法的选择原则一般是：当流体沿管轴平行流动时，选用 Z 法；当流动方向与管轴不平行或管路安装地点使换能器安装间隔受到限制时，采用 V 法或 X 法。当流场分布不均匀而表前直管段又较短时，也可采用多声道（例如双声道或四声道）来克服流速扰动带来的流量测量误差。多普勒法适于测量两相流，可避免常规仪表由于悬浮粒或气泡造成的堵塞、磨损、附着而不能运行的弊病，因而得以迅速发展。随着工业的发展及节能工作的开展，煤油混合、煤水混合燃料的输送和应用以及燃料油加水助燃等节能方法的发展，都为多普勒超声波流量计应用开辟广阔前景。

任务六　电磁流量计的应用

一、知识准备

电磁流量计已有50多年的应用历史，在全球范围内已得到广泛应用，领域涉及水/污水、化工、医药、造纸、食品等各个行业。大口径仪表较多应用于给排水工程。中小口径常用于固液双相等难测流体或高要求场所。小口径、微小口径常用于医药工业、食品工业、生物工程等有卫生要求的场所。

电磁流量计功能强大，操作简单，具体的特点如下。

① 测量管道内无阻碍流动部件，无压损，直管段要求低。

② 测量不受流体密度、黏度、压力、温度、电导率变化的影响。

③ 衬里有硬橡胶、聚氨酯、PTFE、PFA等多种材料供选择。

④ 变送器的直流供电/交流供电，四线制/两线制，防爆/非防爆，经济型/标准型等细分规格满足不同需求。

⑤ 测量可靠性高，重复性好，长期免维护。量程比高达1000：1。

二、工作任务

1. 任务描述

① 电磁流量计测量原理探究。

② 安装使用电磁流量计检测。

2. 任务实施

器具：电磁流量计1套（含二次仪表），导线若干。

步骤1：电磁流量计测量原理探究。

【知识链接】电磁流量计的工作原理

电磁流量计的工作原理是基于法拉第电磁感应定律。当导电金属杆以一定速度做垂直于磁力线方向的运动，在导体的两端即产生感生电势e，其方向由弗来明右手定则确定，其大小与磁场的磁感应强度B，导体在磁场内的长度L及导体的运动速度v成正比，如果B、L、v三者互相垂直，则$e=Blv$。

与此相仿，如图4-22所示，在磁感应强度为B的均匀磁场中，垂直于磁场方向放一个内径为D的不导磁管道，当导电液体在管道中以流速v流动时，导电流体就切割磁力线。如果在管道截面上垂直于磁场的直径两端安装一对电极，则可以证明，只要管道内流速分布为轴对称分布，两电极之间也将产生感生电动势

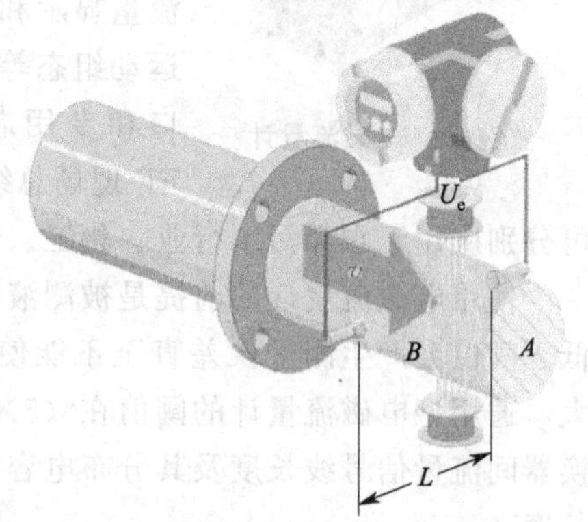

图4-22　电磁流量计原理图

$$U_e=BDv$$

式中　v——管道截面上的平均流速，由此可得管道的体积流量。

需要说明的是，要使式$U_e=BDv$严格成立，必须使测量条件满足下列假定。

① 磁场是均匀分布的恒定磁场。

② 被测流体的流速轴对称分布。

③ 被测液体是非磁性的。

④ 被测液体的电导率均匀且各向同性。

设液体的体积流量为 q_v，则

$$E=Kq_v \tag{4-12}$$

式中 K——仪表常数，$K=4B/\pi D$。

体积流量 q_v 与感应电动势 U_e 和测量管内径 D 成线性关系，与磁场的磁感应强度 B 成反比，与其他物理参数无关．这就是电磁流量计的测量原理。在电磁流量计中，测量管内的导电介质相当于法拉第试验中的导电金属杆，上下两端的两个电磁线圈产生恒定磁场。当有导电介质流过时，则会产生感应电压，管道内部的两个电极测量产生的感应电压。测量管道通过不导电的内衬（橡胶、聚四氟乙烯等）实现与流体和测量电极的电磁隔离。

步骤 2：认识电磁流量计结构组成。

【知识链接】电磁流量计的结构

电磁流量计由流量传感器和变送器两大部分组成（图 4-23)。传感器测量管上下装有励磁线圈，通励磁电流后产生磁场穿过测量管，一对电极装在测量管内壁与液体相接触，引出感应电势，送到变送器。励磁电流则由变送器提供。按转换器与传感器组装方式分类，有分离型和一体型两种。在污水处理工艺中，大口径流量计多为分体式，一部分安装在地下，另一部分在地上。小口径以一体式为多。

图 4-23 电磁流量计

电磁流量计的功能差别也很大，简单的就只是测量单向流量，只输出模拟信号带动后位仪表；多功能仪表的功能有测双向流、量程切换、上下限流量报警、空管和电源切断报警、小信号切除、流量显示和总量计算、自动核对和故障自诊断、与上位机通信和运动组态等。有些型号仪表的串行数字通信功能可选多种通信接口和专用芯片，以连接 HART 协议系统、Profibus、Modbus、FF 现场总线等。电磁流量计的口径范围比其他品种流量仪表宽，可分别应用于水和污水行业、化工、食品行业、制药行业，口径范围从 2mm 到 2m。

使用电磁流量计的前提是被测液体必须是导电的，不能低于阈值（即下限值）。电导率低于阈值会产生测量误差直至不能使用，超过阈值即使变化也可以测量，示值误差变化不大，通用型电磁流量计的阈值在 $(5\times10^{-6})\sim10^{-4}$S/cm 之间。使用时还取决于传感器和转换器间流量信号线长度及其分布电容，制造厂使用说明书中通常规定电导率相对应的信号线长度。

步骤 3：电磁流量计安装接线，检测流量。

【知识链接】电磁流量计安装要求

要保证电磁流量计的测量精度，正确的安装是很重要的。

① 变送器应安装在室内干燥通风处，避免安装在环境温度过高的地方，不应受强烈

振动，尽量避开具有强烈磁场的设备；避免安装在有腐蚀性气体的场合；安装地点便于检修。

② 为了保证变送器测量管内充满被测介质，变送器最好垂直安装，流向自下而上。尤其是对于液固两相流，必须垂直安装。若现场只允许水平安装，则必须保证两电极在同一水平面。

③ 变送器两端应装阀门和旁路。

④ 变送器外壳与金属管两端应有良好的接地，转换器外壳也应接地。

⑤ 为了避免干扰信号，变送器和转换器之间的信号必须用屏蔽导线传输，不允许把信号电缆和电源线平行放在同一电缆钢管内。信号电缆长度一般不得超过30m。

⑥ 尽量满足前后直管段分别不小于5D和2D。

三、拓展训练

除上述的差压式、超声波式、涡轮式、电磁式等，工业中应用的流量计还有很多种。阅读下面的文字，了解涡街流量计。

【知识链接】涡街流量计

涡街流量计（图4-24）是基于卡门涡街原理而研制成功的一种具有国际领先水平的新型流量计，自20世纪70年代以来得到了迅速发展。涡街流量计是在流体中安放一根非流线型漩涡发生体，流体在发生体两侧交替地分离释放出两串规则地交错排列的漩涡的仪表。

在流体中设置漩涡发生体（阻流体），从漩涡发生体两侧交替地产生有规则的漩涡，这种漩涡称为卡门涡街。漩涡列在漩涡发生体下游非对称地排列。设漩涡的发生频率为f，被测介质来流的平均速度为u，漩涡发生体迎面宽度为d，表体通径为D，根据卡门涡街原理，有如下关系式

$$f=Sru/d \tag{4-13}$$

式中 u——漩涡发生体两侧平均流速，m/s；

Sr——斯特劳哈尔数。

斯特劳哈尔数为无量纲参数，它与漩涡发生体形状及雷诺数有关，在$Re_D=2\times10^4\sim7\times10^6$范围内，$Sr$可视为常数，这是仪表正常工作范围。

流体漩涡对漩涡检测器（如三角柱）产生交替变化的压力，由压电信号传感器检测成电信号经前置放大器进行放大，变成标准电信号输出。

涡街流量计按频率检出方式可分为：应力式、应变式、电容式、热敏式、振动体式、光电式及超声式等。

涡街流量计是属于最年轻的一类流量

历史回顾

1912年德国科学家冯·卡曼（Von·Karman）从数学上证明阻流体下游漩涡列的稳定条件，这种稳定的漩涡列被称为卡门涡街。有趣的是，早期研究涡街现象主要目的是为了防灾，以寻找减小或避免涡街形成和它的破坏作用的方法。

应用卡门涡街原理测量流速的设想，最先见于1935年美国专利。1954年罗什科（Roshko）提出用涡街原理测量风速的可能性。1960年在日本志波号船上进行了船速测量试验。

20世纪60年代末，日本横河电机株式会社研制成功用圆柱形漩涡发生体和热丝作检测元件的热敏式涡街流量计VSF；同时，美国伊斯特克公司研制成功用三角柱作漩涡发生体，用热敏电阻作检测元件的热敏式VSF。这两种流量计成为VSF的先导。

进入20世纪70年代，世界各著名仪表公司纷纷介入开发，相继推出超声式、电容式、应变式、振动体式等多种VSF。

计，但其发展迅速，目前已成为通用的一类流量计。

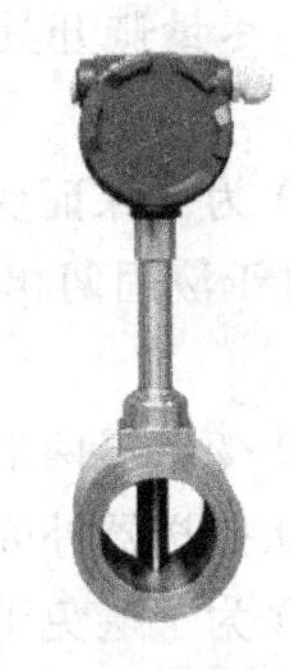
图 4-24 涡街流量计

优点：

① 结构简单牢固；

② 适用流体种类多；

③ 精度较高；

④ 范围度宽；

⑤ 压损小。

缺点：

① 不适用于低雷诺数测量；

② 需较长直管段；

③ 仪表系数较低（与涡轮流量计相比）；

④ 仪表在脉动流、多相流中尚缺乏应用经验。

项目五

物位测量仪表的应用

任务一 了解物位测量仪表的类型

【学习目标】 了解物位含义。

知道常用物位测量方法及物位计种类。

【能力目标】 能根据检测需要选择适合的物位计。

一、知识准备

1. 基本概念

在工业生产过程中，常遇到大量的液体物料和固体物料，它们占有一定的体积，堆成一定的高度。把生产过程中罐、塔、槽等容器中存放的液体表面位置称为液位；把料斗、堆场仓库等储存的固体块、颗粒、粉粒等的堆积高度和表面位置称为料位；两种互不相溶的物质的界面位置称为界位，液位、料位以及界面总称为物位。

物位测量是利用物位传感器将非电量的物位参数转换成可测量的电信号，通过对电信号的计算和处理，可以确定物位的高低。通过物位测量确定容器里原料、半成品、成品的数量，以保证生产过程各环节物料平衡或进行经济核算。

2. 物位测量的主要方法

在工业生产中，被测介质的特性不同，物位测量的方法有很多，以适应各种不同的测量要求，常用的物位测量方法见表 5-1。

表 5-1 常用的物位测量方法

类型	测量方法	特点
直读式	利用连通器的原理测量。如玻璃管、云母液位计	直观，就地直接读数，不可远传
浮力式	根据浮在液面上的浮球或浮标随液位的高低而产生上下位移，或浸于液体中的浮筒随液位变化而引起浮力的变化的原理来测量。如浮球式液位计	直观，就地直接读数，可配合调节装置使用
静压式	基于流体静力学中一定液柱高度的液体产生一定压力的原理。如差压式液位计	可连续测量，信号也用于调节系统

续表

类型	测量方法	特点
电接点式	将液位信号转变为电极通断信号	测导电液体，间断测量，断续信号
电容式	直接将液位转换为电容的变化	连续测量
超声波式	利用超声波在介质中传播的回声测距原理进行测量	非接触式测量、可连续测量
微波式	利用回声测距的原理，如导波雷达液位计	非接触式测量、可连续测量
相位跟踪式	相位跟踪法是通过测量发送射频波与从物料表面反射回波之间的相位角来测量物位的	连续测量料位、环境适应性强
核辐射式	利用核辐射线穿透物体的能力以及物质对放射性射线的吸收特性进行测量	非接触式测量、可连续测量，但使用时须注意保护
重锤式	利用测量重锤从容器顶部到料面的距离来测量料位	机械式；适用于灰尘、蒸汽、温度等影响的恶劣场合

二、工作任务

1. 任务描述

阅读表5-1，选择合适的物位检测仪表。

2. 任务实施

填写表5-2。

表5-2 物位测量仪表认识及选择表

序号	检测要求	选择仪表类型及理由(可以不止一种)
1	测量高温的酸、碱溶液	
2	测量粉状料位，如煤粉、饲料等	
3	测量重油油罐液位	
4	测量液位并具有声光高低警戒报警或4～20mADC信号输出的功能	
5	测高温高压容器水位，检测信号需送远方显示	

三、拓展训练

① 说说你见过的物位计种类及应用场合。

② 查阅资料，了解新型的物位测量仪表。

【知识延伸】选择测量特殊物位的方法

应用于物位连续测量的物理原理多种多样。人们往往希望能够用单一技术解决所有的物位测量问题，然而这种放之四海而皆准的技术并非那么容易找到，因为每种技术都有自己的优点和缺陷。在物位测量时，如果希望得到完美的解决方案，那么在选择仪表时，应充分考虑现场的工况，例如要测量的介质的性质，在工业运行过程中的过程条件，还有现场的温度和压力对测量的影响。

(1) 测量分界面

选择何种原理测量分界面完全取决于现场的实际工况，如图5-1所示从左至右：界面明显，应选用导波雷达测量［图 5-1(a)］；有乳化层的分界面，应选用电容式物位仪测量［图 5-1(b)］；多种混合物界面，应选用放射线仪表［图 5-1(c)］。

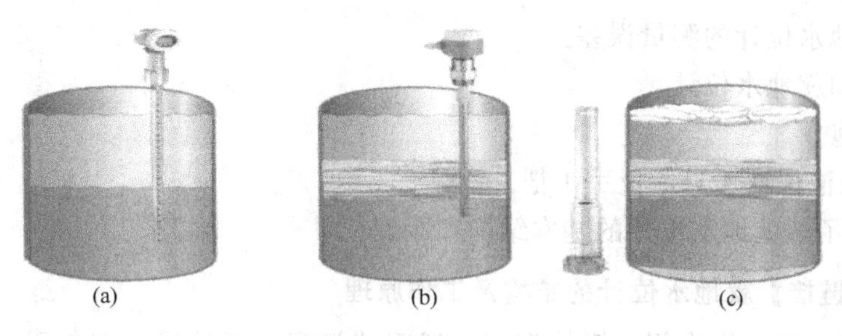

图 5-1　测量分界面

（2）测量粉位

如果测量固体料位，当进料时，固体表面往往会形成一个安息角，而如果出料时，表面会形成一个下凹的漏斗，使用非接触式的雷达波或超声波测量这种场合时，往往会由于固体表面对波的发散而无法测量到正确信号。而此时，导波雷达则表现出优越性，面对这种特殊工况，其测量效果几乎没有任何影响。

轻质的粉末状固体，例如固体二氧化硅粉末、聚苯乙烯或木屑粉末在湿度不高的情况下，密度和介电常数都很低，在这种情况下，雷达仪表和超声波仪表都无法保证可靠测量，此时最好的选择是机械式仪表。机械式仪表也在不断地进行技术改进，例如目前的智能重锤物位计，控制部分已经完全由电子部件替代了机械部件，这其中就包含了代表最新科技的频率转换控制器，利用单相供电，带动三相拖动电动机工作。重锤式仪表工作时，不会像雷达或者超声波那样受到固料“堆角”的影响，这样在设计容器的过程结构时，完全不用考虑这些因素所带来的影响。

在一些极端工况中，例如测量在非常高的固体容器中的水泥或面粉，气动进料时会引起大量的粉尘和黏附，使用超声波时由于信号衰减过大而无法测量，但是有一些功能强大的雷达，即使在这种严苛的条件下仍然能够稳定可靠地测量。

在一些测量坚硬固体，例如碎石的场合，可以使用具有自清洗功能的超声波探头。超声波探头可以通过自身的振动来清洁，这样无需额外的清洁维护。

任务一　就地液位计的应用

【学习目标】 了解就地液位计测量原理及种类。

【能力目标】 会安装使用就地液位计。

能分析误差原因并进行处理。

一、知识准备

就地液位计是一种习惯叫法，是安装在现场、能直观地看到液位的仪表。一般有玻璃管或玻璃板液位计、云母水位计、双色水位计、浮标液位计、不带远传功能的磁翻板液位计等，供巡检时检查或者与远方控制系统比对使用。云母水位计结构简单、显示清晰、指示值可靠，主要用于高压容器水位测量。对于低压或中压容器，连通器采用平板玻璃制造，称为玻璃水位计。双色水位计是在云母水位计基础上改进而成。

二、工作任务

1. 任务描述

① 分析就地水位计的测量误差。

② 安装使用就地水位计。

2. 任务实施

器具：就地液位计1只，扳手1把。

步骤1：了解就地水位计的基本结构和原理。

【知识链接】就地水位计的结构及工作原理

以测量锅炉汽包水位为例。锅炉汽包一般都装设多只就地显示水位表。水位计结构简单，主要由一个连通器和一个标尺组成，在连通器的上方和下方与汽包连接处分别装有阀门，以便接通或断开水位计，如图5-2所示。水位计的上部与汽包的蒸汽空间相通，水位计的下部与汽包的饱和水相通，构成一个连通器。水位计中水面高度与汽包水位相等，因此从水位计的水面高度便可看出汽包的水位值。

$$H\rho' g=H'\rho_1 g+(H-H')\rho'' g \tag{5-1}$$

式中 H'——汽包内实际水位高度；

H——水位计显示的水位高度；

ρ'，ρ''——汽包压力下的饱和水、饱和蒸汽的密度；

ρ_1——水位计中水的密度；

g——重力加速度。

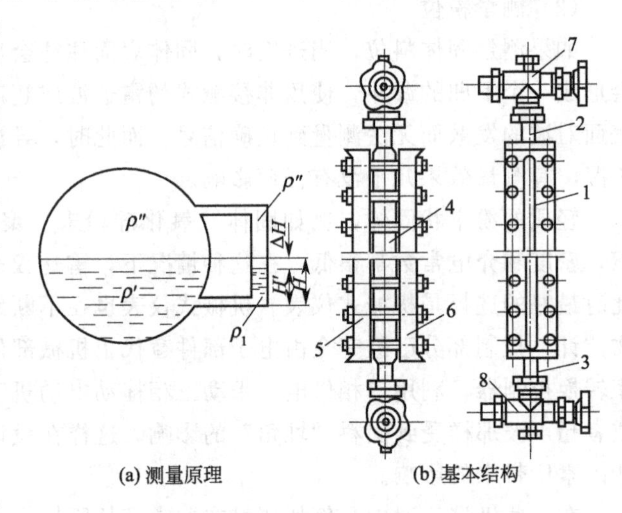

图5-2 云母水位计

1—云母（玻璃）；2，3—上、下金属管；4—水位计体；5，6—前后夹板；7，8—阀门

步骤2：分析就地水位计的测量误差。

【知识链接】就地水位计的误差

由于水位计向周围空间散热，连通器内水柱温度低于汽包内的饱和水温度，水位计内的水密度 ρ_1 大于相同压力下的饱和水密度 ρ'，因此水位计指示的水位值 H，比汽包内实际水位 H'要低。

由式(5-1) 可得出连通器式水位计的测量误差为

$$\Delta H=H'-H=-\frac{\rho_1-\rho'}{\rho'-\rho''}H' \tag{5-2}$$

由式(5-2) 可以看出，水位计散热越多，ρ_1 越大，测量误差 ΔH 也就越大。此外，汽包压力越高，对应的 ρ'减小，ρ''增大，在同样散热条件下测量误差也越大。这种现象在高水位时显得更明显，即水位越高，水位计指示值越偏离实际水位。一般高压锅炉在高水位运行时，该误差值可达100～150mm，正常水位（即零水位）时，一般可达50mm左右。中压锅炉在正常水位时，一般误差为30mm左右。

为了减小和消除就地水位计的误差，应尽量减少水位计向四周的散热量。一般采用在水位计水侧至连通器处加保温的方法，以减少水柱温度与汽包饱和水温度之差。

玻璃管式或云母式水位计结构简单且读数直观可靠，但因水为无色液体，在夜晚或昏暗的环境下不宜观察，故目前多使用彩色水位计。

◎步骤 3：了解双色水位计的结构。

【知识链接】双色水位计的结构

双色水位计（图 5-3）是在老式就地水位计的基础上，利用光学系统改进其显示方式的一种连通器式水位计。利用光在不同介质中呈现不同的折射率和反射特性，并借助于滤色片，双色水位计将气水两相无色显示变成红绿两色显示，提高了显示清晰度，气液分界面极为清晰。这种水位计可在就地目视监视水位，还可采用彩色工业电视系统远传至控制室进行水位监视。

图 5-3 双色水位计

测量室截面成梯形，内部介质为水柱和蒸汽柱［图 5-4(b)、(c)］，连通器内水和蒸汽形成两段棱镜。普通光经红、绿滤光玻璃，使红光、绿光透过，再经过测量室，被液体或气体折射。在光路上设置窗口予以显现，可测知光路上是液体或气体，蒸汽柱显红色，水柱显绿色，如图 5-4 所示。

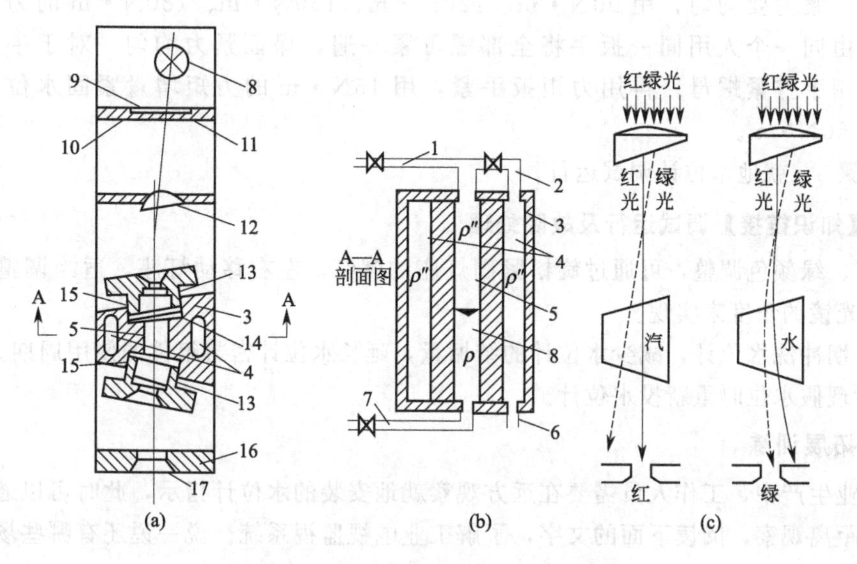

图 5-4 双色水位计原理结构示意图

(a) 基本结构；(b) 测量室；(c) 光路系统

1—汽侧连通管；2—加热用蒸汽进口管；3—水位计钢座；4—加热室；5—测量室；6—加热用蒸汽出口管；7—水侧连通管；8—光源；9—毛玻璃；10—红色滤光玻璃；11—绿色滤光玻璃；12—组合透镜；13—光学玻璃板；14—垫片；15—云母片；16—保护罩；17—观察窗

◎步骤 4：安装就地水位计。

【知识链接】锅炉汽包就地水位计安装注意事项

① 每个水位测量装置都应具有独立的取样孔。不得在同一取样孔上并联多个水位测量装置，以避免相互影响，降低水位测量的可靠性。

② 安装双色水位计，通过汽、水阀门分别与汽包汽侧、水侧相连接，形成连通体。水

位计与汽包的连通管，应保证管道的倾斜度不小于100∶1，对于汽侧取样管应使取样孔侧高，对于水侧取样管应使取样孔侧低。

③ 汽水侧取样管、取样阀门和连通管均应良好保温。

④ 由于水位计安装位置的环境温度与汽包内温度相差很大，因此，水位计的显示水位低于汽包实际水位。就地水位表的零水位线应比汽包内的零水位线低，降低的值取决于汽包工作压力。

⑤ 水位测量装置安装时，均应以汽包同一端的几何中心线为基准线，采用水准仪精确确定各水位测量装置的安装位置，不应以锅炉平台等物作为参比标准。

⑥ 安装水位计密封组件前，要测量水位计表体及压盖的变形度，发现变形及时进行修整或更换。当组件一切符合要求后，将水位计组件按顺序放入水位计表体。云母式水位计云母组件的安装顺序为：石墨垫—人造云母—天然云母。玻璃云母式水位计云母组件的安装顺序为：石墨缠绕垫—铜垫—石墨垫—云母片—玻璃—石棉垫片，玻璃外径应缠绕石墨衬垫。安装时应保证水位计组件全部放入水位计表体内方可安装压板、压盖。

⑦ 要求用专用的力矩扳手紧水位计压盖螺栓，力度由轻到重逐渐增加。对于云母双色水位计：用手拧紧螺母，先紧每块压板中间的一个螺母再对角紧其余4个螺母，逐渐加力，紧力要均匀，用90N·m、120N·m、150N·m、180N·m的力分4次拧紧，最后由同一个人用同一扳手将全部螺母紧一遍，保证紧力均匀。对于牛眼双色水位计：先用手拧紧螺母，再用力矩扳手紧，用15N·m的力矩增量紧固水位计压盖螺母，直到50N·m。

步骤5：就地水位计调试运行。

【知识链接】调试运行及故障处理

① 红、绿颜色调整，可通过旋松紧固灯座的螺钉，左右移动灯座，适当调整红、绿玻璃架和反光镜的角度来实现。

② 定期冲洗水位计，减少水位计的结垢量，延长水位计密封组件的使用周期。

③ 出现假水位时重新投水位计。

三、拓展训练

在工业生产中，工作人员需要在远方观察就地安装的水位计指示，此时可以通过工业电视实现远距离观察，阅读下面的文字，了解工业电视监视系统。说一说还有哪些场合用到工业电视监视系统。

【知识延伸】工业电视监视汽包水位

工业电视监视系统由双色水位计、彩色摄像机、彩色监视器等部分组成，如图5-5所示。摄像机将摄取双色水位信号转换成电信号，再通过视频电缆传送到集控室内的彩色监视器上显示，便可看到汽红、水绿的水位信号，从而看出水位的变化。

由一台摄像机、一台监视器组成的监视方式，称为单路单点监视方式。由多台摄像机和一台监视器组成的监视系统，称为多路单点监视方式。采用多路监视方式时，需在系统中增加一个多路转换器。

利用工业电视监视汽包水位，图像清晰、直观、可信度高，大大增强了生产的安全性。

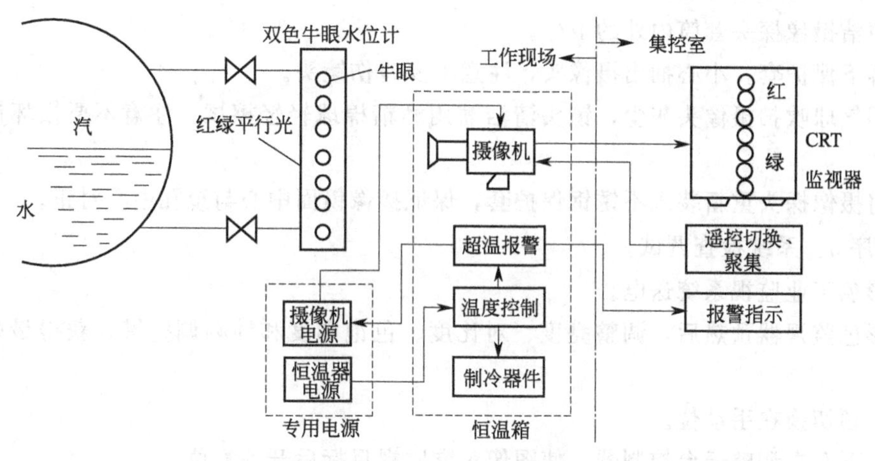

图 5-5 汽包水位电视监视系统

技能训练 工业监视系统维修作业

一、工作准备

计划工时：8 小时。

安全措施：

① 检修必须开工作票，执行工作票上的安全措施。

② 进入现场要戴好安全帽。

③ 关停高温彩色工业监视系统的工作电源，并悬挂“有人工作，禁止合闸”警告牌。

工器具：本项目所需工器具如表 5-3 所列。

表 5-3 工业监视系统维修作业工器具

序号	工具名称	型 号	数量	序号	工具名称	型 号	数量
1	活动扳手	6、12 英寸	各 2 把	5	螺丝刀	一字螺丝刀 4 英寸	1 把
2	内六角		1 套	6	万用表		1 只
3	吹气球		1 只	7	试电笔		1 只
4	螺丝刀	十字螺丝刀 4 英寸	1 把	8	调试电缆(含接口)		1 套

备品备件：棉纱、生料带、塑料布、酒精。

二、工作过程

工序 1：检修场地铺塑料布。

工序 2：监视器检修。

① 清洁高温彩色工业监视系统监视器卫生。

② 检查彩色监视器图像功能是否正常。

工序 3：云台检修；

① 清洁云台卫生，注意转动部件间灰尘的清除。

② 给云台系统送加电，检查云台上下左右转动是否正常、灵活。

🕒工序 4：摄像探头的检修。

① 清洁摄像探头套筒内外的卫生。

② 拆下保护套，小心抽出摄像头，注意不要碰伤镜头。

③ 用气球吹扫摄像头灰尘，镜头清洁需用酒精棉球轻轻擦拭，注意不要损坏镜头光学镀膜。

④ 将摄像探头重新装入不锈钢保护套，保证摄像镜面中心与窥孔中心对正。

🕒工序 5：系统检查调试。

① 彩色工业监视系统送电。

② 彩色监视器预热后，调整亮度、对比度、色饱和度和帧频调整键，获得最好的观察条件。

③ 视频切换在手动位。

④ 上下左右调整云台控制器，使图像对准监视目标后开关复位。

⑤ 调整探头操作盒上的光圈、变倍、聚焦调整键，使得图像清晰、色彩逼真，获得最佳监视效果。

⑥ 探头操作控制打到锁定位置。

⑦ 视频切换到自动位。

⑧ 检查电位器设定时间。

⑨ 检查显示器图像是否按设定时间自动交替切换。

三、维修作业结果记录

填表 5-4。

表 5-4 维修作业结果记录表

<table>
<tr><td colspan="4">一、系统检查调试</td></tr>
<tr><td colspan="2">工作内容</td><td>检查要求</td><td>结果</td></tr>
<tr><td colspan="2">系统调试前检查</td><td>1. 检查监视器电源是否正常
2. 检查摄像头及操作盒电源是否正常
3. 检查云台及云台控制器电源是否正常</td><td></td></tr>
<tr><td colspan="4">备注：</td></tr>
<tr><td colspan="2">二、系统调试</td><td colspan="2">合格打“√”</td></tr>
<tr><td rowspan="6">调整
项目</td><td rowspan="4">监视器</td><td>亮度</td><td rowspan="6"></td></tr>
<tr><td>对比度</td></tr>
<tr><td>饱和度</td></tr>
<tr><td>帧频</td></tr>
<tr><td rowspan="2">摄像头</td><td>聚焦</td></tr>
<tr><td>变倍</td></tr>
<tr><td rowspan="2">调试
结果</td><td></td><td>色彩是否逼真 光圈</td><td></td></tr>
<tr><td colspan="2">图像是否清晰</td><td></td></tr>
<tr><td>工作负责人签字</td><td></td><td>年 月 日</td><td>验证意见</td></tr>
<tr><td>质控人签字</td><td></td><td>年 月 日</td><td></td></tr>
</table>

任务三　差压式液位计的应用

【学习目标】 熟悉差压式水位计的结构组成。

理解差压式水位计误差原因及修正方法。

【能力目标】 会安装和使用差压式水位计。

子任务一　差压式液位计安装使用

一、知识准备

在制药、食品、化工行业液位测量控制过程中，盛装液体的容器经常处于有压的情况下工作，此时常规的静压式液位变送器不能满足测量要求，而应用较多的是差压式液位计。

差压式液位计有气相和液相两个取压口。差压计一端接液相，另一端接气相，将液位高低信号转换成相应差压信号来实现液位测量。

差压液位计测量范围广，仪表精度高，可组成参数补偿型测量系统；易配带多路报警接点，参与程序控制和连锁保护；液位信号连续测量，可通过转换后输入计算机，与现代控制系统 DCS 等联网。

二、工作任务

1. 任务描述

① 认识差压式水位计的结构组成。

② 安装使用差压式水位计。

2. 任务实施

器具：平衡容器、差压变送器、压力导管、扳手 1 把、导线若干。

步骤 1：认识差压式水位计的结构组成。

【知识链接】水位-差压信号转换

差压式水位计是由水位-差压转换容器（又称平衡容器）、差压信号导管及差压计三部分组成，如图 5-6 所示。水位信号首先由水位-差压转换容器转换成差压信号，差压计测出差压值的大小，并指示水位的高低。如果将差压计改为差压变送器，可将水位信号转换成电流信号，远传至控制室进行连续水位指示、记录以及为调节系统提供水位信号。

差压式水位计测量汽包水位的关键在于水位与差压之间的准确转换，这种转换是通过平衡容器来实现的。

步骤 2：探究差压式水位计的检测原理。

图 5-7 所示为一种双室平衡容器，汽包的汽侧连通管与宽容室（也称正压室）相接；汽包的水侧连通管直接与窄容室（也称负压室）相连。正压头从宽容室中引出，负压头从窄容室中引出。宽容室的水位高度为定值，当水位升高时，水经汽侧连通管溢流至汽包，但水位下降时，由蒸汽冷凝来补充，当宽容室中水的密度一定时，正压头为定值。负压头中输出压头的变化代表了水位 H 的变化。因此，由正负两个导压管得到的差压信号为

$$\begin{aligned}\Delta p &= p_+ - p_- \\ &= L(\rho_1 - \rho'')g - H(\rho' - \rho'')g\end{aligned} \tag{5-3}$$

当汽包水位为零水位 H_0（即汽包几何中心线位置）时，输出差压 Δp_0。

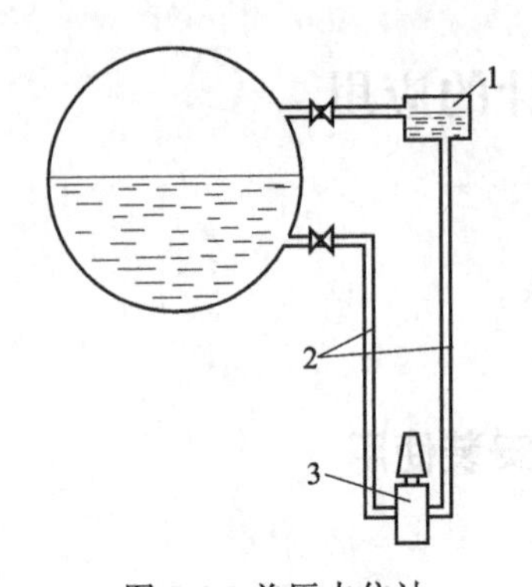

图 5-6　差压水位计

1—平衡容器；2—差压信号导管；3—差压计

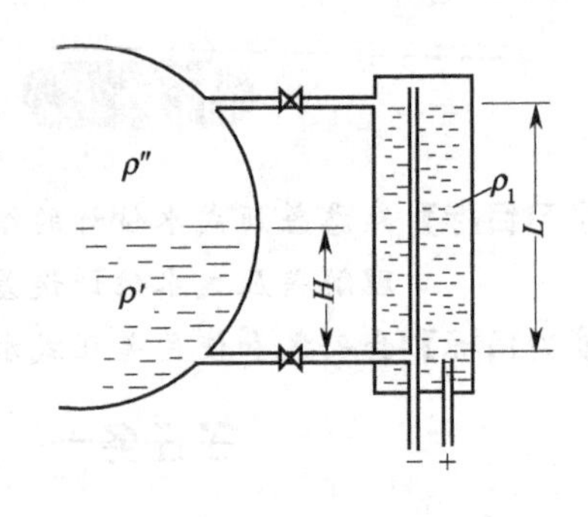

图 5-7　双室平衡容器

通常，监控水位计运行以水位偏差 $\Delta H=H-H_0$ 为变量，此时，得其相应输出差压值

$$\Delta p=\Delta p_0-\Delta H(\rho'-\rho'')g \tag{5-4}$$

由此，无论汽包以任意水位 H 或偏差水位 ΔH 为变量，平衡容器的输出差压 Δp 都是水位 H 或 ΔH 的单值函数，而且具有“线性，负斜率”规律。所谓“线性”是指差压与水位成比例，所谓“负斜率”是指水位升高，差压值越小。

步骤 3：安装平衡容器前准备工作。

① 确定平衡容器安装水位线。

② 确定水位正、负取压点位置。

③ 确定平衡容器安装高度。

步骤 4：安装平衡容器（图 5-8）。

【知识链接】安装注意事项

① 安装时必须保证平衡容器垂直，不得倾斜，垂直度偏差小于 2mm。

② 取样管保证水平，水侧取样管应严格按水平位置敷设。汽取样管可向上倾斜，但不应存在弯曲，以防积水，

③ 在平衡容器前装取源阀门，应横装（阀杆处于水平位置），以避免阀门积聚空气泡而影响测量准确度。

④ 从平衡容器引出的负压管水平段保证末端温度等于常温，水平段长约为 1m。

⑤ 平衡容器及连接管安装后，水侧连通管应加保温。但为使平衡容器内蒸汽凝结加快，汽侧连通管与平衡容器上部应不加保温。

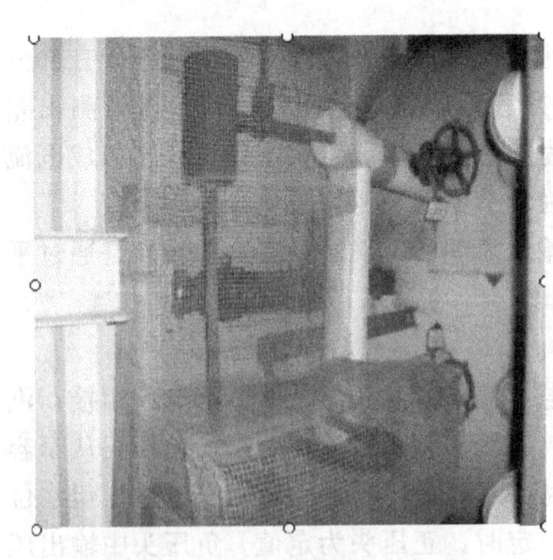

图 5-8　某汽包平衡容器安装图

三、拓展训练

阅读下面的例子，想一想，若正压室中水温下降，平衡容器的输出差压信号是否会变化？若汽包压力下降，平衡容器的输出差压信号是否会变化？有何影响？

[**例 5-1**] 已知图 5-7 中双室平衡容器的汽水连通管之间的跨距 $L=300\text{mm}$，汽包水位为 $H=150\text{mm}$，饱和水密度 $\rho'=680.075\text{kg/m}^3$，饱和蒸汽密度 $\rho''=59.086\text{kg/m}^3$，正压室中水的密度 $\rho_1=962.83\text{kg/m}^3$，试求此时平衡容器的输出差压 Δp 为多少？

[**解**] 根据式(5-3)

$$\begin{aligned}\Delta p &= L(\rho_1-\rho'')g-H(\rho'-\rho'')g\\ &=0.3\times(962.83-59.086)\times9.81-0.15\times(680.075-59.806)\times9.81=1746.9\text{Pa}\end{aligned}$$

[**思考**]

① 若正压室中水温下降，密度 ρ_1 会变化。

② 若汽包压力下降，密度 ρ'和 ρ''会变化；因此即使水位不变，输出差压信号也会变化。

[**结论**] 非被测量引起输出差压信号变化会造成误差，应设法修正。

子任务二　差压式液位计误差修正

一、知识准备

双室平衡容器实际使用中产生误差的因素主要有以下两方面。

1. 平衡容器散热

若平衡容器环境温度越低，则其中冷凝水密度 ρ_1 增大，指示带有负误差。

因平衡容器环境温度的下降形成水位指示负误差程度决定于平衡容器的尺寸 L、环境温度的下降量及平衡容器结构形式（单室还是双室）。平衡容器的尺寸 L 越大，水位指示误差也越大；环境温度下降量越大，水位指示负误差也增加，但负误差增加量还与平衡容器结构形式有关。在双室平衡容器中，因负压管中充满饱和蒸汽，其向冷凝水加热部分抵消了环境温度对冷凝水冷却。在单室平衡容器中却没有这种抵消作用。因此，单室平衡容器比双室平衡容器在环境温度下降时更会产生较大的负误差。

为减小平衡容器环境温度对水位指示的影响，应该平衡容器及汽水连通管加保温（注意宽容室顶面不应保温，以产生足够的冷凝水量）。

2. 汽包工作压力的变化

对于双室平衡容器，如果采用了保温措施，例如，加装蒸汽加热罩，便可认为 $\rho_1=\rho'$，则式(5-3)可以改写为

$$\Delta p=g(L-H)(\rho'-\rho'') \tag{5-5}$$

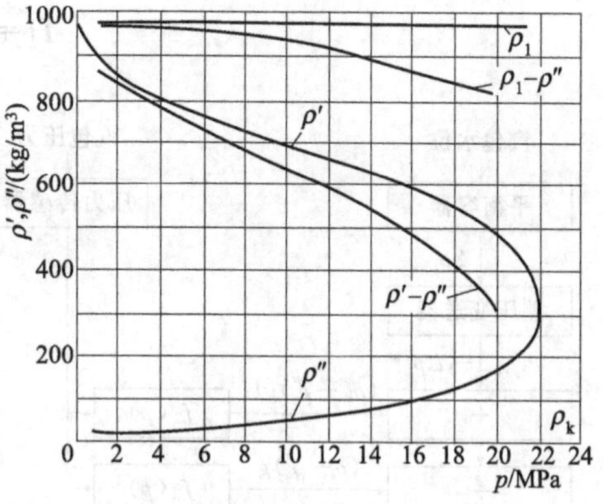

图 5-9　$(\rho_1-\rho')$ 和 $(\rho'-\rho'')$ 与汽包压力的关系曲线

汽包工作压力仅与密度差 $(\rho'-\rho'')$ 有关。图 5-9 所示是汽包工作压力与饱和水密度、饱和蒸汽密度的关系曲线图。若汽包工作压力越低，则密度差 $(\rho'-\rho'')$ 也越大，平衡容器输出差压越大，造成差压计指示水位偏低。由此产生的水位指示误差还与水位 H、平衡容器结构尺寸 L 有关。$L-H$ 越大，指示误差更加偏低，也就是说，低水位比高水位偏低程度更严重。这种误差在中压锅炉可达 40～50mm，在高压锅炉可达 100mm 以上，因此，简单方案的差压式水位计在机组启、停或滑参数运行时不能使用。

二、工作任务

1. 任务描述

① 理解单室、简单双室平衡容器差压式流量计的压力校正方法。

② 自行分析蒸汽罩双室平衡容器的压力校正方法

2. 任务实施

步骤 1：分析单室平衡容器的压力校正方法。

【知识链接】差压式水位测量的压力校正

平衡容器测量汽包水位时，由于汽包压力变化影响而产生附加误差，特别是测量高参数锅炉的汽包水位时影响更为明显。目前，广泛采用电气压力校正方法进行修正，其校正公式与平衡容器的结构有关。单室平衡容器的压力校正见图 5-10。

水位测量系统参照图 5-6。将式(5-3) 改写成汽包水位表达式为

$$H=\frac{L(\rho_1-\rho'')g-\Delta p}{(\rho'-\rho'')g} \tag{5-6}$$

图 5-10 中 $f_1(p)$ 和 $f_2(p)$ 为函数发生器，它们接受汽包压力信号，其输出量为 $(\rho_1'-\rho'')gL$ 和 $(\rho'-\rho'')g$，二者能自动地跟随汽包压力变化而变化，达到校正的目的。然后将差压信号 $(-\Delta p)$ 与反映密度变化的信号 $(\rho_1'-\rho'')gL$ 代数相加，再除以密度变化信号 $(\rho'-\rho'')g$，则测量系统的输出为汽包水位 H。

由于采用单室平衡容器，ρ_1 会随环境温度而变化，为一变量，因此，测量上仍存在一定的误差。

步骤 2：分析蒸汽罩双室平衡容器的压力校正方法。

【知识链接】蒸汽罩双室平衡容器压力校正

由于蒸汽罩的作用，蒸汽罩双室平衡容器内凝结水的密度与汽包饱和水的密度相同，不受环境温度的影响。由式(5-5) 可得到其压力校正方法。

$$H=L-\frac{\Delta p}{(\rho'-\rho'')g} \tag{5-7}$$

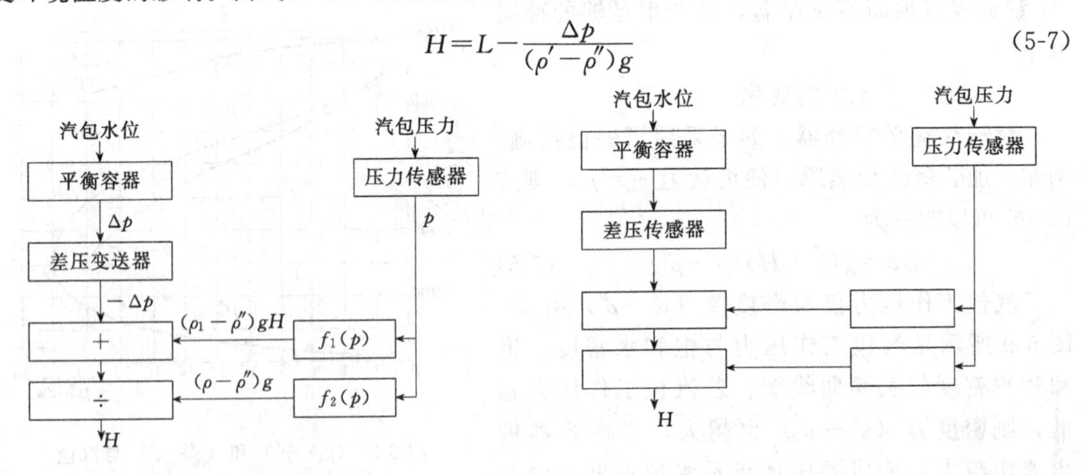

图 5-10 汽包水位测量压力校正系统

图 5-11 蒸汽罩双室平衡容器的压力校正系统

在汽包压力校正系统中，密度与汽压的函数关系在实际应用中可采用多折线函数发生器来实现；在采用微处理器或计算机控制系统的情况下，可采用较复杂的计算式，亦可采用按汽压分段的多段计算式以提高计算精度。此外，还可利用计算机控制系统强大的存储功能，

采用查表的方法实现汽包水位的压力自动校正（补偿）。但由于汽包水位测量涉及的因素较多，压力校正的精度要求适可而止。

步骤 3：仿照图 5-10，完成蒸汽罩双室平衡容器的压力校正框图（图 5-11）。

三、拓展训练

① 阅读下面的文字，了解补偿式平衡容器结构特点。

② 根据几种平衡容器的不同结构特点，分析其适宜的应用场合。

【知识延伸】补偿式平衡容器

目前，测量中小型锅炉汽包水位时，广泛采用蒸汽罩补偿式平衡容器。

对于采用汽压校正补偿的水位测量系统（高压或超高压锅炉），当平衡容器安装现场环境温度较稳定时，以采用单室平衡容器为宜，因为其结构简单、安装方便，同时还可避免在采用双室平衡容器时汽压骤然下降，造成饱和水汽化而丧失正压头的危险。但如果平衡容器安装现场环境温度变化较大时，以采用蒸汽罩式双室平衡容器为宜。对于中、小型锅炉，在汽包水位测量不采用汽压自动校正（补偿）系统条件下，以采用蒸汽罩补偿式平衡容器（带中间抽头的双室平衡容器）为宜。

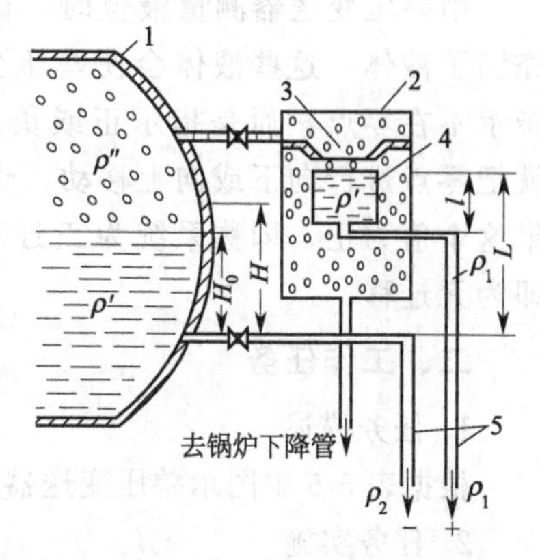

图 5-12　改进后的平衡容器结构

1—汽包；2—热套管；3—漏斗；4—正压室；5—压力导管

补偿型平衡容器结构如图 5-12 所示，它可以保证在正常水位时，水位指示基本不随汽包压力变化。当汽包水位发生变化时，为使正压管中的水位保持恒定，增大了正压容室的截面积，使其直径大于 100mm，同时，在其上面装有一凝结水漏盘，使凝结水不断流入正压室，正压室中多余的水不断溢出，通过蒸汽加热的方法使正压室中的水温等于饱和温度。蒸汽凝结水由泄水管流入下降管，负压管直接从汽包水侧引出。为确保压力引出管的垂直部分水的密度等于环境温度下水的密度，压力引出管的水平距离必须大于 800mm。

在设计平衡容器时，如果能确定恰当的 L 和 l 值，使汽包压力从很小值（例如 0.5MPa）变至额定工作压力时，正常水位下平衡容器输出的差压不变，那么就可消除差压式水位计的零位漂移。但当水位偏离正常值时，输出还将受汽包压力变化的影响。

子任务三　差压式液位变送器的选择使用

一、知识准备

1. 差压式液位变送器的选型原则（图 5-13）

① 对于腐蚀性液体、黏稠性液体、熔融性液体、沉淀性液体等，当采取灌隔离液、吹气或冲液等措施时，可选用差压变送器。

② 对于腐蚀性液体、黏稠性液体、易气化液体、含悬浮物液体等，宜选用平法兰式差压变送器。

③ 对于易结晶液体、高黏度液体、结胶性液体、沉淀性液体等，宜选用插入式法兰差压变送器。

④ 对于被测对象有大量冷凝物或沉淀物析出时，宜选用双法兰式差压液位变送器。

⑤ 测液位的差压液位变送器宜带有正负迁移机构，其迁移量应在选择仪表量程时确定。

⑥ 对于正常工况下液体密度发生明显变化介质，不宜选用差压式液位变送器。

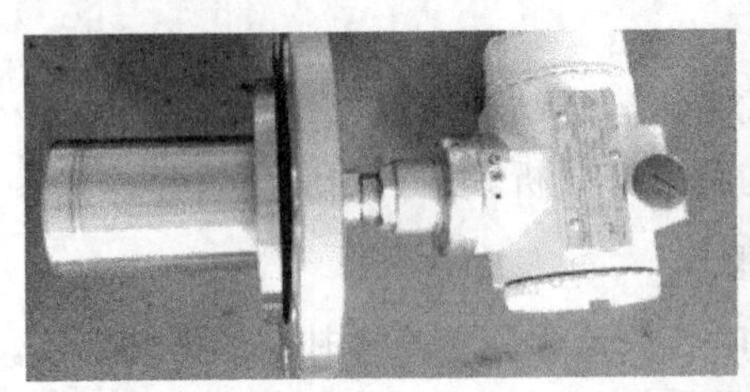
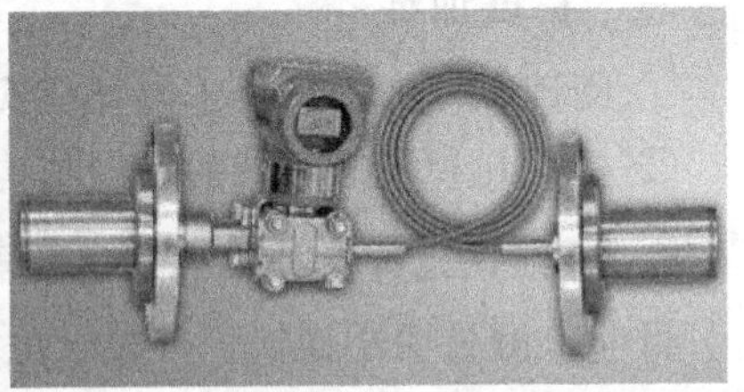

图 5-13 平法兰式、插入法兰式、双法兰式差压液位变送器

2. 差压式液位变送器零点迁移

用差压变送器测量液位时，由于差压变送器安装的位置不同，正压和负压导压管内充满了液体，这些液体会使差压变送器有一个固定的差压。在液位为零时，造成差压计指示不在零点，而是指示正或负的一个指示偏差。为了指示正确，消除这个固定偏差，就把零点进行向下或向上移动，也就是进行"零点迁移"。这个差压值就称为迁移量。如果这个值为正，即称系统为正迁移；如果为负，即系统为负迁移；如果这个值为零时，即为无迁移。

二、工作任务

1. 任务描述

根据表 5-5 中图示差压变送器不同安装位置，确定如何进行迁移。

2. 任务实施

填写表 5-5。

表 5-5 任务实施表

	是否需要迁移？如何迁移？	理 由
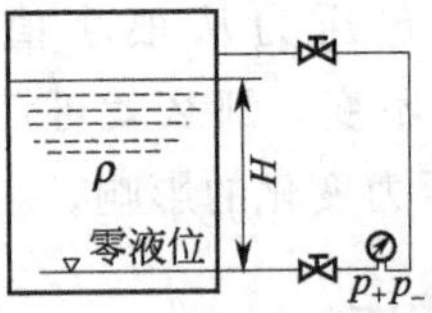 ρ H 零液位 p_+ p_-		
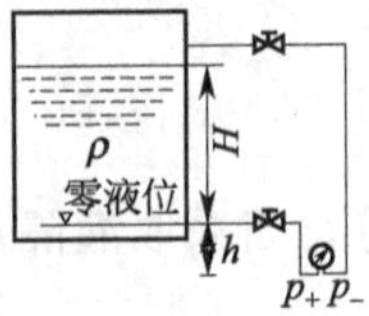 ρ H 零液位 h p_+ p_-		
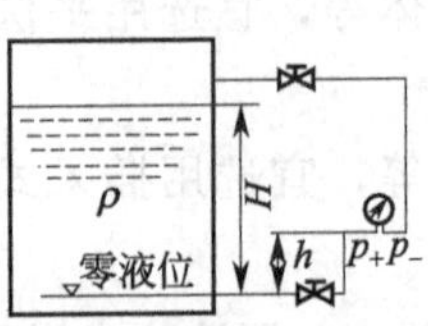 ρ H 零液位 h p_+ p_-		

三、拓展训练

（1）进行零点迁移后，变送器量程上限是否需要调整？

（2）以1151DP型差压变送器为例说明零点迁移如何操作。

【知识延伸】零点迁移调整及改变量程

1151DP型差压变送器，如果零点迁移量小于300%，则可直接调节零点螺钉电位器；如果迁移大于300%，则将迁移插件插至SZ（或EZ）侧。

调整气动定值器，使输入压差信号为测量范围下限值，调整零点螺钉，使输出电流为4mA。

调整气动定值器，使输入压差信号为测量范围上限值，调整量程调节螺钉，使输出电流为20mA。

零点、满量程反复调整，直到合格为止。

任务四 电接点液位计的使用

【学习目标】 了解电接点液位计结构组成。

能对电接点液位计误差进行分析。

【能力目标】 会安装和使用电接点液位计。

一、知识准备

1. 特点

电接点液位计是一种电气式液位测量仪表，它将水位直接转换成不连续的相应数目的电接点信号。这种水位计组成的测量系统结构简单，迟延小、反应灵敏、信号可以远传、无机械传动部件、不存在仪表的机械变差及分度误差，不存在仪表复杂的校验和调整，显示直观，可靠性高，是各类容器内普遍应用的一种液位计。

电接点液位计输出的信号是不连续的开关信号，一般只作液位显示，或在液位越限时进行声光报警使用。

2. 检测原理

以测量锅炉汽包水位为例，电接点水位计是利用汽、水介质的电阻率相差很大的性质来测量的。在360℃以下的饱和水，其电阻率小于$10^4\Omega\cdot m$，而饱和蒸汽的电阻率大于$10^6\Omega\cdot m$。因为锅炉水中含盐，电阻率较纯水低，其电阻率约$2.5\Omega\cdot m$，所以，锅炉水与蒸汽的电阻率相差更大。电接点水位计就是依据这一特点，由水位显示器远距离显示锅炉汽包水位的。

历史回顾

中低压锅炉水位计，历来都采用玻璃水位计。随着参数提高，开始采用云母水位计，但其缺点是易爆、易泄漏，且需就地监视水位。1972年，华东电力试验研究所与几家单位协作，首次独立（与西方国家几乎同时）研制电接点水位计，中压炉采用聚四氟乙烯塑料作绝缘体，高压炉用99.9%高纯度氧化铝管制成绝缘子，在杨树浦发电厂试用获得成功。由于云母水位计不能远传，差压水位计测量不稳定，电接点水位计一问世便备受青睐，成为锅炉不可缺少的仪表。

20世纪80年代，出现运用单片微机技术研制成的智能型电接点液位计。液位计具有数字显示、电流输出、越限报警、越限保护、序列查错、自动记忆等功能。

二、工作任务

1. 任务描述

① 认识电接点液位计的基本结构。

② 安装电接点液位计。

③ 电接点液位计投入使用。

2. 任务实施

器具：电接点液位计（测量筒、电极、电极连接电缆）1套，工具1套

步骤1：阅读图5-14，认识电接点液位计的原理和基本组成。

【知识链接】电接点水位计的基本结构

电接点水位计的基本结构如图5-14所示。它是由水位发送器（包括测量筒、电接点）、传送电缆和显示仪表组成的。电接点安装在水位容器的金属壁上，电极芯与金属壁绝缘，显示器内有氖灯，每一个电接点的中心极芯与一个相应氖灯组成一条并联支路。水位容器中，汽水界面以下的电接点被水淹没，而汽水界面以上的电接点处于饱和蒸汽中。当某一电极被淹没在水下时，因水的导电性能好，电极芯与水位容器壁相连构成回路，使相应的氖灯燃亮；而处在饱和蒸汽中的电接点，由于蒸汽电阻很大，相当于断路，相应的氖灯不亮。水位越高，被淹没的电接点越多，显示器上燃亮的氖灯数量越多。通过观察显示器上燃亮氖灯的数量，即可了解水位的高低。

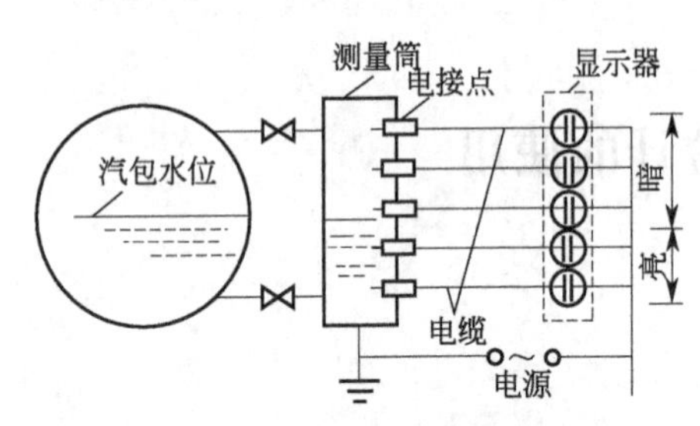

图5-14 电接点水位计的基本结构

步骤2：剖析电接点液位计的各组成部分。

(1) 水位容器

水位容器的测量筒通常用20号无缝钢管制成，其长度由水位测量范围决定。容器的直径和壁厚根据强度要求选择。直径选择过大，测量延迟大；直径过小，机械强度差，且散热较快。通常测量筒直径有ϕ76mm和ϕ89mm两种。为了保证测量筒有足够的强度，安装电接点时，通常呈等角距形式，在筒壁上分三列或四列排开。在正常水位附近，电接点间距较小，以减小水位监视的误差。电接点数目根据监视水位的要求来确定，一般为15、17或19个，通常中间点为水位零点。图5-15所示为具有19个电接点的水位容器呈三列布置的情况。应该指出，由于热损失，水位容器内的温度低于饱和温度，故容器内的水位较汽包实际水位低。为了减少此项误差，应对水位容器加以保温。此外，电接点之间有一定的间距，当水位处于两电极之间时，仪表没有显示变化而造成指示误差，此误差等于两电极之间距离。

(2) 电接点

电接点由电极芯和绝缘材料制成。由于它在高温、高压下工作，故为了保证电接点水位计长期可靠地运行，要求电极芯与水位容器金属壁间有可靠的绝缘，并且具有一定的机械强度和抗氧化、腐蚀性能。

目前，高压或超高压锅炉上的电接点是用超纯氧化铝瓷管作绝缘子，如图5-16所示。电极芯6和瓷封件1焊在一起，作为电接点的一个极，电极螺栓4和瓷封件3焊在一起，作为电接点的另一个极（即公共接地极），两极之间用超纯氧化铝瓷管绝缘子2和芯杆绝缘套

管5隔离开。瓷封件1、3与氧化铝管之间是用银铜合金或纯铜在一定温度下封接而成的。封接质量的好坏对电接点的使用寿命有很大影响。

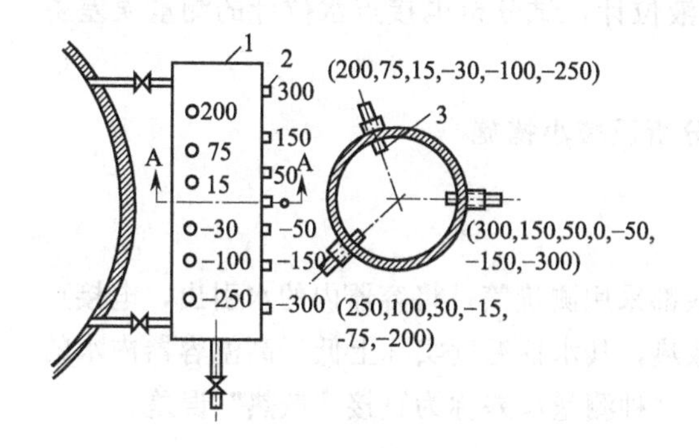

图5-15　水位容器

1—外壳；2—电极；3—电极芯

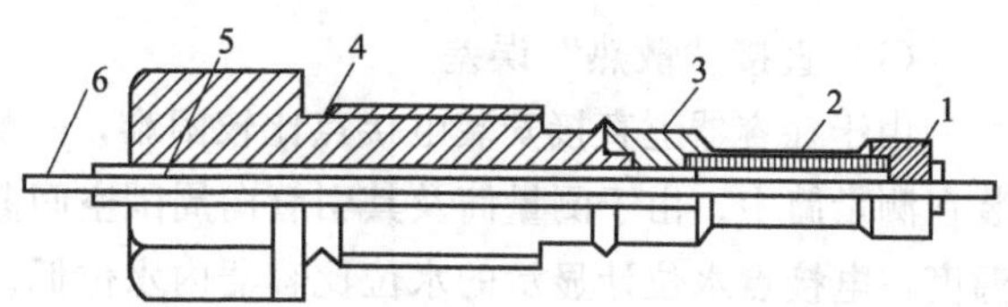

图5-16　用超纯氧化铝绝缘的电接点结构

1,3—瓷封件；2—绝缘子；4—电极螺栓；5—芯杆绝缘套管；6—电极芯

氧化铝瓷管具有很高的机械强度和优良的绝缘性能，还具有很强的高温抗酸碱腐蚀能力，用于炉水品质较好的高压及超高压锅炉，寿命可达1年以上。另外，超纯氧化铝瓷管的抗热冲击性能较差，易造成绝缘子和瓷封口处损坏而泄漏，因此在使用中应尽可能缓慢预热电接点，防止因汽流冲击和温度骤变损坏电极。拆卸电极时，应待测量筒充分冷却后方可拆卸，以防电极螺栓和电极座的螺纹损坏。目前，采用一种等离子喷涂氧化锆技术，可使绝缘子和瓷封件封口寿命延长。

(3) 电源

电接点的电源采用交流电源，避免电介质极化而造成外电路电流不通。通常用24V交流电压，根据显示器的改进元件，也可采用5V交流电压。

(4) 显示器

电接点水位计的显示方式种类很多，常用的有氖灯显示、双色显示和数字显示等。随着微电脑的广泛应用，智能化电接点水位计得到迅速发展。

◎步骤3：安装使用电接点液位计。

【知识链接】电接点液位计安装注意事项（图5-17）

① 测量筒在安装前必须用四氯化碳或其他洗涤剂清洗，去除油污和铁屑。

② 测量筒必须垂直安装。

③ 液位变送器与被测容器用两根连通管相连，中间用一定规格阀门连接，以利于运行中对电极的更换。

图5-17　电接点液位计

④ 电接点装上测量筒前，先用兆欧表测试其绝缘电阻应大于500MΩ，安装时需在螺纹处涂上少许石墨油脂，以利于维修和更换。

⑤ 运行中，测量筒应定期排污清洗，保持电极清洁，防止结垢，延长使用寿命。电接点使用一年后应更换一次。

⑥ 应严格按接线图安装接线，测量筒外壳接地。连接导线应和高温、潮湿位置保持一

定距离。

三、拓展训练

电接点液位计与就地液位计均属于连通器式液位计，试分析电接点水位计的测量误差主要来源与处理方法。

【知识延伸】电接点水位计的测量误差分析及减小措施

1. 散热误差

(1) 直接“散热”误差

由于在容器上直接安装电接点比较困难，一般都采用测量筒，将容器内的水引出，电接点装在测量筒中。由于测量筒及其引管向周围空间散热，其水柱温度实际上低于高温容器内水的温度，电接点水位计显示的水位比容器内水位低。这种测量误差称为直接“散热”误差。

(2) 取样“散热”误差

由连通器式水位计的测量误差公式(5-2) 可知，电接点水位计误差值与水位值 H' 成正比，即水位值 H' 越高（以水侧连通管作零点），水位计误差值就越大，可以说存在取样“散热”误差。

(3) 工况“散热”误差

由连通器式水位计的测量误差公式(5-2) 可知，随着容器压力的增高，ρ' 减少，ρ'' 增大，测量误差增大，这种误差称为工况“散热”误差。

由连通器式水位计的测量误差公式(5-2) 可知，从理论上说，当 $\rho_1=\rho'$ 时，误差为 0，也就是说电接点水位计无“散热”误差。

因此，为了减少散热误差，通常的措施是尽量使测量筒内水温与汽包内的汽水温度一致。一般在电接点水位计测量筒的下部至水侧连通管应加以保温，同时电接点水位计的汽侧连通管及电接点水位计测量筒的上部不用保温，并让汽侧连通管保持一定的倾斜度，使更多的凝结水流入测量筒，以提高电接点水位计测量筒内水的温度。

近年来，很多热套式电接点水位测量筒通过内部结构利用饱和蒸汽对测量筒加热、保温。如在测量筒内设波纹管，增加换热面积，加速热交换；使汽包内的饱和蒸汽在测量筒与外筒之间循环，通过传热使样水温度接近饱和水温，从而实现高精度测量。

2. 固有误差

由于电极以一定间距安装在测量筒上，由此决定其输出信号是阶梯式，无法反映两电极间的水位和水位变化趋势，造成电接点水位计的固有误差。减少电接点的间距，可以减少电接点水位计的固有误差；但减少电接点的间距，也就是说增加测量筒开孔的个数，会影响测量筒的强度，增大风险。所以，减少电接点的间距是有限的，即电接点水位计的固有误差是无法消除的。

由于测量筒承压结构设计原因，测点最小间隔为 15mm，即测量标尺最小刻度和阶跃最小幅度为 15mm。电接点水位计采取测量范围内常用监视段电极密集设置办法满足运行要求。

任务五 超声波物位计的应用

【学习目标】 了解超声波传感器的功能和特点。

熟悉超声波物位计的结构组成。

【能力目标】会安装和使用超声波物位计。

子任务一 认识超声波传感器

一、知识准备

超声波跟声音一样，是一种机械振动波，是机械振动在弹性介质中的传播过程。超声波检测是利用不同介质的不同声学特性对超声波传播的影响来探查物体和进行测量的一门技术。近30年来，超声波检测技术在工业领域中的应用，与其他无损检测的手段比较，无论从使用效果、经济价值或适用范围来看，都有着广泛的发展前途。因此，目前世界各国，尤其是在一些工业发达的部门，都对超声检测的研究和应用极为注意，并将其广泛地应用在物位检测、厚度检测和金属探伤等方面。

人耳所能听到的声波在20～20000Hz，频率超过20000Hz，人耳不能听到的声波称超声波。声波的速度越高，越与光学的某些特性如反射定律、折射定律相似。

1. 声波波形

由于声源在介质中施力方向与波在介质中传播方向不同，声波的波形也不同。一般有以下几种。

(1) 纵波

质点振动方向与传播方向一致的波，称为纵波。它能在固体、液体和气体中传播。

(2) 横波

质点振动方向与传播方向相垂直的波，称为横波。它只能在固体中传播。

(3) 表面波

质点的振动介于纵波和横波之间，沿着表面传播，振幅随着深度的增加而迅速地衰减，称为表面波。表面波只在固体的表面传播。

2. 超声波的传播速度

超声波可以在气体、液体及固体中传播，并有各自的传播速度，纵波、横波及表面波的传播速度，取决于介质的弹性常数及介质的密度。例如，在常温下空气中的声速约为334m/s，在水中的声速约为1440m/s，而在钢铁中的声速约为5000m/s。声速不仅与介质有关，而且还与介质所处的状态有关。例如理想气体的声速与绝对温度T的平方根成正比，对于空气来说，影响声速的主要原因是温度。

3. 扩散角

声源为点时，声波从声源向四面八方辐射，如果声源的尺寸比波长大时，则声源集中成一波束，以某一角度扩散出去，在声源的中心轴线上声压（或声强）最大，偏离中心轴线一角度时，声压减小，形成声波的主瓣（主波束），离声源近处声压交替出现最大与最小点，形成声波的副瓣。以极坐标表示角度（与传感器轴线的夹角）与声波能量的关系时，如图5-18所示。图中传感器附近的副瓣是由于声波的干涉现象形成的。θ角称为半扩散角。

4. 反射与折射

当声波从一种介质传播到另一种介质时，在两介质的分界面上，一部分能量反射回原介质的波称为反射波；另一部分则透过分界面，在另一介质内继续传播的波称为折射波，如图5-19所示。其反射与折射满足如下规律。

(1) 反射定律

入射角α的正弦与反射角α'的正弦之比，等于波速之比。当入射波和反射波的波形一样

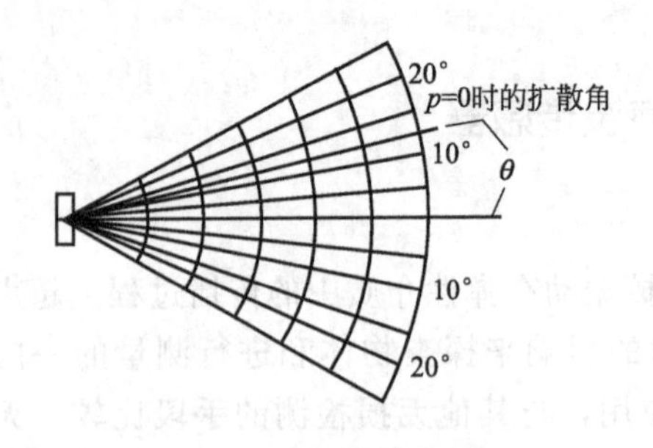

图 5-18 声波的扩散

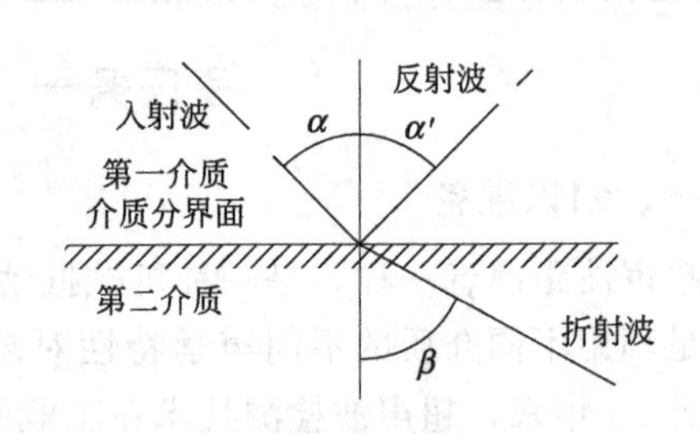

图 5-19 波的反射与折射

时，波速一样，入射角 α 即等于反射角 α'。

(2) 折射定律

入射角 α 的正弦与折射角的正弦之比，等于入射波中介质的波速与折射波中介质的波速之比。

(3) 反射系数

当声波从一种介质向另一种介质传播时，因为两种介质的密度不同和声波在其中传播的速度不同，在分界面上声波会产生反射和折射，反射声强与入射声强之比，称为反射系数。

(4) 声波的衰减

声波在介质中传播时会被吸收而衰减，气体吸收最强而衰减最大，液体其次，固体吸收最小而衰减最小，因此对于一给定强度的声波，在气体中传播的距离会明显比在液体和固体中传播距离短。另外，声波在介质中传播时衰减的程度还与声波的频率有关，频率越高，声波的衰减也越大，因此超声波比其他声波在传播时的衰减更明显。

衰减的大小用衰减系数 a 表示，其单位为 dB/cm，通常用 10^{-3}dB/mm 表示。在一般探测频率上，材料的衰减系数在 1 到几百之间，如水及其他衰减材料的 a 为 $(1\sim4)\times10^{3}$dB/mm。假如 a 为 1dB/mm，则声波穿透 1mm 距离时，衰减为 10%；穿透 20mm 距离时，衰减为 90%。

在超声波检测技术中主要是利用它的反射、折射、衰减等物理性质。不管哪一种超声波仪器，都必须把超声波发射出去，然后再把超声波接收回来，变换成电信号，完成这一部分工作的装置，就是超声波传感器，但是在习惯上，把这个发射部分和接受部分均称为超声波换能器，有时也称为超声波探头。

超声波换能器根据其工作原理，有压电式、磁致伸缩式、电磁式等数种，在检测技术中主要采用压电式。

二、工作任务

1. 任务描述

① 认识超声波传感器结构。

② 了解压电效应及逆压电效应。

2. 任务实施

器具：压电陶瓷振子、高频信号发生器、毫伏表。

⏱步骤 1：仿照图 5-20 接线，了解压电效应。将压电陶瓷片 A 的两根引线通过一个按钮开关与信号发生器 S 相连。将压电陶瓷片 B 的两根引线与扩音器（带喇叭）的输入端相连。将 A、B 两个压电陶瓷片用黑封泥固定在同一个木板制成的箱子上。

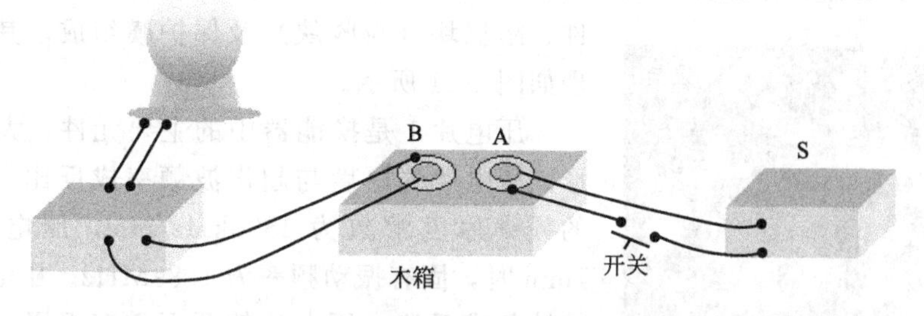

图 5-20 压电效应与逆压电效应

当观察者将按钮开关按下，接通信号发生器和压电陶瓷 A 时，由于逆压电效应，A 开始振动，并把振动传给木箱，木箱的振动传给压电陶瓷 B，由于压电效应，使 B 两边产生变化电信号，再传给扩音器使喇叭发声，所以这个实验同时演示了压电效应和逆压电效应。

【知识链接】压电效应与逆压电效应

所谓压电效应，是指某些介质在受到机械压力时，哪怕这种压力微小得像声波振动那样小，都会产生压缩或伸长等形状变化，引起介质表面带电。相反，当在电介质的极化方向上施加电场，这些电介质也会发生变形，电场去掉后，电介质的变形随之消失，这种现象称为逆压电效应，或称为电致伸缩现象。

压电传感器中主要使用的压电材料包括有石英、酒石酸钾钠和磷酸二氢胺。其中，石英（二氧化硅）是一种天然晶体，压电效应就是在这种晶体中发现的，在一定的温度范围之内，压电性质一直存在，但温度超过这个范围之后，压电性质完全消失（这个高温就是所谓的“居里点”）。在压电式超声波换能器中，常用的压电材料有石英（SiO_2）、钛酸钡（$BaTiO_3$）、锆钛酸铅（PZT）、偏铌铅（$PbNb_2O_6$）等。

历史回顾

压电现象理论最早是李普曼（G Lippmann）在研究热力学原理时发现的。同一年皮埃尔·居里（Pierre Curie）与他哥哥雅克·保罗共同发现，一些晶体在某一特定方向上受压时，在它们的表面上会出现正或负电荷，这些电荷与压力的大小成正比，而当压力排除之后电荷也消失。1881 年，他们发布了关于石英与电气石中压电效应的精确测量。1882 年，他们证实了李普曼关于逆效应的预言：电场引起压电晶体产生微小的收缩。

1917 年，法国物理学家朗之万用天然压电石英制成了夹心式超声换能器，并用来探查海底的潜艇。

1942 年，第一个压电陶瓷材料——钛酸钡先后在美国、前苏联和日本制成。

步骤 2：认识超声波传感器结构。

【知识链接】超声波换能器

压电式换能器的原理是以压电效应为基础的，作为发射超声波的换能器是利用压电材料的逆压电效应，而接收用的换能器则利用其压电效应。在实际使用中，由于压电效应的可逆性，有时将换能器作为“发射”与“接收”兼用，亦即将脉冲交流电压加到压电元件上，使其向介质发射超声波，同时又利用它作为接收元件，接收从介质中反射回来的超声波，并将反射波转换为电信号送到后面的放大器。因此，压电式超声波换能器实质上是压电式传感器。

换能器由于其结构不同，可分为直探头式、斜探头式、双探头式等多种。

下面以直探头式为例作以简介。

直探头式换能器也称直探头或平探头，它可以发射和接收纵波。直探头主要由压电元件、阻尼块（吸收块）及保护膜组成，其基本结构原理如图 5-21 所示。

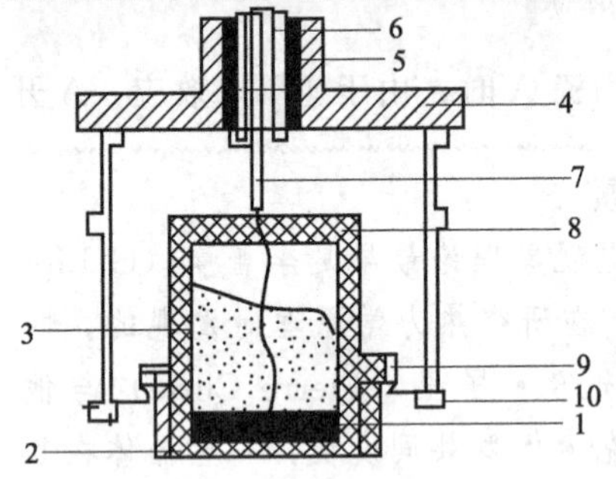

图 5-21 直探头式换能器结构
1—压电片；2—保护膜；3—吸收块；4—盖；5—绝缘柱；6—接能片；7—导线螺杆；8—接线片；9—压电片座；10—外壳

压电片 1 是换能器中的主要元件，大多做成圆板形。压电片的厚度与超声波频率成反比。例如锆钛酸的频率厚度常数为 1890kHz/mm，压电片的厚度为 1mm 时，固有振动频率为 1.89MHz。压电片的直径与扩散角成反比。压电片的两面敷有银层，作为导电的极板，压电片的底面接地线，上面接导线引至电路中。

为了避免压电片与被测体直接接触而磨损压电片，在压电片下黏合一层保护膜 2。保护膜有软性保护膜和硬性保护膜两种。软性的可用薄塑料（厚约 0.3mm)，它与表面粗糙的工件接触较好。硬性的可用不锈钢或陶瓷片，保护膜的厚度为 1/2 波长的整倍数时（在保护膜中波长)，声波穿透率最大；厚度为 1/4 波长的奇数倍时，穿透率最小。保护膜材料性质要注意声阻抗的匹配。压电片与保护膜黏合后，谐振频率将降低。阻抗块又称吸收块（图5-21中的零件 3)，其作用为降低压电片的机械品质因数，吸收声能量。如果没有阻尼块，电振荡脉冲停止时，压电片因惯性作用，仍继续振动，加长了超声波的脉冲宽度，使盲区扩大，分辨力差。当吸收块的声阻抗等于晶体的声阻抗时，效果最佳。

三、拓展训练

搜集资料，绘制图表列举超声波换能器的应用。

【知识延伸】超声波换能器的应用举例

(1) 机器人

超声波因其波长较短、绕射小而能成为声波射线并定向传播，机器人采用超声传感器的目的是用来探测周围物体的存在与测量物体的距离。

(2) 遥测遥控

在有毒、放射性等恶劣环境中，人们不能接近工作，需要远地控制；电视机、电风扇以及电灯等电器开关需要遥控，都可装上超声波换能器；通过远地发射超声波由装在需要控制系统上的接收换能器所接收，把声信号转变成电信号使开关动作。

(3) 超声焊接

它是利用换能器产生的超声振动，通过上焊件把超声振动能量传送到焊区。由于焊区即两焊件交界处声阻大，所以会产生局部高温使塑料熔化，在接触压力的作用下完成焊接工作。超声塑料焊接可方便焊接其他焊接法无法焊接的部位，节约塑料制品昂贵的模具费，缩短加工时间，提高生产效率，有经济、快速和可靠等特点。

(4) 超声马达

超声马达是把定子作为换能器，利用压电晶体的逆压电效应让马达定子处于超声频率的振动，然后靠定子和转子间的摩擦力来传递能量，带动转子转动。超声马达体积小，力矩大，分辨率高，结构简单，直接驱动，无制动机构，无轴承机构，广泛应用于光学仪器、激光、半导体微电子工艺、精密机械与仪器、机器人、医学与生物工程领域。

（5）电子血压计

利用压电换能器接收血管的压力，当气囊加压压紧血管时，因外加压力高于血管舒张压力，压电换能器感受不到血管的压力；而当气囊逐渐泄气，压电换能器对血管的压力随之减小到某一数值时，二者的压力达到平衡，此时压电换能器就能感受到血管的压力，该压力即为心脏的收缩压，通过放大器发出指示信号，给出血压值。电子血压计由于取消了听诊器，可减轻医务人员的劳动强度。

（6）检漏及流量检测

对于压力系统，在泄漏处，由于压力容器的内外压差造成射流噪声，这种噪声频谱极宽。对于非压力系统，可在密闭系统内安放一个超声波源，然后在密闭系统外部接收。一般未泄漏时测到的信号幅度极小或没有，在泄漏处信号幅度有突然增大的趋势。流量检测目前有多种流量计，利用超声波换能器主要优点是不妨碍流体的流动。

此外，还有超声加工、超声育种、交通监测、测距、探伤、机器人成像信息采集等应用领域。

子任务二 超声波物位测量

一、知识准备

超声波物位测量是一种非接触式物位测量方法，应用领域十分广泛。既可用于液位测量，也可用于料位测量。

超声波物位传感器根据使用特点可分为定点式物位计和连续式物位计两大类。

定点式物位计用来测量被测物位是否达到预定高度（通常是安装测量探头的位置），并发出相应的开关信号。根据不同的工作原理及换能器结构，可以分别用来测量液位、固体料位、固-液分界面、液-液分界面以及测知液体的有无。其特点是简单、可靠、使用方便、适用范围广，应用于化工、石油、食品及医药等工业部门。

连续指示式物位计大都采用回波测距法（即声呐法）连续测量液位、固体料位或液-液分界面位置。根据不同应用场合所使用的传声媒介不同，又可分为液体、气体和固体介质导波式三种。

其特点如下。

① 能定点及连续测量物位，并提供遥控信号。

② 无机械可动部分，安装维修方便。换能器压电体振动振幅很小，寿命长。

③ 能实现非接触测量，适用于有毒、高黏度及密封容器内的液位测量。

④ 能实现安全火花型防爆。

二、工作任务

1. 任务描述

① 安装超声波物位计。

② 使用超声波物位计测量。

2. 任务实施

器具：超声波探头1支、水箱、工具1套。

步骤 1：安装超声波物位计探头（图 5-22）。

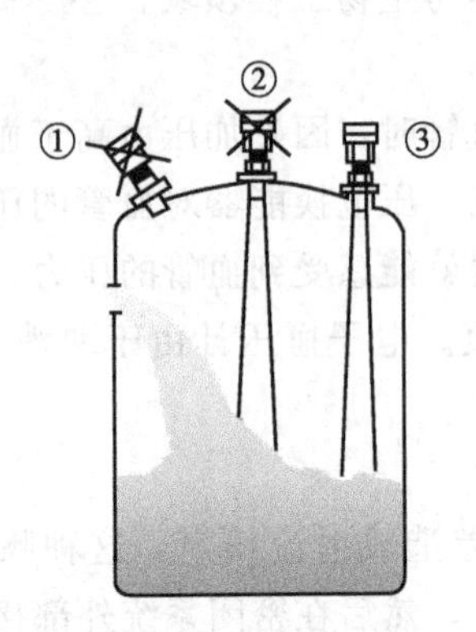

①错误：换能器应与被测介质表面垂直。
②错误：仪表与被安装在拱形或圆形罐顶，会造成多次反射回波，在安装时应尽可能避免。
③正确。

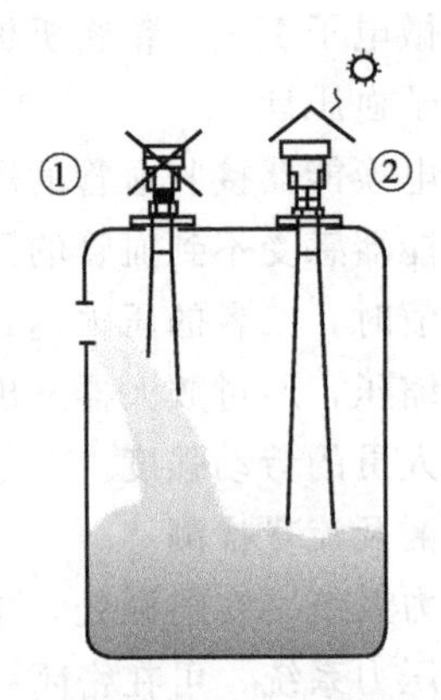

①错误：不要将仪表安装于入料流的上方，以保证测量的是介质表面而不是入料料流。
②正确：注意室外安装时应采取遮阳、防雨措施。

图 5-22 安装超声波物位计探头

【知识链接】安装基本要求

换能器发射超声波脉冲时，都有一定的发射开角。从换能器下缘到被测介质表面之间，由发射的超声波波束所辐射的区域内，不得有障碍物。另外须注意超声波波束不得与加料料流相交。安装仪表时还要注意，最高料位不得进入测量盲区；仪表距罐壁必须保持一定的距离；仪表的安装尽可能使换能器的发射方向与料面垂直。安装在防爆区域内的仪表必须遵守国家防爆危险区的安装规定。本安型的外壳采用铝壳。本安型仪表可安装在有防爆要求的场合，仪表必须接大地。

步骤 2：使用超声波物位计测量液位。

【知识链接】测量液位的原理

超声波液位测量的原理如图 5-23 所示。超声波探头（既是发射换能器又是接收换能器）被置于容器底部，当它向液面发射短促的脉冲时，在液面处产生反射，回波被探头接收器接收。若超声波探头到液面的距离为 h，声波在液体中传播速度为 c，则有下列简单关系

$$h=\frac{1}{2}ct \tag{5-8}$$

式中　t——超声波从发射到接收所经过的时间。

当超声波的传播速度为已知时，利用式(5-7) 就可以求得液位。

利用超声波测量液位的方案较多，如图 5-23 所示的几种方案。

图 5-23(a) 是单探头形式，超声波探头既是发射换能器，发射超声波，而且也是接收换能器，接收反射回来的超声波。由于它安装在容器的底部，超声波在液体中传播，称之为液介式传感器。有时也可把它安装在容器底外部。液介式单探头方案的测量原理见上面的介绍。

图 5-23(b) 是一个发射接收的双探头式，超声波经过的路线是 2s，即

$$h=\sqrt{s^2-a^2}=\sqrt{\frac{1}{4}c^2t^2-a^2} \tag{5-9}$$

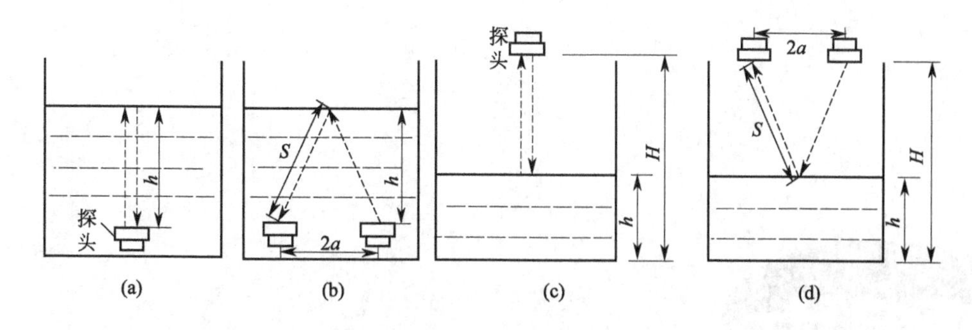

图 5-23　超声波液位测量原理

(a) 液介式单探头；(b) 液介式双探头；(c) 气介式单探头；(d) 气介式双探头

式中　a——两个探头之间距离的一半；

h——超声波探头到液面的垂直距离，即液面的高度。

图 5-23(c) 方案与图 5-23(a) 方案基本一致，只是 5-23(c) 方案中的探头应放置在高出液面可能达到的高度上，超声波在空气介质中传播，称之为气介式传感器。液位的高度应等于超声波探头距离容器底部的距离与 h 的差值。

图 5-23(d) 方案与图 5-23(b) 方案基本一致，所不同的是超声波探头放置在高出液位可能达到的高度上，超声波在气体中传播。

步骤 3：测量时的误差分析。

【知识链接】声速误差修正

声速不仅与介质有关，而且还与介质所处的状态有关。对于空气来说，影响声速的主要原因是温度。可用下面的经验公式进行修正。

$$C_T = C_0 + 0.610T \tag{5-10}$$

式中　C_0，C_T——介质温度为 0℃及 T℃时声速。

三、拓展训练

综合分析单探头和双探头测量方案的各自特点。

【知识延伸】测量盲区

选择单探头还是双探头，主要应根据测量对象的具体情况考虑。一般多采用单探头方案，因为单探头简单、安装方便、维护工作量也较小，可以直接测出液位高度，不必修正。但是，单探头方案有一个接收盲区问题。在发射超声波脉冲时，要在探头上加比较高的激励电压，这个电压虽然持续时间较短，但在停止发射时，在探头上仍存在一定的余振。如果在余振时间将探头转向接收放大线路，则放大器的输入将还有一个足够强的信号。显然在这段时间内，即使能收到回波信号，该信号也很难被分辨出来，因此称这段时间为盲区时间。过了盲区时间后，接收换能器才能分辨回波信号。探头的盲区时间与结构参数、工作电压、频率等因素有关，可以通过实验确定。如果知道盲区时间，再求得超声波的传播速度，就可以确定盲区距离。由于盲区距离的限制，采用该方案时，不能测量小于盲区距离的液位。

采用双探头方案时，从理论上没有盲区问题，但是有电路耦合及非定向声波对接收器的作用，在发射超声波脉冲时，接收线路也将产生微弱的输出。此外，当探测距离较远时，为了保证一定灵敏度，应采用大功率发射换能器，加大发射功率，采用高灵敏度的接收换能器。

项目六

其他测量仪表的应用

任务一 火焰检测仪表的应用

【学习目标】 了解光电效应。

熟悉常用光电元件类型。

【能力目标】 能调试火检系统。

子任务一 光电效应的作用

一、知识准备

光电传感器又称光传感器，是将光信号转换为电信号的一种传感器，敏感波长在可见光（0.38～0.76μm）附近，包括红外线（0.76～1000μm）和紫外线波长（0.005～0.4μm）。

常见的光电传感器有光电管、光敏电阻、光敏晶体管、光电耦合器、颜色传感器、红外光传感器、紫外线传感器、光纤传感器和CCD图像传感器。

光电传感器可用于检测直接引起光量变化的非电量，如光强、光照度、辐射测温、气体成分分析等；也可用来检测能转换成光电量变化的其他非电量，如零件直径、表面粗糙度、应变、位移、振动、速度、加速度，以及物体形状、工作状态的识别等。光电传感器具有非接触、响应快、性能可靠等特点，因此在工业自动化装置和机器人中获得广泛应用。早期的光电转换元件主要是利用光电效应原理制成的，有外光电效应和内光电效应。

1. 外光电效应

在光的照射下，使电子逸出物体表面而产生光电子发射的现象称为外光电效应。

历史回顾

光电效应这一现象是1887年赫兹在实验研究麦克斯韦电磁理论时偶然发现的。1905年，爱因斯坦在《关于光的产生和转化的一个启发性观点》一文中，用光量子理论对光电效应进行了全面的解释。1916年，美国科学家密立根通过精密的定量实验证明了爱因斯坦的理论解释，从而也证明了光量子理论。

1921年，爱因斯坦因建立光量子理论并成功解释了光电效应而获得诺贝尔物理学奖。1923年，密立根“因测量基本电荷和研究光电效应”获诺贝尔物理学奖。

光电效应的实验表明：微弱的紫光能从金属表面打出电子，而很强的红光却不能打出电子，就是说明光电效应的产生只取决于光的频率而与光的强度无关。这个现象用光的波动说是解释不了的。利用光量子假说可以圆满地解释光电效应。按照光量子假说，光是由光量子组成的，光的能量是不连续的，每个光量子的能量要达到一定数值才能克服电子的逸出功，从金属表面打出电子来。

光子是具有能量的粒子

$$E = h\nu \tag{6-1}$$

式中　h——普朗克常数，6.626×10^{-34} J·s；

ν——光的频率，s^{-1}。

一个电子只能接收一个光子的能量。因此要使一个电子从物体表面逸出，必须使光子能量 ε 大于该物体的表面逸出功。根据能量守恒定理

$$h\nu = \frac{1}{2}mv_0^2 + A_0 \tag{6-2}$$

式中　m——电子质量；

v_0——电子逸出速度。

2. 内光电效应

(1) 光电导效应

半导体受到光照时会产生光生电子-空穴对，使导电性能增强，光线愈强，阻值愈低。这种光照后电阻率变化的现象称为光电导效应。基于这种效应的光电器件有光敏电阻。

(2) 光生伏特效应

光生伏特效应是光照引起PN结两端产生电动势的效应。基于该效应的光电器件有光电池。如硅光电池、硒光电池、砷化镓光电池等，其中作为能量转换使用最广的是硅光电池。下面就以硅光电池为例，介绍一下光电池的工作原理。

历史回顾

1839年，法国物理学家A·E·贝克勒尔（Becqurel）意外地发现，用2片金属浸入溶液构成的伏打电池，光照时产生额外的伏打电势，他把这种现象称为“光生伏打效应”。1883年，有人在半导体硒和金属接触处发现了固体光伏效应。以后人们即把能够产生光生伏打效应的器件称为“光伏器件”。半导体PN结器件在阳光下的光电转换效率最高，通常称这类光伏器件为“太阳电池”。

硅光电池的结构如图6-1所示。当PN结两端没有外加电场时，在PN结势垒区内仍然存在着内建结电场，其方向是从N区指向P区。当光照射到结区时，光照产生的电子-空穴对在结电场作用下，电子推向N区，空穴推向P区；电子在N区积累和空穴在P区积累使PN结两边的电位发生变化，PN结两端出现一个因光照而产生的电动势。

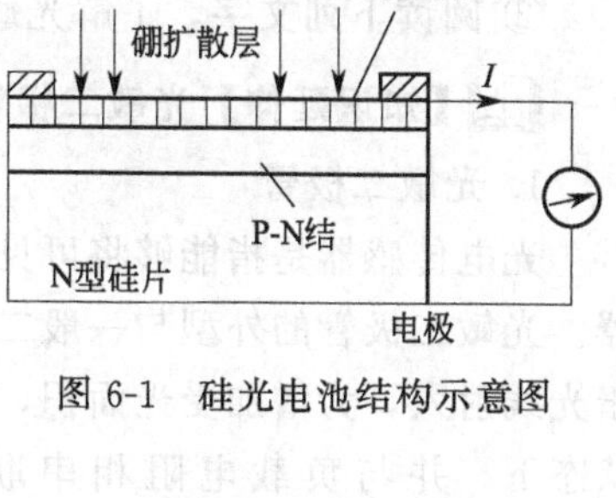

图6-1　硅光电池结构示意图

二、工作任务

1. 任务描述

理解光电效应，探索光电管输出电流与入射光关系。

2. 任务实施

器具：直流电源（0～12V）、高压汞灯、干涉滤光片、检流计或微安表。

步骤 1：观察光电管的外形，认识结构。

【知识链接】光电管

光电管分为真空光电管和充气光电管两种。光电管的典型结构是将球形玻璃壳抽成真空，在内半球面上涂一层光电材料作为阴极，球心放置小球形或小环形金属作为阳极。若球内充低压惰性气体就称为充气光电管。光电子在飞向阳极的过程中与气体分子碰撞而使气体电离，可增加光电管的灵敏度。用作光电阴极的金属有碱金属、汞、金、银等，可适合不同波段的需要。如图 6-2 所示。

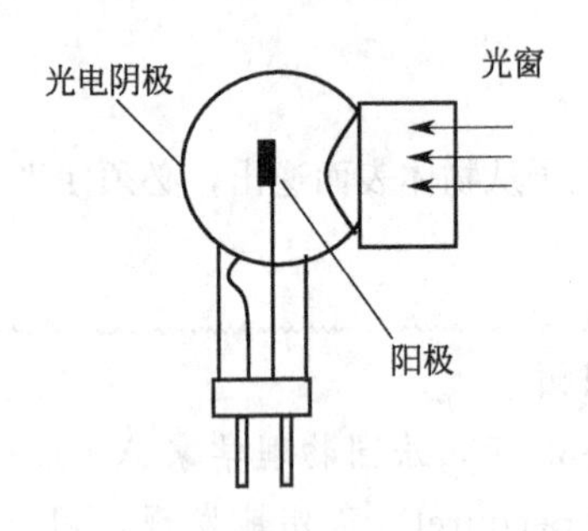

图 6-2 光电管结构示意图

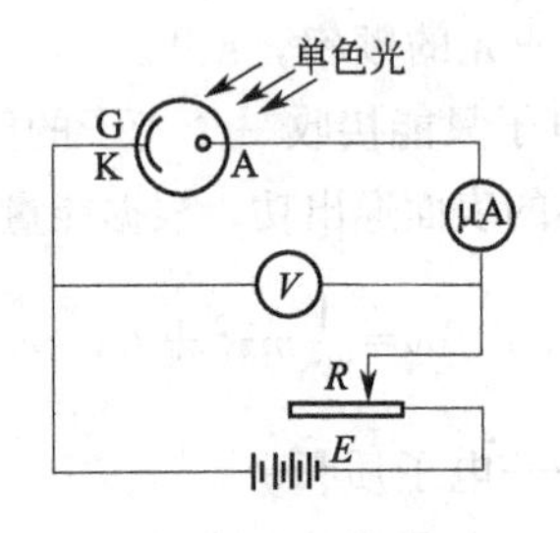

图 6-3 光电效应示意图

步骤 2：参照图 6-3 接线。

步骤 3：通过滤光片使短波光照射光窗，观察输出电流。

步骤 4：通过滤光片使长波光照射光窗，观察输出电流。

【知识链接】入射频率限

各种不同的材料具有不同的逸出功，因此对某特定材料而言，将有一个频率限 v_0，称为“红限”。当入射光的频率低于 v_0 时，不论入射光有多强，也不能激发电子；当入射频率高于 v_0 时，不管它多么微弱也会使被照射的物体激发电子，光越强则激发出的电子数目越多。

三、拓展训练

① 仿照真空管光电效应实验，设计内光电效应探索实验，了解其特性。

② 阅读下列文字，了解光敏二极管和光敏三极管的特性；思考其可用于哪些检测场合。

【知识延伸】光敏二极管与光敏三极管

1. 光敏二极管

光电传感器是指能够将可见光转换成某种电量的传感器。光敏二极管是最常见的光传感器。光敏二极管的外型与一般二极管一样，只是它的管壳上开有一个嵌着玻璃的窗口，以便于光线射入，为增加受光面积，PN 结的面积做得较大，光敏二极管工作在反向偏置的工作状态下，并与负载电阻相串联，当无光照时，它与普通二极管一样，反向电流很小（$<0.1\mu A$），称为光敏二极管的暗电流；当有光照时，载流子被激发，产生电子-空穴对，称为光电载流子。在外电场的作用下，光电载流子参与导电，形成比暗电流大得多的反向电流，该反向电流称为光电流。光电流的大小与光照强度成正比，于是在负载电阻上就能得到随光照强度变化而变化的电信号。

2. 光敏三极管

光敏三极管除了具有光敏二极管能将光信号转换成电信号的功能外，还有对电信号放大的功能。光敏三极管的外型与一般三极管相差不大，一般光敏三极管只引出两个极——发射极和集电极，基极不引出，管壳同样开窗口，以便光线射入。为增大光照，基区面积做得很大，发射区较小，入射光主要被基区吸收。工作时集电极反偏，发射极正偏。在无光照时，管子流过的电流为暗电流（很小），比一般三极管的穿透电流还小；当有光照时，激发大量的电子-空穴对，使得基极产生的电流增大，此刻流过管子的电流称为光电流。光电三极管要比光电二极管具有更高的灵敏度。

子任务二 火焰检测系统的使用

一、知识准备

1. 火焰的频谱特性

燃烧火焰具有的各种特性，如发热程度、电离状态、火焰不同部位的辐射、光谱及火焰的脉动或闪烁现象、差压、音响等，都可作为检测火焰存在的基础。

燃料在炉膛内燃烧产生的火焰，以各种形式向四周辐射，而最便于检测的是火焰的光辐射（包括紫外、红外），因此利用光学原理检测火焰是如今大部分火焰检测器所采用的方法。

燃料的品种不同，其火焰的频谱特性也不同，同一燃料在不同的燃烧区，其火焰的频谱特性亦有差异。常用的燃料有可燃气体、油、煤三种。其中，燃气火焰主要是紫外线（UV）和少量可见光、红外线（IR）。燃油火焰中除了有一部分 CO_2 和水蒸气等三原子气体外，还悬浮着大量发光性强的炭黑粒子（焦炭粒子），产生辐射较强的可见光、紫外线和红外线电磁辐射。而煤粉火焰中除了含有不发光的 CO_2 和水蒸气等三原子气体外，还有较强的灼热发光的炭黑粒子和灰粒（焦炭粒子和炭粒），产生辐射较强的红外线、可见光和一部分紫外线。

图 6-4 所示是油（F1）、煤粉（F2）、煤气（F3）及 1660℃黑体（F4）发射的辐射强度光谱分布。从图中可见，所有的燃料燃烧都辐射一定量的紫外线和大量的红外线，且光谱范围涉及红外线、可见光及紫外线。因此，整个光谱范围都可以用来检测火焰的“有”或“无”。

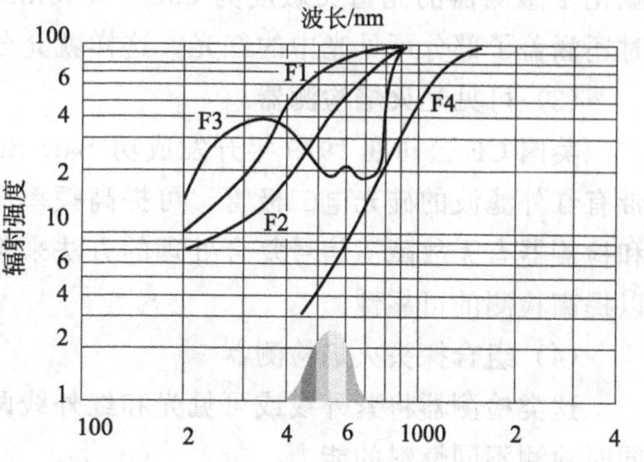

图 6-4 不同燃料的辐射强度光谱分布

F1—油；F2—煤粉；F3—煤气；F4—1660℃黑体

2. 火焰检测技术

由于光能检测具有简便易行、显示直观、可靠性强等特点，所以采用光能原理制作的各种火焰检测器目前采用最为普遍。常用的有紫外线、可见光、红外线检测器和组合火焰检测器，都是利用火焰的闪烁频率或光的辐射强度来综合判断火焰的有无及强弱。

二、工作任务

1. 任务描述

① 了解各种火焰检测器。

② 使用火焰检测器。

2. 任务实施

器具：光敏电阻1只，火焰检测器1套。

步骤1：了解各种火焰检测器的特点及应用。

【知识链接】间接式火焰检测器

（1）紫外线火焰检测器

紫外线火焰检测器利用火焰本身所特有的紫外线强度来判别火焰的有无。它采用的敏感元件有紫外光敏管UV（充气二极管）、固态紫外光电池和光敏电阻。

固态紫外光电池检测的波长范围为200～400nm，它在接收到紫外线光照时送出电流信号。

磷化镓（GaP）感测器是一种磷化镓光敏电阻，其特点是对紫外线辐射特别敏感。在光谱中，紫外线的波长小于380nm，而这种硫化铅感测器的光谱灵敏度为190～550nm，对绝大部分紫外线辐射都可以有效采集，同时还涵盖了大部分可见光中的紫光，这充分保证了采集到的火焰信号的真实性。

这类火焰检测器用于燃气、燃油效果较好。但由于紫外线辐射易被油雾、水蒸气、燃烧产物和灰粒吸收而很快减弱，在燃烧重油或煤粉的炉内使用紫外线检测器的可靠性就不太理想。

（2）红外线火焰检测器

红外线不易被煤尘和其他燃烧产物吸收，故适用于检测煤粉火焰，也可用于重油火焰。红外线火焰检测器的探头有硫化铅光敏电阻和红外硅光电二极管等。其中硫化铅（P_bS）光敏电阻的特点是对红外线辐射特别敏感。在光谱中，红外线的波长为600nm以上，而这种硫化铅感测器的光谱灵敏度为600～3000nm，对绝大部分红外线辐射都可以有效采集，同时还涵盖了部分可见光中的红光，这样就充分保证了采集到的火焰信号的真实性。

（3）可见光火焰检测器

美国CE公司在1979年开发成功Safe Scan型可见光火焰检测器，该火焰检测器采用了带有红外滤波的硅光电二极管，可提高频率灵敏度和抗干扰能力。采用火焰强度、闪烁频率和检测器有无故障三信号复合处理的方法来判断相应的燃烧器和火球火焰的“有”和“无”，以提高检测的可靠性。

（4）组合探头火焰检测器

这类检测器将紫外线或可见光和红外线两种探头组合起来，是一种新的发展趋势，具有同时检测不同燃料的能力。

步骤2：熟悉光敏电阻的结构特点及应用。

【知识链接】光敏电阻

光敏电阻具有很高的灵敏度，很好的光谱特性，光谱响应可从紫外区到红外区范围内，而且体积小、重量轻、性能稳定、价格便宜，因此应用比较广泛。光敏电阻的结构如图6-5所示。管芯是一块安装在绝缘衬底上带有两个欧姆接触电极的光电导体。

光谱特性与光敏电阻的材料有关。从图6-6中可知，硫化铅光敏电阻在较宽的光谱范围内均有较高的灵敏度，峰值在红外区域；硫化镉、硒化镉的峰值在可见光区域。因此，在选用光敏电阻时，应把光敏电阻的材料和光源的种类结合起来考虑，才能获得满意的效果。

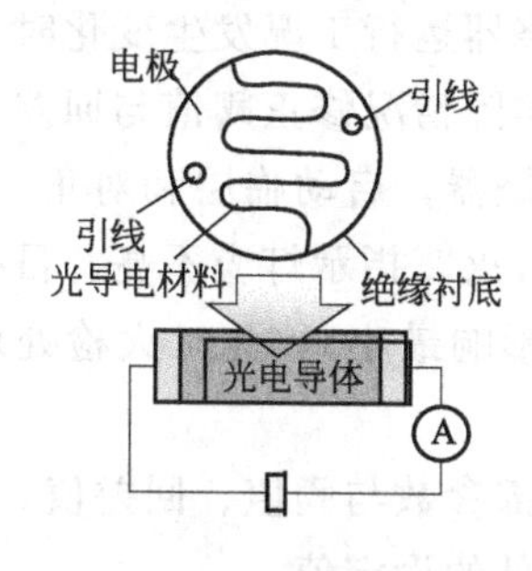

图 6-5　金属封装的硫化镉光敏电阻结构图

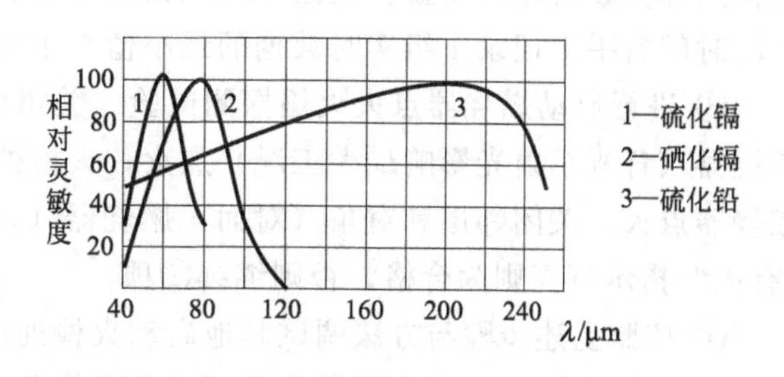

图 6-6　光敏电阻光谱特性

步骤 3：调试火焰检测系统。

【知识链接】火焰检测器的调试

由于不同厂家的火焰检测系统有所不同，因此其调整试验方法也将有所不同。此处火焰检测器的调试，仅以国产 ZHJZ-Ⅳ型火焰检测系统用于电站锅炉为例加以叙述，其他火焰检测器调试时可参考。

火焰检测器的调试分为静态调试和动态调试两个阶段。

(1) ZHJZ-Ⅳ型系统静态调试

在确认火检处理模件的排布顺序及标识符合制造厂家要求，火焰检测探头已安装完毕，所有接线及电源无问题后，系统上电进行静态调试。

① 检查系统无故障指示（若有故障显示应先处理消除）后，设置所有火检处理模件默认值一致，检查工作站所有火检器默认值应与火检处理模件相符。在暗炉膛状态检测所有火检处理模件的强度、频率及质量实时值均应在允许的范围内。

② 分别强制有火信号、故障信号和模拟量信号的输出，检查 DCS 或独立的工作站接收到的信号是否正确。

③ 电源模件故障报警试验。

④ 电源冗余切换试验。

⑤ 通信模件冗余切换试验。

⑥ 失电状态测试试验。

⑦ 在火检处理模件面板上调整输出电流（4～20mA）至下限值、中间值和上限值，在模拟量输出端子测量输出电流，其误差应在±2.5%量程范围内。

⑧ 点火前完成火焰检测器的预调整，目前的方法是在就地探头处用手电筒或照明光源模拟火焰信号照射试验。

(2) ZHJZ-Ⅳ型系统动态调试

动态调试在点火后进行，分为人工调试和自学习调试两种。

① 根据实时数据的稳定程度及现场经验，设定阈值和回差值，记录所有内部参数及阈值。

② 燃烧器投运几分钟后开始观察一段时间内实时数据变化情况，并记录 1 组实时数据最小值与中间值，观察数据波动范围是否稳定。若数据波动范围稳定且数据变化显著，按照阈值算法调整阈值与回差值，若数据波动范围大、不稳定或实时数据平均值偏低则调整内部参数的算法模式，继续观察实时数据变化情况。当数据波动范围稳定但频率实时值偏低时，

调整内部参数的频率增益。被监视燃烧器的相邻层或对角燃烧器运行工况发生变化时，观察一段时间后手工记录1组实时数据的最小值与中间值，并按实际情况修正阈值与回差值。

③ 进行启动燃烧器点火火焰探测试验。关闭目标启动燃烧器，启动临层和对角（对面）燃烧器（背景辐射光影响最大工况）点火，火检处理模件“有火”指示灯应不亮。目标启动燃烧器点火，关闭邻层和对角（对面）燃烧器（背景辐射光影响最小），此时火检处理模件“有火”指示灯亮则为合格，否则继续②项。

④ 按照上述步骤与方法调试其他启动火检处理模件的内部参数与阈值、回差值。

⑤ 主燃烧器启动后参照②步骤调试主燃烧器火检处理模件的设定值。

⑥ 进行主燃烧器火焰探测试验。关闭邻层和对角燃烧器，启动目标主燃烧器（背景已辐射光影响最小工况），查看火检处理模件“有火”指示灯亮为合格。

⑦ 需要时，进行1带2配置火焰探测试验。关闭目标主燃烧器、邻层和对角燃烧器，启动目标启动燃烧器（背景辐射光影响最小），火检处理模件“有火”指示灯亮为合格。关闭目标启动燃烧器、邻层和对角燃烧器，启动目标主燃烧器（背景辐射光影响最小），火检处理模件“有火”指示灯亮为合格。

⑧ 根据所记录的实时数据与现场观察实时数据变化规律，得出输出火焰模拟量信号特性。

⑨ 提高单角鉴别能力调试方法。单角鉴别能力是指火焰检测器对目标火焰与背景火焰的区分能力，调整时先确定背景火焰，确保目标火焰关闭，点燃其他所有燃烧器并调至最大燃烧值。观察并记录目标火焰的最大强度值及频率值，再确定目标火焰：使燃烧器处于较弱的火焰状况，调整其他燃烧器使背景火焰影响最小，观察并记录火焰的最小强度值和频率值。将得到的记录按照阈值和回差算法确定阈值，按照启动燃烧器点火火焰探测试验验证鉴别效果，如果达不到鉴别要求，应调整探头观火视线或改变探头安装位置。

三、拓展训练

① 调研，了解企业使用的火焰检测系统型号及性能。

② 火焰图像检测器是火焰检测系统发展的新动向，阅读下面的文字，了解火焰图像检测系统。

【知识延伸】火焰图像检测器

普通光学检测器（如紫外光火焰检测器、可见光火焰检测器和红外光火焰检测器）仅依靠一个光敏元件收集火焰特征区的平均光强，所获信息量的局限性经常导致作为前景的火焰和背景无法有效分辨。普通光学检测器探头的视野范围很小，在火焰波动较大时会误报灭火。因此，在今后，火焰图像检测器将取代普通光学检测器，这是火焰检测系统发展的新动向。

火焰图像检测器不同于以往的工业电视，它有如下特点。

① 火焰图像检测器采用了多个微型摄像机（CCD）检测燃烧工况，它比普通光学检测器的视野范围大，采集的信息量多。

② 火焰图像检测器采用微处理器对火焰信息进行处理，将其转换成数值形式，进行分析运算，并在数字式图像显示器上显示出来，同时将数据存放在计算机存储器中，以便作进一步处理。而工业电视仅是直观的图像显示，没有信息处理和记忆功能。

③ 火焰图像检测器通过显示多个处理过的火焰图像，使运行操作人员了解每个火焰的

亮度分布、着火点及整个炉膛燃烧状况，从而进行燃烧最佳调整，并减少 NO_x 排放量。而工业电视没有这个功能。

火焰图像检测器是20世纪80年代出现的一种新产品。火焰图像检测器通常由传像光纤、摄像机（简称CCD）、视频输入处理器、图像存储器和计算机组成。

带有冷却风的传像光纤伸入炉膛，将所检测的燃烧器火焰图像以光信号的形式传到摄像机，摄像机再将图像转换为标准的模拟视频信号，并通过视频电缆传给视频输入处理器。视频输入处理器将模拟视频信号经模拟量-数字量转换，变成数字图像存储于图像存储器中。

计算机则将图像存储器中数字化的图像信息按照一定的着火判据进行计算，从而得出燃烧器火焰的有或无信号。

目前，国外的火焰图像检测器产品主要有日本三菱公司的DPTIS型和芬兰的DIMAC型。国内的几家科研单位也相继推出了火焰图像检测器产品。

技能训练　炉膛火焰监视系统维修作业

一、工作准备

计划工时：10小时。

安全措施：

① 检修必须开工作票，执行工作票上的安全措施。

② 进入现场要戴好安全帽。

③ 关闭冷却风、冷却水的隔离阀门，关停炉膛火焰监视系统工作电源，并悬挂有人工作，禁止合闸警告牌。

工器具：本项目所需工器具如表6-1所列。

表6-1　炉膛火焰监视系统维修作业工器具表

序号	工具名称	型　号	数　量
1	活动扳手	6英寸、12英寸	各2把
2	内六角		1套
3	吹气球		1只
4	螺丝刀	十字螺丝刀4英寸	1把
5	螺丝刀	一字螺丝刀4英寸	1把
6	万用表		1只
7	试电笔		1只
8	专用摇柄		1只
9	调试电缆(含接口)		1套
10	专用工具		1套
11	压力开关校验设备		1套
12	温度控制器校验设备		1套
13	流量开关校验设备		1套

备品备件：棉纱、酒精、润滑油、塑料布、生料带、纸箔垫。

二、工作过程

🕐工序 1：检修场地铺塑料布、照明。

🕑工序 2：电气控制柜检修。

① 清洁电气控制柜卫生。

② 检查柜内温度控制器、继电器以及交流接触器外观是否完好，打磨继电器、交流接触器接点。

③ 检查端子接线是否牢靠，不牢靠的要紧固。

④ 检查电缆的绝缘是否达到要求。

🕒工序 3：传动机构检修。

① 清洁传动装置链条上所积灰尘，并添加润滑油。

② 紧固传动装置后端的张紧螺丝。

③ 检查行程开关是否正常动作，接触电阻合格。

④ 检查微电动机是否正常。

🕓工序 4：拆下压力开关、流量开关以及温度控制器进行外观清洁、检查、校验。调整后仍不合格需更换。

🕔工序 5：摄像探头检修。

① 拆下水冷套，小心抽出摄像头，注意不要碰伤镜头。

② 用气球吹扫摄像头灰尘，镜头清洁需用酒精棉球轻轻擦拭，注意不要损坏镜头光学镀膜。

③ 清洁不锈钢水冷套内壁的积灰，特别是窥孔处的灰尘，检查窥孔处是否变形，如有需要更换新的。

④ 将摄像探头重新装入不锈钢水冷套，保证棱镜面与窥孔轴线垂直。

⑤ 重新安装上不锈钢水冷套，保证水冷套与窥孔中心对齐（人工转动摇柄进行检查调整）。

🕕工序 6：清洁彩色监视器卫生，检查彩色监视器图像功能是否正常。

🕖工序 7：重新安装校验过后的合格压力开关、流量开关以及温度控制器。

① 保证接线正确。

② 检查冷却风、冷却水管道接口、压力开关、流量开关接口是否严密。

🕗工序 8：系统检查调试。

① 炉膛火焰监视系统送电，打开冷却风、冷却水的隔离阀门。

② 将断水保护、停气保护、超温保护投入，将探头推进炉膛。

③ 彩色监视器预热后，调整亮度、对比度、色饱和度和帧频，获得最好的观察条件。

④ 调整探头操作盒上的光圈，获得最佳监视效果。

三、维修作业结果记录

填表 6-2。

表 6-2　维修作业记录表

1. 压力开关检查校验

工作内容	检查要求	结果
压力开关检查	① 检查压力开关外观是否齐整 ② 检查压力开关接点接触电阻是否正常 ③ 检查压力开关接线是否正确、牢固	

备注：

使用的标准仪器

仪器名称	规格型号	精度	编号

校验仪表　　单位：

名称	规格型号	量程	精度
位号	编号	生产厂家	安装位置
	标准值	校验前	校验后
接通值			
断开值			
工作负责人签字		年 月 日	验证结果
质控人签字		年 月 日	

2. 流量开关检查校验

工作内容	检查要求	结果
流量开关检查	① 检查流量开关外观是否齐整 ② 检查流量开关接点接触电阻是否正常 ③ 检查流量开关接线是否正确、牢固	

备注：

使用的标准仪器

仪器名称	规格型号	精度	编号

校验仪表　　单位：

名称	规格型号	量程	精度
位号	编号	生产厂家	安装位置
	标准值	校验前	校验后
接通值			
断开值			
工作负责人签字		年 月 日	验证结果
质控人签字		年 月 日	

3. 温度控制器检查校验

工作内容	检查要求	结果
流量开关检查	① 检查温度控制器外观是否齐整 ② 检查温度控制器接点接触电阻是否正常 ③ 检查温度控制器接线是否正确、牢固	

备注：

使用的标准仪器

仪器名称	规格型号	精度	编号

校验仪表　　单位：

名称	规格型号	量程	精度
位号	编号	生产厂家	安装位置
	标准值	校验前	校验后
接通值			
断开值			
工作负责人签字		年 月 日	验证结果
质控人签字		年 月 日	

4. 系统检查调试

工作内容	检查要求	结果
调试前检查	① 检查冷却风、冷却水管路连接是否严密 ② 检查所有隔离阀是否打开 ③ 检查系统电源是否送上 ④ 检查冷却风压、冷却水流量、温度保护是否投入	

备注：

系统调试　　合格打“√”

调整项目	监视器	亮度	
		对比度	
		饱和度	
		帧频	
	摄像头	光圈	
		聚焦	
		变倍	
调试结果	色彩是否逼真		
	图像是否清晰		
工作负责人签字		年 月 日	验证意见
质控人签字		年 月 日	

任务二　涡流检测系统的应用

【学习目标】 了解电涡流效应。

【能力目标】 会安装和使用涡流传感器检测转速、位移等。

一、知识准备

电涡流传感器是利用高频电磁场与被测物体间的涡流效应原理而制成的一种非接触式监测仪表。其特点如下：属于非接触式测量；测量范围宽，线性范围大；精度和灵敏度高；长线传输抗干扰度和温度特性好；能长期连续可靠工作；测量不受油污和蒸汽等介质影响；安装和调整方便；能直接与计算机的 A/D 接口相连。

由于电涡流传感器具有以上优点，能满足现场使用要求，因此被广泛用于对旋转机械的轴振动、轴位移、差胀等的在线检测和安全监控，也可以应用于转子动力学研究、零件尺寸检测等方面。

1. 涡流效应

电涡流传感器是通过传感器端部线圈与被测物体（导电体）之间的间隙变化来测量物体的振动和静位移的。它与被测物之间没有直接的机械接触，因此特别适合于测量具有很高表面线速度的转子的振动。它具有很宽的使用频率范围，从 0～10kHz，因此不仅可以测量频率较高的振动位移，而且可以测量转子的平均静位移，例如轴心的偏心率。虽然电容式或电感式传感器也能进行非接触式测量，但相比之下，电涡流传感器具有线性范围宽，在线性范围内灵敏度不随初始间隙而变等优点，因此目前被广泛应用于转子的振动监测。

如图 6-7 所示，传感器的端部有一线圈。线圈通以频率较高（一般为 1～2MHz）的交变电压。当线圈平面靠近某一导体时，由于线圈磁链穿过导体，使导体表面层感应出涡流电流 $\dot{I}_2$（图 6-8）。而这一涡流所形成的磁链又穿过原线圈。这样，原线圈与涡流“线圈”形成了有一定耦合的互感。同时，在被测导电体附近除存在涡流效应外还存在磁效应。

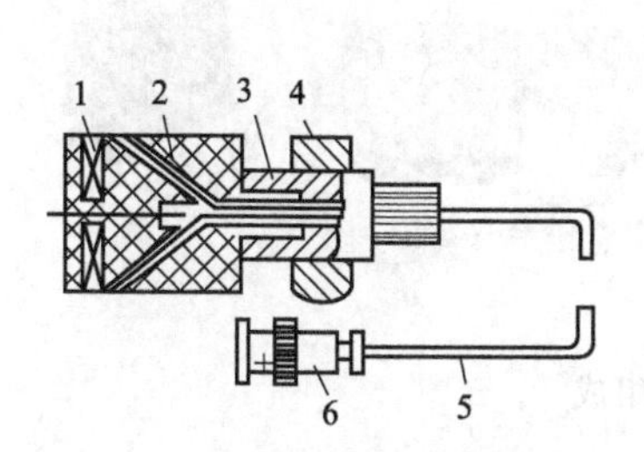

图 6-7　电涡流传感器结构

1—线圈；2—框架；3—框架衬套；4—支座；5—电缆；6—插头

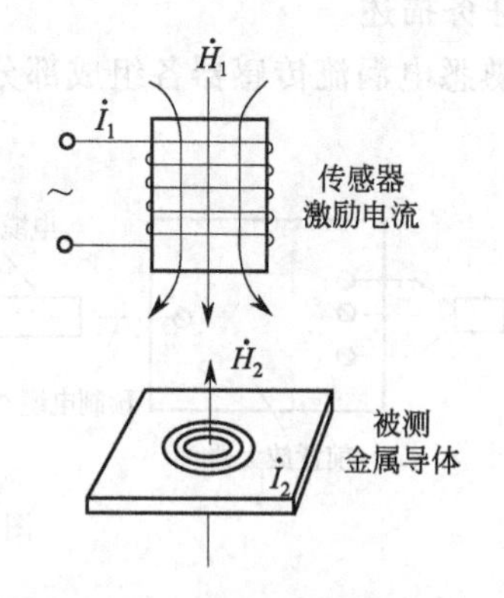

图 6-8　电涡流传感器原理图

以上现象反映到涡流传感器的等效阻抗上。当传感器与被测导电体靠近时，涡流传感器的等效阻抗 Z 将发生变化。理论计算可知等效阻抗 Z 与被测物体材料的电阻率、磁导率、激磁频率 f 以及传感器与被测导电体间的距离 x 有关。当电源频率 f 以及被测导体材料一定时，可简化为：$Z=f(x)$。因此，当 x 变化时，导致 Z 发生变化，通过测量电路，可将 Z 的变化转换为电压 U 的变化，这样就达到了把位移（或振幅）转换为电量的目的。

2. 电涡流传感器探头的典型应用

电涡流传感器系统广泛应用于电力、石油、化工、冶金等行业和一些科研单位。电涡流式传感器能实现非接触式测量，而且是根据与被测导体的耦合程度来测量，因此可以通过灵活设计传感器的构形和巧妙安排它与被测导体的布局来达到各种应用的目的。

在测量位移方面，除可直接测量金属零件的动态位移、汽轮机主轴的轴向窜动等位移量外，它还可测量如金属材料的热膨胀系数、钢水液位、纱线张力、流体压力、加速度等可变换成位移量的参量。

在测量振动方面，它是测量汽轮机、空气压缩机转轴的径向振动和汽轮机叶片振幅的理想器件。还可以用多个传感器并排安置在轴侧，并通过多通道指示仪表输出至记录仪，以测量轴的振动形状并绘出振型图。

在测量转速方面，只要在旋转体上加工或加装一个有凹缺口的圆盘状或齿轮状的金属体，并配以电涡流传感器，就能准确地测出转速。

此外，利用导体的电阻率与温度的关系，保持线圈与被测导体之间的距离及其他参量不变，就可以测量金属材料的表面温度，还能通过接触气体或液体的金属导体来测量气体或液体的温度。电涡流测温是非接触式测量，适用于测低温到常温的范围，且有不受金属表面污物影响和测量快速等优点。

保持传感器与被测导体的距离不变，还可实现电涡流探伤。探测时如果遇到裂纹，导体电阻率和导磁率就发生变化，电涡流损耗，从而输出电压也相应改变。通过对这些信号的检验就可确定裂纹的存在和方位。

电涡流传感器还可用作接近度传感器和厚度传感器，以及用于金属零件计数、尺寸检验、粗糙度检测和制作非接触连续测量式硬度计。

二、工作任务

1. 任务描述

① 熟悉电涡流传感器各组成部分（图 6-9）。

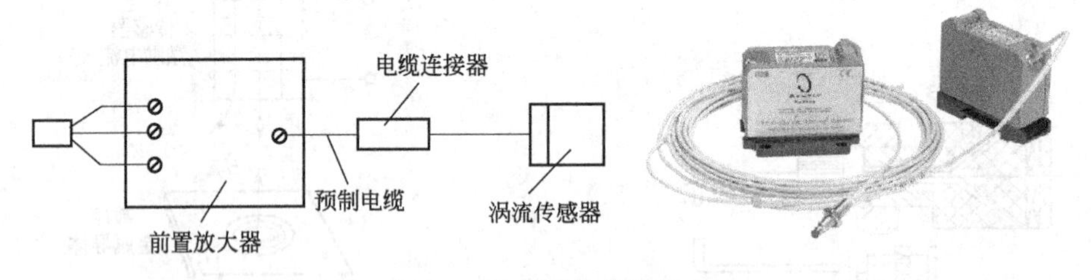

图 6-9 电涡流传感器组成

② 安装电涡流传感器探头测量转速或振动或位移等。

2. 任务实施

下面以测量轴的位移为例。

轴在运行时，由于各种因素，诸如载荷、温度等的变化会使轴在其轴向有所移动，移动的结果可能使转动设备的动静部分发生摩擦，造成事故，所以需要测量轴的轴向位置。方法是测量轴与止推轴承之间的间隙。可把探头固定装在机壳上，它是不可动部分。

当轴发生位移时，其表面与涡流传感器探头之间的距离发生变化，即可由此知道间隙的大小及变化。

步骤1：认识电涡流传感器各组成部分及功能。

电涡流传感器系统由探头、接长电缆和前置器组成。前置器具有一个电子线路，它可以产生一个低功率无线电频率信号（RF），这一RF信号，由延伸电缆送到探头端部里面的线圈上，在探头端部的周围都有这一RF信号。如果在这一信号的范围之内，没有导体材料，则释放到这一范围内的能量都会回到探头。如果有导体材料的表面接近于探头顶部，则RF信号在导体表面会形成小的电涡流。这一电涡流使得这一RF信号有能量损失。该损失大小是可以测量的。导体表面距离探头顶部越近，其能量损失越大。传感器系统可以利用这一能量损失产生一个输出电压，该电压正比于所测间隙。

前置器由高频振荡器、检波器、滤波器、直流放大器、线性网络及输出放大器等组成，检波器将高频信号解调成直流电压信号，此信号经低通滤波器将高频的残余波除去，再经直流放大器，线性补偿电路和输出放大处理后，在输出端得到与被测物体和传感器之间的实际距离成比例的电压信号。前置器（信号转换器）的额定输出电压为－20～－4V（线性区）。

步骤2：安装前准备。

【知识链接】电涡流传感器的安装要求

（1）对工作温度的要求

一般涡流传感器的最高允许温度≤180℃，只有特制的高温涡流传感器才允许安装在高温物体附近。

（2）对被测体的要求

为防止电涡流产生的磁场影响仪器的正常输出，安装时传感器头部四周必须留有一定范围的非导电介质空间。若在测试过程中某一部位需要同时安装两个或以上传感器，为避免交叉干扰，两个传感器之间应保持一定的距离。另外，被测体表面积应为探头直径3倍以上，表面不应有伤痕、小孔和缝隙，不允许表面电镀。被测物体材料应与探头、前置器标定的材料一致。如图6-10所示。

（3）对探头支架的要求

探头通过支架固定在轴承座上，支架应有足够的刚度以提高其自振频率，避免或减小被测体振动时支架的受激自振。

（4）对初始间隙的要求

电涡流传感器应在一定的间隙电压（传感器顶部与被测物体之间间隙，在仪表上指示一般是电压）值下，其读数才有较好的线性度，所以在安装传感器时必须调整好合适的初始间隙。

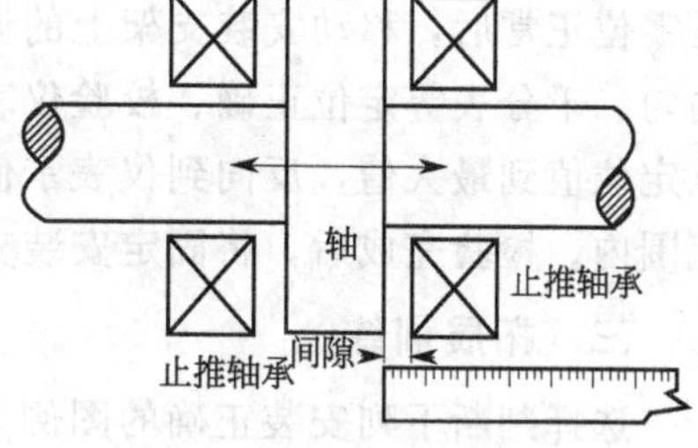

图6-10 电涡流传感器安装间隙

步骤3：安装电涡流传感器探头。

【知识链接】电涡流传感器的安装步骤

① 探头插入安装孔之前，应保证孔内无杂物，探头能自由转动而不会与导线缠绕。

② 为避免擦伤探头端部或监视表面，可用非金属测隙规则测定探头的间隙。

③ 也可用连接探头导线到延伸电缆及前置器的电气方法整定探头间隙。

当探头间隙调整合适后，旋紧防松螺母。此时应注意，过分旋紧会使螺纹损坏。探头被固定后，探头的导线也应牢固。延伸电缆的长度应与前置器所需的长度一致。任意的加长或缩短均会导致测量误差。

前置器应置于铸铝的盒子内，以免机械损坏及污染。不允许盒子上附有多余的电缆，在不改变探头到前置器电缆长度的前提下，允许在同一个盒内装有多个前置器，以降低安装成本，简化从前置器到监视器的电缆布线。采用适当的隔离和屏蔽接地，将信号所受的干扰降至最低限度。

步骤 4：安装延伸电缆。

【知识链接】延伸电缆的安装

延伸电缆作为连接探头和前置器的中间部分，是涡流传感器的一个重要组成部分，所以延伸电缆的安装应保证在使用过程中不易受损坏，应避免延伸电缆的高温环境。探头与延伸电缆的连接处应锁紧，接头用热缩管包裹好，这样可以避免接地并防止接头松动。在盘放延伸电缆时应避免盘放半径过小而折坏电缆线。一般要求延伸电缆盘放直径不得小于 55mm。

步骤 5：安装前置器。

【知识链接】前置器的安装

前置器是整个传感器系统的信号处理部分，要求将其安装在远离高温环境的地方，其周围环境应无明显的蒸汽和水珠、无腐蚀性的气体、干燥、振动小、前置器周围的环境温度与室温相差不大的地方。安装时，前置器壳体金属部分不要同机壳或大地接触。安装时必须避免有其他干扰信号影响测量电路。

步骤 6：调试运行。

【知识链接】全程调校

校验时，一般采用传感器和前置放大器联调的方式，即采用现场调试，在移动探头的过程中，用显示仪在前置放大器处进行测量，线性度偏离标准过大时，对其进行调整，为此校验完成后可以保证从前置放大器到探头的良好线性度。

零位的确定通常是利用前置器输出的间隙电压来确定，当确认了一个零点电压后，也就是零位正常后，移动安装支架上的调节螺钉，进行全程校验。校验过程中，应注意走表间隙均匀、千分表等定位正确、校验仪表安装牢固且有监视表，并记录各有关参数。要求校验应从定位值到最大值，反向到仪表示值 0 位，到定位值再到仪表指示最大值。确保误差在允许范围内。检验完成后，将固定安装支架上的调节螺钉的六角螺栓均匀拧紧并固定支架。

三、拓展训练

选择判断下列安装正确的图例（图 6-11），并说明错误之处。

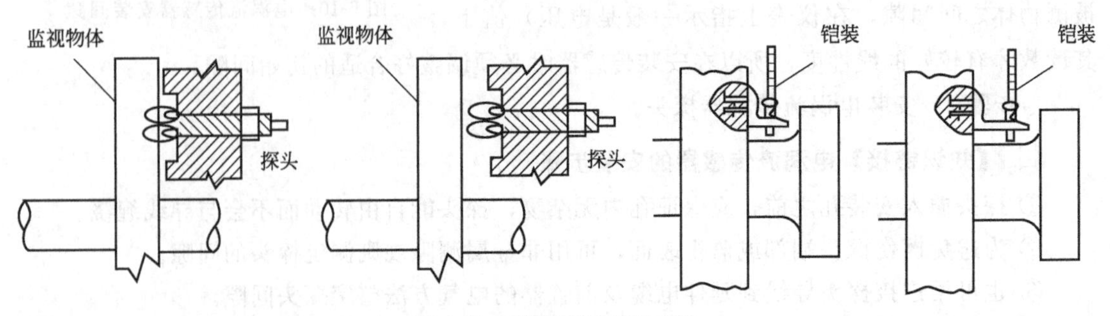

图 6-11　安装图例正误对照

【知识延伸】电涡流传感器探头安装注意事项

当探头装配在带有沉孔的安装架时，则要求将探头的端部全部伸出螺纹孔外，这样，所产生的感应涡电流就不会被干扰而直接达到被测物体的表面。

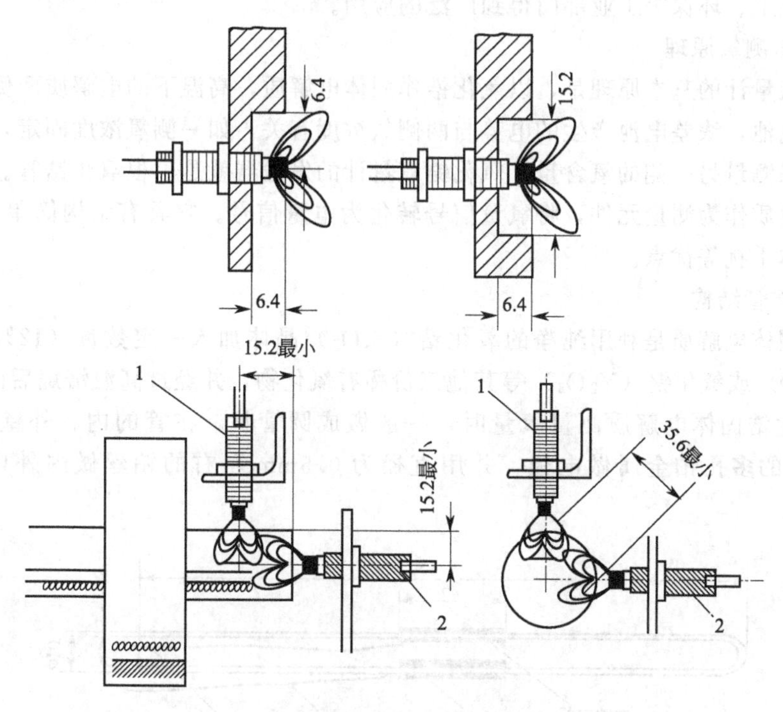

图 6-12　探头的安装要求

1—径向振动探头；2—轴向位移探头

当多个探头装配时，如果发生交叉连接等情况，那么对其相互之间的安装尺寸均有一定的要求，以防止其在工作时所产生的感应涡电流发生干扰。图示的尺寸是以探头直径 8mm 为例的。如果探头直径增大，那么安装尺寸就应按比例相应地放大。

探头的轴向装配，其轴向间隙应保持在 1.27mm 左右（以探头直径 8mm 为例）。

两个探头的周向定位必须隔开 90°，振动探头的径向装配必须使探头中心离开轴承端面距离 A，该距离与轴承直径有关。

任务三　氧量分析仪的应用

【学习目标】 了解氧量计的作用、种类及结构。

【能力目标】 会安装和使用氧量分析仪。

子任务一　认识氧化锆氧量计结构特性

一、知识准备

为了连续监督燃烧质量，以便及时控制燃料和空气的比例，使燃烧维持在良好的状态下，首先要控制燃料与空气的比例，使过量空气系数保持在一定范围内。然而直接测量过剩空气系数是非常困难的，但因其与烟气中的含氧量或二氧化碳的含量呈一定函数关系，所以目前的办法主要是对烟气的成分进行分析。用于烟气成分分析的仪表很多，如氧化锆氧量计、热磁式氧量计、热导式CO_2分析仪、气相色谱分析仪等。其中，氧化锆氧量计以其结构简单、响应快、灵敏度高、测量范围宽、运行可靠、安装方便、维护量小等优点，在电力、冶金、化工、环保等工业部门得到广泛的应用。

1. 氧化锆测氧原理

氧化锆氧量计的基本原理是，以氧化锆作固体电解质，高温下的电解质两侧氧浓度不同时形成浓差电池，浓差电池产生的电势与两侧氧浓度有关，如一侧氧浓度固定，即可通过测量输出电势来测量另一侧的氧含量。氧化锆氧量计的发送器就是一根氧化锆管。它是利用氧化锆固体电解质作为测量元件，将氧量信号转化为电量信号。它具有结构简单、安装方便、不受其他气体干扰等优点。

2. 氧化锆管结构

氧化锆固体电解质是利用纯净的氧化锆（ZrO_2）晶体加入一定数量（12%～15%）的氧化钙（CaO）或氧化钇（Y_2O_3）等其他三价稀有氧化物，并经过高温焙烧后制成的。

使用氧化锆固体电解质测量氧量时，一般做成圆管状，在管的内、外壁表面各烧结一层约2mm的多孔铂金属做电极，并用直径为0.5mm左右的铂丝做内外电极的引线，见图6-13。

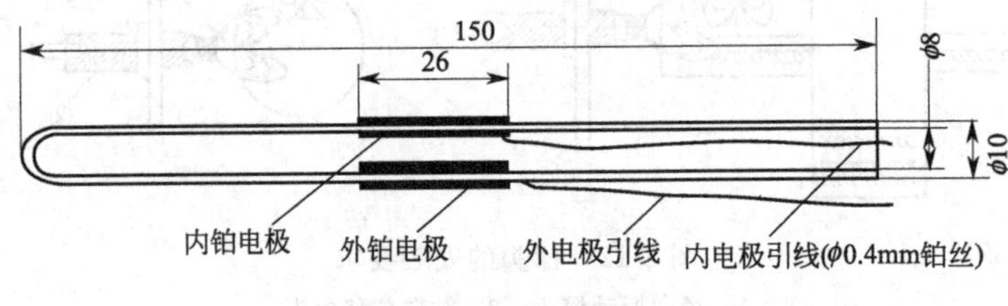

图6-13 氧化锆管

在氧化锆管两侧氧浓度不等的情况下，浓度大的一侧的氧分子在该氧化锆管表面电极上被金属铂吸附，并且在其催化作用下结合两个电子形成氧离子O^{2-}，而在金属铂表面上留下过剩的正电荷。氧离子进入氧化锆离子空穴中，向氧浓度低的一侧泳动，当到达低浓度一侧时在该侧电极上释放两个电子形成氧分子放出，于是在电极上造成电荷积累，两电极之间产生电势，此电势阻碍这种迁移的进一步进行，直到达到动平衡状态，这就形成浓差电池，它所产生的与两侧氧浓度差有关的电势，称作浓差电势。

电池两端产生的电势可由能斯脱（Nenstle）公式计算

$$E=\frac{\mathrm{R}T}{n\mathrm{F}}\ln\frac{p_2}{p_1} \tag{6-3}$$

式中 R——气体常数，R=8.315J/mol·K；

F——法拉第常数，F=96500C；

T——绝对温度，K；

n——反应时所输送的电子数，对氧$n=4$；

p_1，p_2——被测气体与参比气体中的氧分压。

若被测气体的总压力p与参比气体的总压力相同，则上式可改写为

$$E=\frac{\mathrm{R}T}{n\mathrm{F}}\ln\frac{p_2}{p_1}=\frac{\mathrm{R}T}{n\mathrm{F}}\ln\frac{\varphi_2}{\varphi_1}=0.0496T\lg\frac{\varphi_2}{\varphi_1} \tag{6-4}$$

式中　φ_2——参比气体中氧的容积成分，$\varphi_2=p_2/p$；

　　　φ_1——被测气体中氧的容积成分，$\varphi_1=p_1/p$。

在分析炉烟中的氧含量时，常用空气作参比气体，则 $\varphi_2=20.8\%$ 为定值。如果工作温度 T 一定，则氧浓差电势与被测气体中的氧含量的对数成线性关系。

二、工作任务

1. 任务描述

① 用氧化锆管检测，烟温为800℃时的氧浓差电势为16.04mV，试求该温度时烟气含氧量。设参比气体含氧量=20.8%。

② 氧化锆设计使用温度为800℃，其显示仪表指示氧量为10.392%时发现实际烟温是650℃，且氧化锆存在空白电动势0.4mV。试求此时烟气含氧量实际值是多少？仪表指示相对误差是多少？

2. 任务实施

[分析] 利用式(6-4)。

[解1] 烟温 $T=800+273.15=1073.15\text{K}$，取参比气体含氧量 $\varphi_2=20.8\%$，则由式(6-4)得

$$16.04=0.0496\times(800+273.15)\lg\frac{20.80}{x}(\text{mV})$$

解得被测烟气含氧量 $x=10.392\%$

[解2] 令 y 为实际含氧量（%），应考虑下列平衡式。

氧化锆产生的氧电势+空白电势=显示仪指示电势

$$0.0496\times(650+273.15)\lg\frac{20.8}{y}+0.4=0.0496(800+273.15)\lg\frac{20.80}{10.392}$$

解得 $y=9.473$，即烟气含氧量9.473%。

指示的相对误差

$$\gamma=\frac{10.392-9.473}{9.473}\times100\%=9.7\%$$

[结论] 在温度恒定时，可由氧化锆管输出的电势得出氧含量的测量值。当温度偏离设计工作温度较多时，指示有较大温度，需进行补偿修正。

三、拓展训练

结合氧化锆管的结构和输出特性，分析氧化锆管使用时应注意的问题。

【知识延伸】在选择和使用氧化锆管时注意事项

(1) 对氧化锆管的基本技术要求

① 氧化锆管的浓差电势值基本上符合理论计算值，性能要稳定，复现性好。

② 焙烧后的内部组织应尽可能变成稳定的立方晶体。结构致密，孔隙小，没有裂纹。管壁厚度要均匀，密封性良好。常温时，透气度用氦质谱测漏仪检验小于 $5\times10^{-7}\text{m}^3/\text{s}$。

③ 氧化锆和氧化钙要符合化学纯标准。

④ 氧化锆管应可以承受剧烈的温度变化。

(2) 在选择和使用氧化锆管时应注意的问题

① 氧化锆管的工作温度应保持恒定，如果不能保持其工作温度恒定，则应在仪表线路中采取补偿措施。因为只有当其工作温度恒定时，输出电势才与被测气样的含氧量呈单值函

数关系。一般，温度应保持在800℃左右。当工作温度过低时（<600℃），不能产生氧浓差电势；温度过高时（>1200℃），烟气中的氧在铂的催化作用下，易与烟气中可燃物质化合，输出电势增大。

② 氧化锆管材质应均匀致密，不能有裂纹或微小孔洞，否则氧气直接漏过，使两侧的氧浓差下降，输出电势减小；氧化锆材料的纯度要高，如存在杂质，特别是铁元素，则会使电子通过氧化锆本身短路，从而使输出的氧浓差电势降低。

③ 参比气体和被测气体压力应保持相等。只有这样，两种气体中氧分压之比才能代表两种气体中氧浓度之比。

④ 由于氧浓差电池有使两侧氧浓度趋于一致的倾向，因此必须保证被测气体和参比气体都有一定的流速，以便不断更新。

⑤ 电极引线应用纯铂丝，以防止出现接触电势，影响测量的准确性。

⑥ 氧化锆材料的阻抗很高，并且随工作温度降低按指数曲线上升。为了正确测量输出电势，与氧化锆管配接的二次仪表应有很高的输入阻抗。

⑦ 由于氧浓差电势与含氧量的关系为非线性，若采用输出电势作调节信号，应对输出电势进行线性化处理。

另外应该注意的是，由于氧化锆探头长期使用在高温状态下，易由于膨胀造成裂纹或使铂电极脱落；氧化锆管表面附着有烟尘微粒，也会造成铂电极上的微孔堵塞、积炭，使输出电势出现异常造成较大的测量误差，甚至使铂电极中毒，所以在使用过程中要经常清洗。

子任务二　氧化锆测量系统的安装调试

一、知识准备

氧化锆氧量计的测量系统，根据探头的工作温度要求，可分为定温式及温度补偿式两种测量系统；根据氧化锆管安装方式不同，可分为直插式与抽出式两种测量系统。抽出式系统是将气样抽出后再送入氧化锆管测量，带有抽气和净化系统，能除去杂质和SO_2等有害气体，对保护氧化锆管有利，并且氧化锆管处于800℃恒温下工作，准确度较高，但系统复杂，迟延较大，不能及时反映被测烟气的含氧量变化。生产中一般多采用直插式测量系统。直插式就是将氧化锆管直接插入烟道的高温部分。

1. 直插补偿式测量系统

补偿式是根据温度在700～800℃之间时，K型热电偶的热电势随热端温度的变化与氧化锆氧浓差电势随烟气温度的变化基本相等，二者之差基本与温度无关的原理来实现补偿的。将一只K型热电偶放在氧化锆探头内，使氧化锆输出的氧浓差电势与K型热电偶的热电势反向串联，然后再送到二次仪表。这种方法虽不能完全补偿，但系统简单，所以在工业上应用很广。如果把氧化锆管输出的氧浓差电势和K型热电偶输出的热电势分别利用变送器转换为相应的电流，然后再经除法器运算后输出，可基本消除氧化锆管工作温度对测量的影响，此种补偿范围较广，效果也较好。

2. 直插定温式测量系统

直插定温式测量系统如图6-14所示。直插定温式测量系统的安装位置不受烟气温度的限制，探头通过电热丝加热，由热电偶控制工作温度，该系统应用较多。

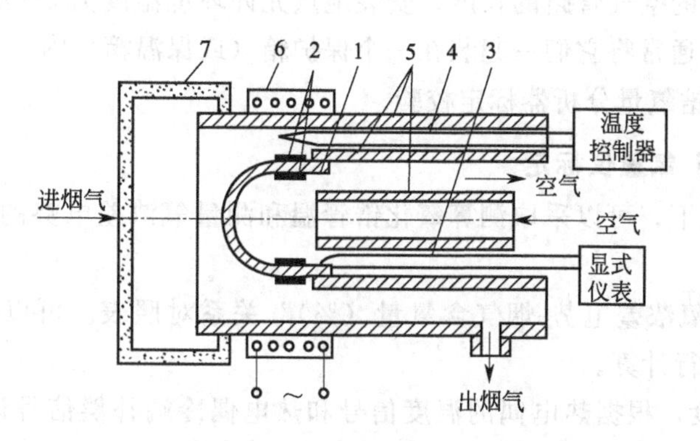

图 6-14　直插定温式测量系统

1—氧化锆管；2—内外铂电极；3—电极引出线；4—热电偶；
5—氧化铝管；6—加热炉丝；7—陶瓷过滤器

二、工作任务

1. 任务描述

安装直插式氧量测温系统。

2. 任务实施

器具：直插式氧量测温系统、工具1套。

步骤1：选择测点。

【知识链接】安装点的选定

检测器的安装首先要考虑安装点的选定，可根据烟温选定加热或不加热氧探头。一般来说，烟气温度较低，检测元件锆管使用寿命长，但探头的内阻较大；烟气温度高，探头寿命短，但内阻小，动态响应快。一般中小型锅炉安装点选在锅炉省煤器前、过热器后较合适，安装点烟气流动性较好，切忌安装在炉内侧、死角涡流缩口处，内侧和死角点容易使响应滞缓，气涡流处氧含量波动大，缩口处易堵灰且冲刷厉害；而且安装点不能有漏气，否则烟道内负压将空气吸入烟道，造成氧量测量偏高，不能如实反映烟道内氧含量。

步骤2：采用法兰安装方式安装氧化锆管，烟道法兰和探头法兰之间装入石棉密封垫，用螺栓固定密封。

【知识链接】安装注意事项

① 氧化锆管元件系陶瓷类金属氧化物，安装时不要与炉膛内的管子剧烈碰撞。

② 氧化锆探头需要安装在烟道中心处。

③ 在运行的锅炉上安装时，应将氧化锆探头缓缓插入烟道安装座中。探头应稍向上倾斜。

④ 氧化锆探头与安装座的法兰连接处，需垫橡胶石棉圈密封，以防空气渗入，影响测量。

⑤ 氧化锆管的热电偶信号线必须用相应的补偿导线接入二次检测仪表。

步骤3：氧化锆氧量分析器的成套仪表包括探头、控制器、电源变压器、气泵、显示仪表等，控制器、电源变压器、气泵一般安装在探头附近的平台上，以便于缩短电气连接以及气泵与探头相连接的空气管路的长度。安装地点允许环境温度为5～45℃，周围无强电磁场。为防雨、防冻，通常将它们一起装在一个保护箱（或保温箱）内。

步骤4：氧化锆氧量分析器标定校验。

【知识链接】氧量仪标定

标准样气的情况下，可以采取测算氧化锆管温和测量氧浓差电势的方法进行查表标定，方法如下。

① 准备“温度-氧浓差电势-烟气含氧量（%）”关系对照表。可以借助有关技术资料，也可以用式(6-4) 进行计算。

② 测算锆管温度，根据热电偶的温度信号和热电偶冷端补偿信号计算锆管温度，并化为相应的热力学温度（开尔文温度）。

③ 确定锆管温度稳定在正常使用范围后，对二次表进行“零点”毫伏标定，即断开氧浓差毫伏信号，按相应的温度查关系对照表，对二次仪表加对应的“零点”毫伏信号，调整二次仪表的“调零”，使其显示为“零”，输出标准信号（如4mA）。

④ 满值标记，即把“校验阀门”打开，检查氧浓差电势毫伏值为零，调整二次仪表“量程”，使其显示满值（即20.8%），且输出满量程信号（如20mA）。调整完毕后关闭“校验”气阀；

⑤ 测量氧浓差电势，根据所测算的温度（T）和氧浓差电势（E），查关系对照表，并按查得的百分含氧量检查标定是否正确，如误差在允许范围内，则标定完毕，否则需检查二次仪表是否合格，确定后再重新标定。

步骤5：氧化锆氧量计的投入使用。

【知识链接】氧量计投运

校验接线无误后即可开启电源，将氧探头升温至700℃。当温度稳定后，按下测量键，仪表应指示出烟气含氧量。此时可能指示出很高的含量（超过21%），这是正常现象，是由于探头中水蒸气和空气未排尽。可用洗耳球慢慢地将空气吹入“空气入口”，以加速更新参比侧的空气，一般半天后仪表指示正常。

三、拓展训练

阅读下列文字，了解智能氧量测量系统。

【知识延伸】采用单片机组成的智能氧量测量仪

采用单片机组成的智能化仪表，可以对氧探头送来的氧浓度电势、K型热偶电势进行测量比较，用“能斯脱”公式实时地计算出烟气中的氧含量，并且在计算中引入参数校正法，具有氧探头本底电势补偿、氧电势斜率修正功能，弥补了氧探头的离散性缺陷，延长了氧探头的使用寿命。

图6-15所示为某种分析仪原理方框图，具有三位LED高亮度显示氧量、工作温度、氧电势，双路标准电流输出0～10mADC/4～20mADC，量程0～10%O_2或0～20%O_2内设开关选择，自动温度控制，热电偶断偶保护，自动电源监视等功能。

氧化锆传感器送来的氧浓差电势，热电偶电势信号，经滤波后和校正信号一起进入分析仪的输入通道多路选择器，再经A/D转换成数字量信号，由单片机根据能斯脱公式计算出含氧量后，一路由数码管显示被测烟气氧含量，另一路经光电隔离，D/A变换，U/I转换

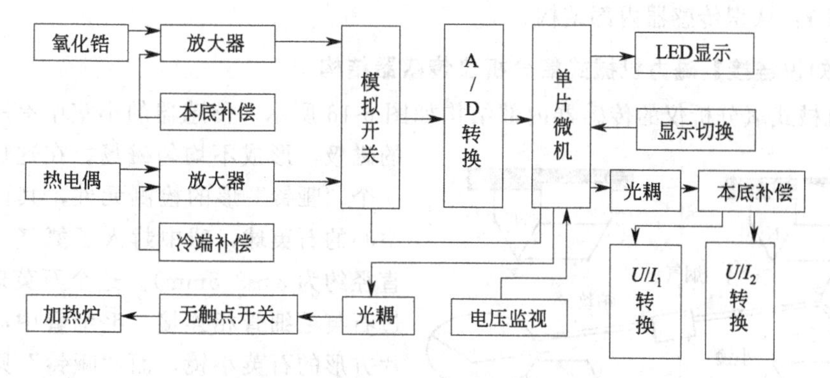

图 6-15　智能氧分析仪原理方框图

成 0～10mA 或 4～20mA 直流输出信号。同时，变换器把热电偶的电势信号经冷端补偿后进行计算处理，输出并控制加热电炉的电压，使检测器的氧化锆元件在恒温下工作。

子任务三　磁氧分析仪的使用

一、知识准备

氧气本身具有许多物理性质，如导热系数、光谱的吸收和磁特性等，而导热系数和对光谱的吸收反应不明显，因此，目前工业上连续测定氧含量的分析仪，大都是利用氧的磁性特征这一原理。

1. 顺磁性

在外磁场作用下，物质会发生磁化，这时物质中的磁感应强度 B 是由外磁场强度 H 和由于磁化所产生的物质内附加磁场强度 H' 叠加而成，而附加磁场的大小与外磁场强度成正比，可用下式表示

$$B=H+H'=H+4\pi\kappa H$$

式中，κ 为物质的容积磁化率，它代表物质磁化能力的大小。容积磁化率 $\kappa>0$ 的物质，其附加磁场与外磁场方向相同，称之为顺磁性物质，它们在不均匀的外磁场中受磁场的吸引。容积磁化率 $\kappa<0$ 的物质，其附加磁场的方向与外磁场方向相反，称为逆磁性物质，它们在不均匀的外磁场中受到排斥。容积磁化率的绝对值愈大，在一定外磁场中所受到的吸引力或排斥力也愈大。

炉烟各成分中只有 O_2 和 CH_4 是顺磁性物质，其他均为逆磁性。但 CH_4 的磁化率比 O_2 的要小得多，而且在烟气中 CH_4 含量极微。烟气这一混合气体的容积磁化率主要取决于氧成分的含量，于是可根据混合气体的容积磁化率大小来测量其中氧的含量。

2. 磁氧分析仪

根据氧的顺磁性原理制作的磁氧分析仪，目前所采用的工作方式主要有磁风式、磁压式和哑铃球磁动力式三种。

二、工作任务

1. 任务描述

使用磁力机械式氧量计测量。

2. 任务实施

器具：磁力机械式氧量计系统、工具 1 套。

步骤 1：认识传感器内部结构。

【知识链接】磁力机械式氧分析仪传感器结构

磁力机械式氧分析仪的传感器内部结构如图 6-16 所示，传感器的小室中有一对尖劈形的磁极，形成不均匀磁场。在这磁场中，有一个“哑铃”形的检测元件，其两端是两个空心的石英球，球中封入了氮气（石英球的直径约为 3～3.5mm）。这个石英球中间是通过石英毛细管相连接。毛细管中心处粘贴一片方形的石英小镜，而“哑铃”则用灵敏度很高的张丝悬吊在尖劈形磁极的中间，张丝为铂铱丝。另在石英球外绕有一圈铂铱丝，铂铱丝也粘贴在石英球面上，与张丝形成了电流通路。

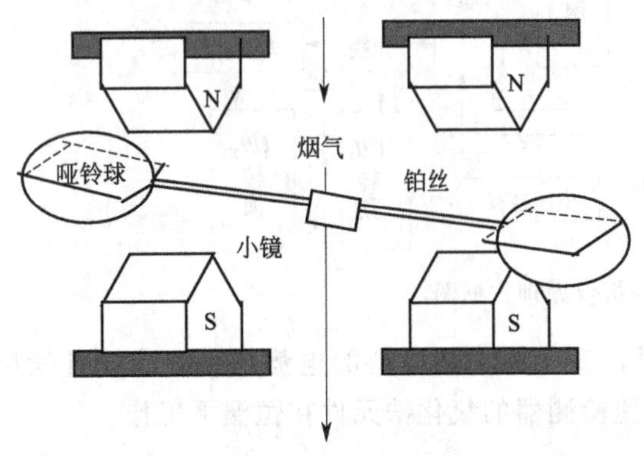

图 6-16　磁力机械式氧分析仪原理方框图

步骤 2：了解磁力机械式氧量计的原理。

【知识链接】磁力机械式氧量计的工作原理

对于不均匀磁场，当气体进入此磁场中，如果气体为顺磁性，则就被此磁场所吸引，使靠近磁场强的区域的气体分子密度增大，因此气体就沿着磁场强度的方向产生密度梯度，在一定的温度下便有一定的压力差。当上述气体为一混合气体，其中含有氧气时，混合气体的顺磁性大小就取决于含氧量的大小，所以形成的压力差也就取决于氧浓度。如果把体积为 V、磁化率为 κ_0 的物体 A 放入这样的磁场中，物体就会受到这个压力差形成的推力 F 作用。F 的大小就代表混合气体中氧含量。

由于石英球中封以氮气，使球呈微弱的逆磁性，即整个“哑铃”呈微弱的逆磁性。若通入传感器的气体中没有氧气，则磁场对“哑铃”有一个推力，当偏转的力矩与悬吊的张丝的弹性力矩相平衡时，两个石英球处于磁场的某一位置。另有特制灯泡作为光源，发出的光束通过透镜等一系列装置，使一束光线聚焦在“哑铃”中央的小镜上，小镜将光束反射到一对差动连接的硅光电池上，通过机械位置的调整，使两块光电池上光照量相等，输出信号为零。当通入传感器的待测混合气中含有氧气时，由于磁场对氧气的吸引所形成的压力差对石英球产生了推力，推动“哑铃”带着小镜绕张丝轴线旋转一个角度。氧浓度越高，偏转角越大。由光源、反射镜及光敏元件组成的精密光学系统将测出这一偏转并转换成电信号，它使反射到双光电池上的光带移动，使其两块电池上的光强度不同，便有差动信号输出。

差动信号传输给一个直流放大器放大，一方面供显示仪表指示记录，同时以电流的形式流经“哑铃”两端的石英球外的线圈，该通电线圈受到磁场的作用力，使“哑铃”向反方向偏转，回到起始位置附近，所以这是负反馈形式，负反馈的引入就使“哑铃”在相对静态平衡状态下的偏转角度大为减小，而相对静态平衡状态下的极小偏转角以及相应的输出信号仍与氧气的浓度成正比。这样就把进入传感器的待测混合气体中氧含量的变化转化为相应大小的电信号输出。这一很强的电流负反馈，使得仪表的输出完全线性。同时减小了许多产生误差的因素，使仪表的抗震性能、精度、稳定性大为提高。

⏱步骤 3：安装使用磁力机械式氧分析仪。

📖【知识链接】使用注意事项

① 磁力机械式氧分析仪基于对磁化率的直接测量，像氮等一些强磁性气体会对测量带来严重干扰，所以应将这些干扰组分除掉。此外，一些较强逆磁性气体也会引起较大的测量误差。如氙气，若样品中含有较多的这类气体，也应予以清除或对测量结果采取修正措施。

② 氧气的体积磁化率是压力、温度的函数，样气压力、温度的变化以及环境温度的变化，都会对测量结果带来影响。因此，必须稳定样气的压力，使其符合调校仪器时的压力值。环境温度和整个检修部件，均应工作在设计的温度范围内，一般来说，各种型号的磁力机械式氧分析仪均带有温度控制系统，以维持检测部件在恒温条件下工作。

③ 无论是短时间的剧烈振动，还是轻微的持续振动，都会削弱磁性材料的磁场强度，因此，该类仪器多将检测器等敏感部件安装在防振装置中。当然，仪器安装位置也应避开振源并采取适当的防振措施。另外，任何电气线路不允许穿过这些敏感部分，以防电磁干扰和振动干扰。如图 6-17 所示。

图 6-17 磁力机械式氧分析仪的安装

⏱步骤 4：磁力机械式氧分析仪调零。

📖【知识链接】调零方法

磁力机械式氧分析仪是以机械方式调节零点，称为机械调零。其实质是保证样气不含氧时硅光电池对左右两块的光照面积相等，仪器输出为零，为此，测量电池可以转动到一个合适的位置固定之，使反射光束以恰当的角度照射在光电池上，这可称为粗调。另外通过机械调节螺钉改变光电池的位置，仔细调整，称之为细调。

在装拆测量池和更换专用光源灯泡，仪器长期运行、测量过程中组分的变化、环境的变化等情况下需进行调零操作。

三、拓展训练

上述任务中使用的磁力机械式氧分析仪，采用抽出式的测量系统。阅读下列文字，了解在线气体分析系统基本组成。

📖【知识延伸】在线分析仪器

在线分析仪器（on-line analyzer），又称过程分析仪器（process analyzer），广泛应用于工业生产的实时分析和环境质量及污染排放的连续监测，对被测介质的组成或物性参数进行自动连续测量。

在现代工业生产过程中，必须对生产过程的原料、成品、半成品的化学成分（例如水分含量、氧分含量)、密度、pH 值、电导率等进行自动检测并参与自动控制，以达到优质高产、降低能源消耗和产品成本，确保安全生产和保护环境的目的。

分析的方法有两种类型：一种是定期采样并通过实验室测定的实验分析方法（这种方法所用到的仪表称为实验室分析仪表或离线分析仪表）；另一种是利用仪表连续测定被测物质的含量或性质的自动分析方法（这种方法所用到的仪表称为过程分析仪表或在线分析仪表）。

通常在线分析仪表和样品预处理装置（一般安装在取样点附近）共同组成一个在线测量系统，以保证良好的环境适应性和高可靠性，其典型的基本组成如图 6-18 所示。

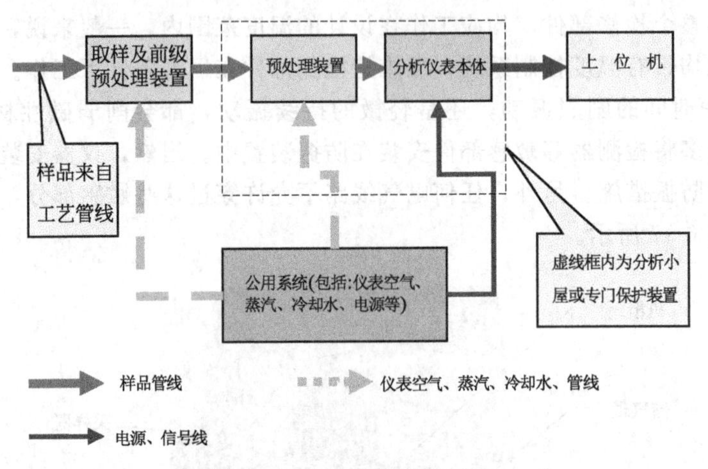

图 6-18　在线分析测量系统

取样装置从生产设备中自动快速地提取待分析的样品，前级预处理装置对该样品进行初步冷却、除水、除尘、加热、汽化、减压和过滤等处理，预处理装置对该样品进行进一步冷却、除水、除尘、加热、汽化、减压和过滤等处理，还实现流路切换、样品分配等功能，为分析仪表提供符合技术要求的样品。公用系统为整个系统提供蒸汽、冷却水、仪表空气电源等。样品经分析仪表分析处理后得到代表样品信息的电信号通过电缆远传到 DCS。

显示仪表的使用及数据采集处理

任务一 模拟式显示仪表的应用

【学习目标】了解模拟式显示仪表的种类特点。

【能力目标】能根据检测需要组成完整的测量系统。

子任务一 磁电式显示仪表

一、知识准备

1. 显示仪表作用

显示仪表是接收检测仪表的输出信号显示被测值的仪表。一般是把温度、压力、流量、物位和机械量等传感器送来的检测量用指针或数字指示出来。显示仪表分为模拟式指示仪表和数字式显示仪表。模拟式指示仪表的指示部件一般称为指示器，数字式显示仪表的显示部件称为显示器，用于计算机人机对话系统的显示装置一般也称为显示器。

2. 模拟式和数字式显示仪表

模拟式指示仪表一般是用指针来指示测量值，有全量程指示和偏差指示两种形式。输入信号是从各种变送器送来的统一信号（直流电流 4～20mA），也有将指示仪表与传感器直接相连。有的指示仪表还具有控制输出功能。模拟式显示仪表一般具有结构简单可靠，价格低廉的优点，其突出的特点是可以直观地反映测量值的变化趋势，便于操作人员一目了然地了解被测量的总体情况；因此即使在数字化和微机化仪表技术快速发展的今天，模拟式显示仪表仍然在许多场合得到广泛应用。过去模拟式显示仪表以指针的转角、记录笔的位移等来显示或记录被测值，20 世纪 70 年代以来，新型的发光器件不断出现，正在逐渐取代传统的指针式指示仪表。如高辉度的高分辨力的等离子指示调节仪、彩色液晶显示指示仪和发光二极管偏差指示仪等。

数字式显示仪表用数字显示方式指示被测量，采用的显示器件有荧光数码管、液晶显示器和发光二极管（又称 LED 数码管）等。它是在模拟式指示仪表的基础上发展起来的。特别是 20 世纪 60 年代末数字集成电路的出现，使数字显示仪表得到迅速的发展。数字显示与模拟指示比较，具有分辨率高、量程大、读数方便、没有视差、便于与计算机相连等优点。其缺点是不易判读被测量的变化趋势；数字跳动频繁而影响判读。数字式显示仪表按采用的原理、显示功能、点数分成多种类型。它与各种变送器相配对被测量进行显示和控制。一般备有打印输出装置并且可与计算机相连接。20 世纪 70 年代末出现的带有微处理机的各种智能化数字式显示仪表，具有显示精度高、自校准、自诊断等功能，可与计算机进行通信。

常见的模拟式显示仪表按工作原理分为磁电式显示与记录仪表和自动平衡式显示与记录仪表。

二、工作任务

1. 任务描述

① 认识动圈仪表的铭牌。

② 拆解一只动圈仪表，观察结构，复装。

③ 探究动圈仪表工作原理。

④ 将动圈仪表与配套传感器组合起来构成测量系统。

2. 任务实施

器具：配热电偶、热电阻温度计的动圈仪表各 1 只，外接调整电阻若干、补偿导线若干米、保温桶 1 只，工具 1 套。

步骤 1：观察铭牌，熟悉命名规则。

【知识链接】动圈表命名法

动圈式显示仪属磁电式毫伏计，指示器采用张丝支承式结构，灵敏度高，使用寿命长。这种仪表操作方便，维修简单，价格低廉，并可与各种变送器适配，因此在过程检测控制仪表中得到广泛地应用。它一般安装在仪表盘上，供操作人员监视和控制现场作业。

动圈表与热电偶、热电阻、其他输出为直流毫伏或电阻变化的测量元件配合，可以显示被测介质的温度或其他参数。

全国统一设计的动圈表的型号命名有两节。

第一节为大写汉语拼音字母：

· 第一位 X 代表显示；

· 第二位 C 代表动圈式磁电系；

· 第三位 Z 代表指示仪，T 代表指示调节仪。

第二节是阿拉伯数字：

· 对于指示仪第一位为 1，第二位为 0；

· 对于调节仪第一位用 1、2、3 表示设计序列或种类，第二位用 0、1、2、3、4……表示控制方式；

· 第三位数字表示配接传感器或变送器类型，1 表示配热电偶，2 表示配热电阻，3 表

历史回顾

毫伏计属磁电系电流表，18 世纪中叶即有。

我国从 20 世纪 60 年代起自行设计制造生产系列动圈式显示仪表，1966 年 3 月，第一机械工业部仪表总局和上海工业自动化仪表研究所组织进行全国显示记录调节仪的统一设计。这些仪表以后又经数次改进，至今仍在生产。目前有 XC、XF、XJ 等系列。

1976—1986 年，上海自动化仪表三厂自行研制出应用集成电路技术带数字显示的 XMT 系列、XMTE 和 TCN 系列、XZS 系列显示记录调节仪表，投入批量生产。

示配毫伏输入式仪表（如霍尔压力变送器），4 表示配电阻输入式仪表。

步骤 2：拆解动圈仪表，观察结构组成。

【知识链接】动圈表结构

指示调节型动圈表包括三部分：动圈测量机构、测量电路和电子调节电路。指示型只有两部分：动圈测量机构和测量电路。

动圈表的测量机构结构主要由表头组件和串联电阻等组成。为减轻重量，动圈采用无框架结构，由直径 0.8 mm 铜线绕制而成，匝数 292 匝；铝指针后部有燕尾平衡丝杆，上面安装平衡锤使可动部分重心与转轴中心重合。

仪表的支承系统采用张丝，一头焊接在动圈的张丝座上，另一头焊接在支架的弹片上。张丝的特点是无摩擦，灵敏度高。

仪表的磁路系统采用立式圆柱串联外磁钢结构。两块铝镍钴合金永久磁铁，极靴铁与铁芯之间有空气隙，动圈置于空气隙中。磁分路调节片可以部分短路磁力线，仪表在调校和维修时，若指示误差不大，可调整它的位置（调整磁感应强度 B）来校正。

步骤 3：认识动圈表工作原理。

【知识链接】动圈表工作原理

动圈式显示仪表工作原理是利用通电流导体在磁场中受力的原理。仪表测量机构的核心部件是一个磁电式毫伏计。如图 7-1 所示，当有直流毫伏信号加在动圈上时，便有电流流过动圈，使动圈的两个与磁场方向垂直的边受到大小相等、方向相反的安培力 F。力 F 使该载流线圈受到电磁力矩 M 作用而转动，M 正比于流过动圈的电流 I。动圈的转动使张丝扭转，于是张丝产生反抗动圈转动的力矩 M_f，M_f 随张丝扭转角度 α 的增大而增大，当电磁力矩和张丝反作用力矩平衡时，线圈就停止转动，此时偏转角度 α 的大小与电流 I 成正比。

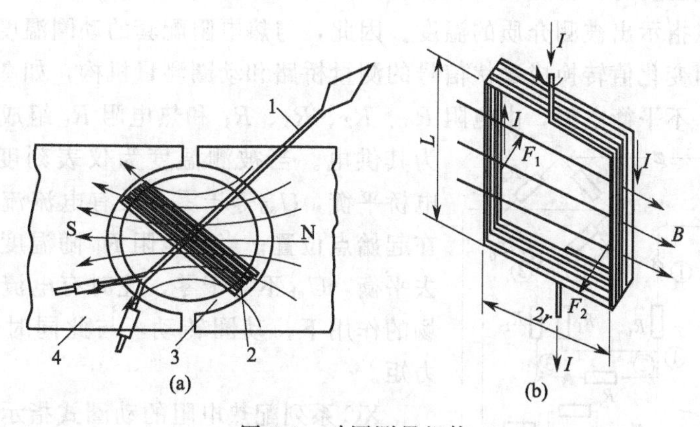

图 7-1　动圈测量机构

1—指针；2—动圈；3—空气隙；4—永久磁铁

步骤 4：热电偶配动圈表组成测温系统。

① 选择配套热电偶及动圈表，注意观察分度号。

② 打开热电偶接线盒盖，注意观察正负极标注。

③ 将热电偶正负极与补偿导线连接起来，注意极性不要接反。

④ 按照接线端子图（图 7-2）将补偿导线连接至 XCZ-101 型（或 XFZ-101）动圈表接线

端子。

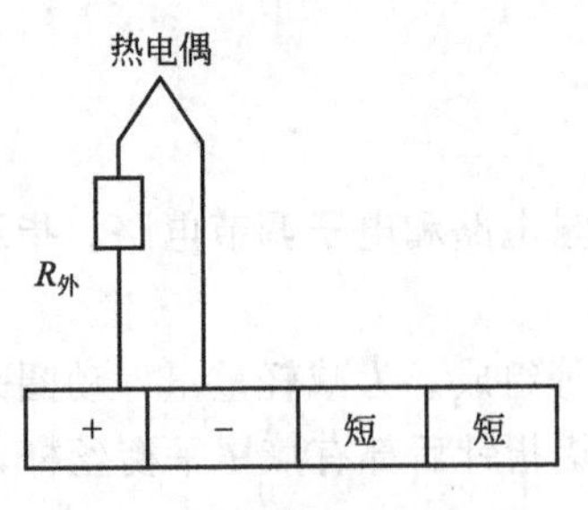

图 7-2 热电偶接线端子图

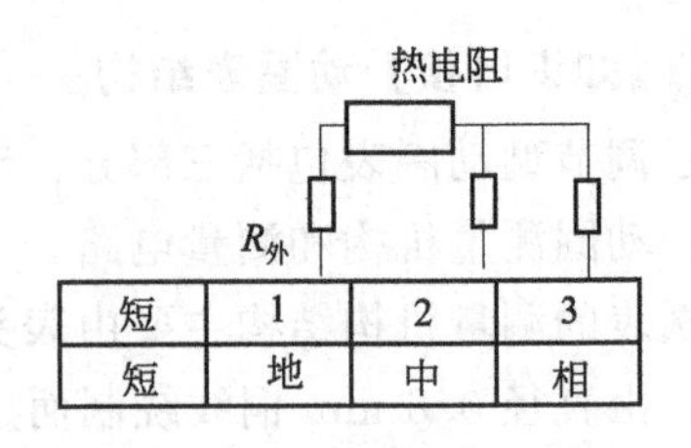

图 7-3 热电阻接线图

⑤ 调整外接电阻至 15Ω（XF 系列不需此步骤）。

⑥ 将热电偶插入保温桶中，观察指针的指示情况。

步骤 5：热电阻配动圈表组成测温系统。

① 选择配套热电阻及动圈表，注意观察分度号。

② 打开热电阻接线盒盖，注意观察接线柱标注。

③ 将热电阻与导线连接起来，采用三线制接法，按照接线端子图（图 7-3）将导线连接至 XCZ-102 或 XFZ-102 型动圈表接线端子。

④ 调整外接电阻至 5Ω，注意三根线均须调整（XF 系列只需三根线长度、粗细、材料相同）。

⑤ 外接 220V 交流电源。

⑥ 将热电阻插入保温桶中，观察指针的指示情况。

【知识链接】XC 系列动圈表与热电阻配套测量线路

动圈式仪表测量机构实际上是一个带动圈的磁电式毫伏计，要求输入毫伏信号。因此，当用热电阻来测量温度时，首先就得设法将随温度变化的电阻值转换成毫伏信号，然后送至动圈测量机构，以指示出被测介质的温度。因此，与热电阻配套的动圈温度指示仪主要由两部分组成，将电阻变化值转换成毫伏信号的测量桥路和动圈测量机构，如图 7-4 所示。

测量桥路是一不平衡电桥，由电阻 R_0、R_2、R_3、R_4 和热电阻 R_t 组成。采用稳压电源为其供电。当被测温度为仪表刻度起始点温度时，电桥平衡，U_{ab} 等于零，没有电流流过动圈，指针指在起始点位置；当热电阻 R_t 随温度变化时，电桥失去平衡，U_{ab} 不等于零，此时有电流流过动圈，在磁场的作用下，动圈转动，与此同时，张丝产生反抗力矩。

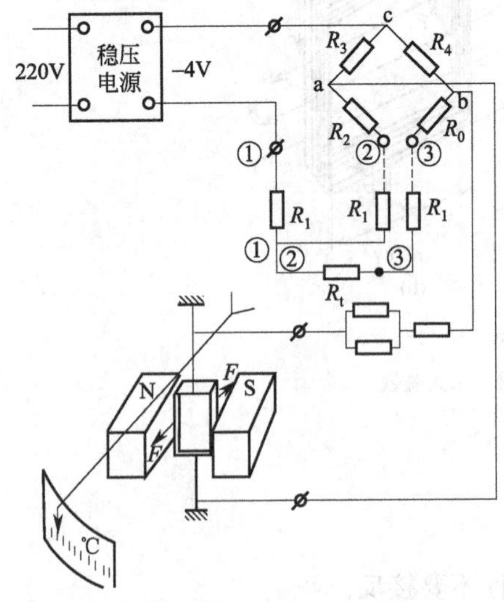

图 7-4 XCZ-102 型动圈表测量原理图

XC 系列配热电阻的动圈式指示仪统一规定了外接电阻值，对三线制连接法规定每根外接导线电阻 5Ω，使用时，若每根连接导线电阻不足 5Ω 时，用调整电阻补足。

热电阻与桥路的连接采用三线制接法。以图 7-4 为例，从热电阻上接出三根相同材料、相同直径和长度的导线，它们的电阻都是一样的，受环境温度变化而引起的电阻变化也是一样的，这样可以在很大程度上减小连接导线电阻变化引起的误差。例如在仪表刻度起点，电桥处于平衡状态，这时等式 $R_2+R_1=R_0+R_1+R_t$ 两边可消去 R_1，因此即使 R_1 随环境温度而变化，电桥仍是平衡的，不会引起附加误差。但在仪表偏离起始点后，上式两边不相等，桥路处于不平衡状态，这时 R_1 的变化，就会影响输出电压变化，产生附加误差，但 R_1 的变化对输出电压的影响会相互抵消一部分，因此不会产生较大的附加误差。

三、拓展训练

① 试更换使用与热电偶分度号不配套的动圈表，指示值会怎么样？

② 试更换使用与热电阻分度号不配套的动圈表，指示值会怎么样？

③ 阅读下面的文字，比较 XF 系列比 XC 系列改进之处；总结两种表接线使用时有何差异。

【知识延伸】XF 系列动圈仪表

XF 系列动圈仪表是在原 XC 系列动圈式显示仪表的基础上改进后出现的一种新型动圈仪表。它采用游丝表头，首先由运算放大器对输入信号进行放大，然后推动强力矩内磁结构的动圈表头，达到全量程指示的目的，使磁电式仪表的品质因素提高，具有指示稳定、抗振性强、阻尼时间短、倾斜影响小、输入阻抗高等特点，能与热电偶、热电阻及电流信号等配合使用，且保持原来设定方式和外形尺寸。该仪表性能可靠、使用寿命长，具有很高的性价比。此外，还有 T 系列动圈式指示调节仪，该类表有二位式、三位式、时间比例式、PID（比例积分微分）直流连续输出等，能与热电偶、热电阻、霍尔变送器、远传压力表、流量变送器、标准直流信号等配合使用，将温度、压力、流量、液位、电压、电流等各种工业参数进行指示和调节。如图 7-5 所示。

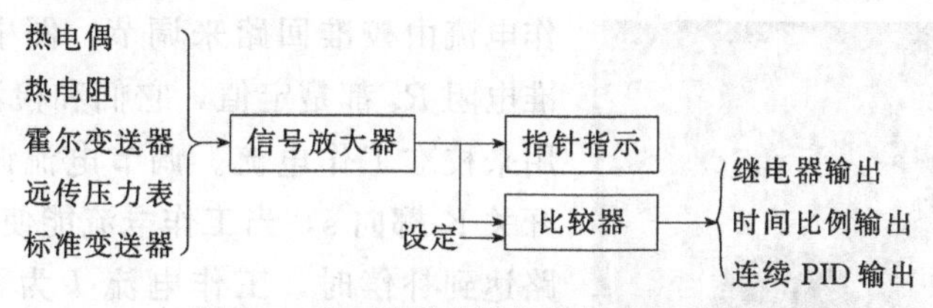

图 7-5 XF 系列动圈仪表基本原理图

该仪表由于采用了高放大倍数的集成电路线性放大器，通过动圈的电流增大很多，动圈得到的旋转力矩较大，故称为强力矩动圈式仪表。由于采用强力矩游丝作为平衡元件，故稳定性好，具有较强的抗振能力。又因在集成运算放大器中可设置冷端温度自动补偿，故不需在热电偶测温回路中接入冷端温度补偿器。此外，由于运算放大器的输入阻抗很大，外电路的等效电阻与输入阻抗相比，可忽略不计，因此除电阻输入信号的仪表需配外线电阻外，其他信号输入的仪表，可不配线路调整电阻，给使用带来了方便，也相当于增加了一级串联校正环节，提高了仪表的准确度。

子任务二 电位差计的使用

一、知识准备

动圈式显示仪表虽然具有结构简单、价格便宜、易于维护、测量方便等优点，但其读数受环境温度和线路电阻变化的影响很大，测量的准确度低，不易用于精密测量。另外，动圈表的运动部分易损坏。使用电位差计可以克服这些缺点，电位差计的精度高，能达 0.5 级以上。

电位差计可用于测量热电偶的输出热电势，电位差计的测量原理是用电压平衡法，即用一个已知的标准电压与被测电势相比较，当两者达到平衡时，由已知的标准电压确定被测电势的数值。

电位差计测量方法的特点是：在读数时通过热电偶及其连接导线的电流等于零，因而热电偶及其连接导线的电阻值即使有些变化，不会影响测量结果，使测量准确性大为提高，这是比动圈式仪表精度高的主要原因。

二、工作任务

1. 任务描述

① 认识电位差计的组成及功能。

② 使用电位差计测热电偶输出电势。

2. 任务实施

器具：手动直流电位差计 1 台，热电偶 1 支，沸点水槽 1 只，工具 1 套，补偿导线若干。

步骤 1：认识电位差计。

【知识链接】电位差计工作原理

UJ 系列手动直流电位差计，由步进读数盘（步进盘）、滑线读数盘（滑线盘）、晶体管放大检流计、电键开关、辅助工作电源和标准电池等组成。电位差计工作原理如图 7-6 所示，回路 1 为工作回路，回路 2 为校准电流回路，回路 3 为测量回路。

在电位差计设计过程中，为了定标方便，工作回路的电流一般为 10^n A（如 10^{-2} A）。工作电流由校准回路来调节，图中标准电池 E_S、标准电阻 R_s 都是定值，它们和检流计 G 组成的回路用来校准工作电流。调节电流调节器 R_P，将切换开关 K 掷向 s，当工作电流能使工作回路和校准回路达到补偿时，工作电流 I 为 $I=E_s/R_s$（如 $I=10^{-2}$ A）。

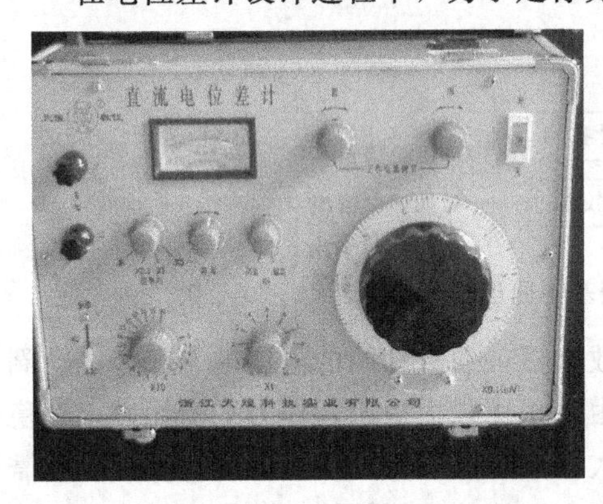

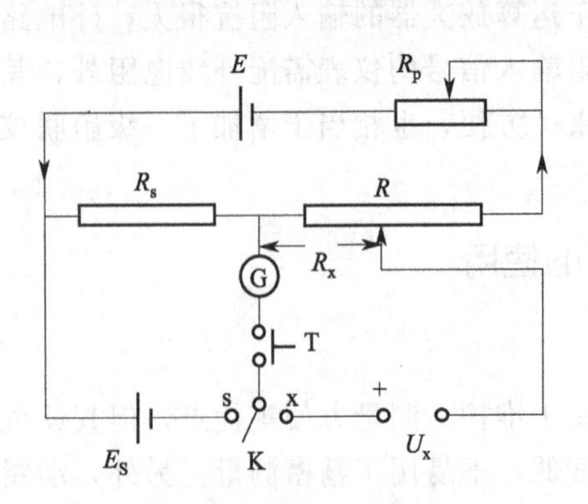

图 7-6　电位差计工作原理图

由于标准电池及标准电阻的准确度都比较高，加上应用了高灵敏度的检流计，所以电位差计可得到较高的测量准确度。标准电池的电势很稳定，但随温度变化而略有变化。使用中需注意标准电池不允许通过大于 1μA 的电流。

步骤 2：校准电位差计工作电流。

① 将被测“未知”的热电偶电动势接在未知的两个接线柱上（注意极性）。

② 把倍率开关旋向所需的位置上，调节检流计指零。

③ 将切换开关 K 掷向 s（“标准”），调节电流调节器 R_P，当检流计指针到零时，I 符合规定值。

步骤 3：测量热电偶电势。

【知识链接】测量与读数方法

在测量时，将K掷向x（“测量”），调节步进读数盘和滑线读数盘，若在某一位置，其分得电压$U(=I\times R_x)$和被测回路达到补偿，检流计指针指零，即$U_x=U$。此时R的位置就指出被测电势的大小。

对于测量仪器，读出的数据不应是电阻（R_x）值，而是通过简单计算得到被测量的电压值$U_x(=0.01\times R_x)$，未知电压或电动势按下式表示：

$$U_x=(\text{步进盘读数}+\text{滑线盘读数})\times\text{倍率}$$

注意：在连续测量时，要求经常核对电位差计工作电流，防止工作电流变化。

三、拓展训练

阅读下面的文字，比较手动电位差计与电子电位差计的异同。

手动电位差计在使用时必须用手调节测量变阻器，不能连续地、自动地指示被测电势，因而不适用于生产上能自动地、连续地指示和记录被测参数的要求。

电子电位差计是根据电压平衡原理自动进行工作的。与手动电位差计比较，它是用可逆电动机及一套机械传动机构代替了手动进行电压平衡操作，用放大器代替了检流计来检测不平衡电压并控制可逆电动机的工作。电子电位差计的组成方框图和原理图如图7-7所示。

图7-7　电子电位差计

从图中可以看出，电子电位差计主要由测量桥路、电子放大器、可逆电动机、机械传动系统、指示记录机构、调节机构等组成。它的工作原理是：被测量经测量转换元件转换成相应的电量信号E后，送入仪表的测量电路，当$U_{AB}=E$时，测量电路处平衡状态，无电压输出，仪表的指针和记录笔将停留在对应于被测量的刻度点上。当被测量变化使仪表的输入信号发生相应的变化时，就破坏了原来的平衡状态，热电偶的热电势和桥路两端的直流电压相比较，差值电压ΔU（即不平衡电压）经过放大器放大后，输出足以驱动可逆电动机转动的功率，可逆电动机通过一组机械传动系统带动指示机构及其与测量桥路中滑线电阻相接触的滑动臂，从而改变滑动臂与滑线电阻的接触位置，直至桥路与热电偶输入信号平衡为止。此时放大器无功率输出，可逆电动机停止转动。如果测量温度改变，热电偶的电动势随之改变，则又产生新的不平衡电压，再经放大器加以放大，驱动可逆电动机，结果又改变了滑动臂的位置，同样直至达到新的平衡位置为止。而与滑动臂相连的指示机构沿着有分度的标尺滑行。滑动臂的每一平衡位置对应了指针在标尺上的一定读数，即相应的温度值。由此可见，电子电位差计是一个随动装置，它总是随着输入信号（被测量）的变化，从一个平衡状态过渡到另一个平衡状态。

在可逆电动机带动滑动臂移动的同时，还带动指针和记录笔沿着刻度标尺滑动，并停留在新的平衡点所对应的位置，显示出被测量的瞬时值。同步电动机带动走纸、打印、切换等机械传动机构，在记录纸上以画线或打点形式，把被测量对应于时间的变化过程描绘成曲线。

图7-8(b)所示的电桥中的各个电阻，除热电偶冷端温度补偿电阻R_2为铜电阻外，其他的都是电阻温度系数很小的锰铜电阻。限流电阻的作用是用R_4限定上支路I_1的电流为恒定值，用R_3限定下支路I_2的电流为恒定值，R_6为调零电阻，桥路采用双回路可实现双向

测量。

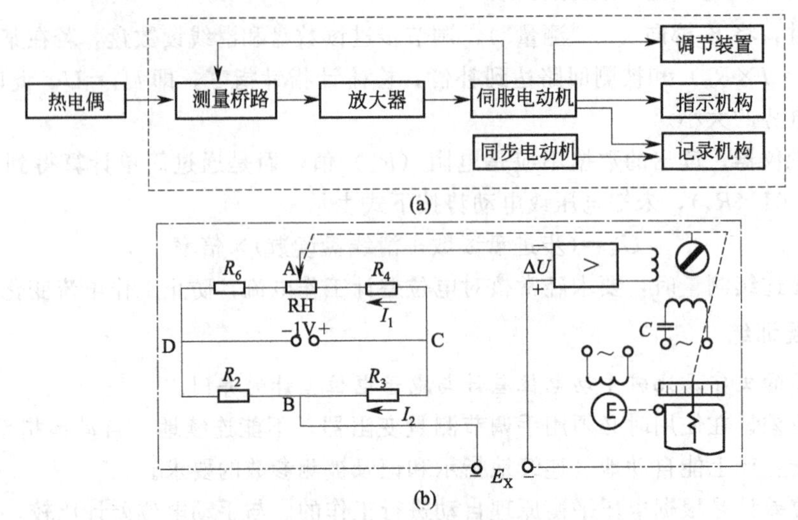

图 7-8 电子电位差计原理和组成方框图

(a) 工作原理示意图；(b) 测量桥路及组成示意图

子任务三 平衡电桥的使用

一、知识准备

平衡电桥是测量电阻的显示仪表，按其能否自动平衡分为手动平衡电桥和自动平衡电桥。

手动平衡电桥测量电阻的原理如图 7-9 所示。图中，R_x 是待测电阻，R_2 和 R_3 是锰铜线绕制的固定电阻（通常取 R_2、R_3 的阻值相等），R_4 是可调电阻，E 是电池的电势，G 是检流计。

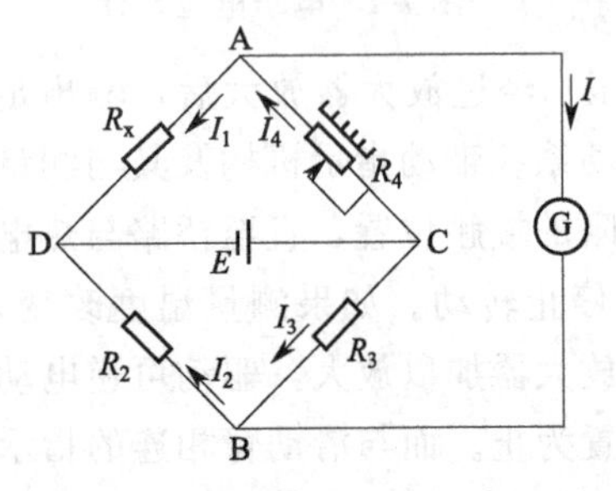

图 7-9 手动平衡电桥

测量 R_x 时，调整 R_4 使检流计 G 指零，待测电阻 R_x 可以用 R_4 滑触点在标尺上的位置来表示。

平衡电桥是测量电阻的显示仪表，按其能否自动平衡分为手动平衡电桥和自动平衡电桥。

二、工作任务

1. 任务描述

① 使用平衡电桥测热电阻阻值。

② 利用两点法检验热电阻。

2. 任务实施

器具：手动平衡电桥 1 台，热电阻 1 支，沸点水槽 1 只，冰点槽 1 台，工具 1 套，导线若干。

①步骤 1：使用平衡电桥测热电阻阻值。

以 QJ-23 型携带式单电桥臂为例，如图 7-10、图 7-11 所示。

① 刻度盘示值，分为 0.001、0.01、0.1、1、10、100、1000 共七挡。

② 测量臂 R：由 4 个十进位电阻盘组成“×1000”，“×100”，“×10”，“×1”。

③ 端钮 X_1 和 X_2 接被测电阻。

④ 电流计 G 用作平衡指示器。

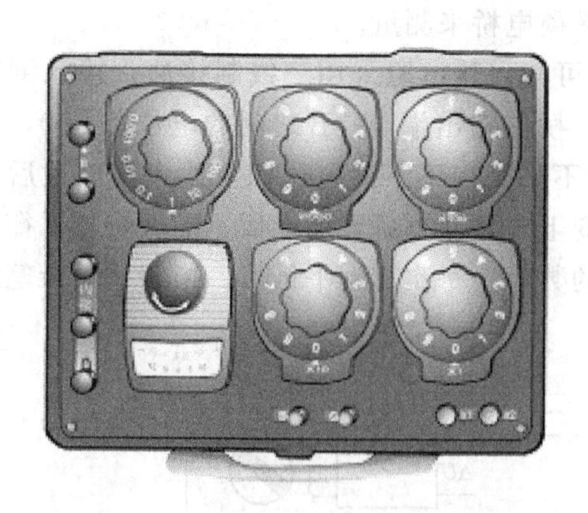

图 7-10　QJ-23 型携带式单电桥

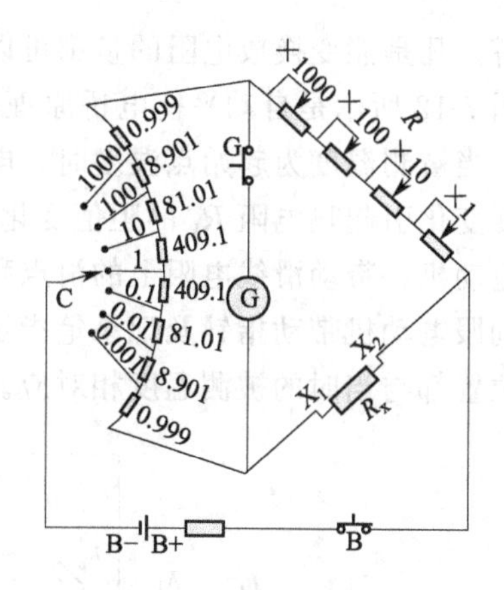

图 7-11　单电桥电路图

⑤ 电源 B 使用内带电池，接通 B、G 按钮。

步骤 2：利用两点法检验热电阻。

① 将待校热电阻置入盛有冰水混合物的冰点槽，热电阻周围的冰层厚度不小于 30mm，静置 30min 后测电阻值 R_0。

② 将待校热电阻置入沸点槽，静置一段时间后测电阻值 R_{100}。

步骤 3：检查 R_0 值，计算 R_{100}/R_0 的比值。

步骤 4：给出校验结论（是否满足技术数据指标）。

【知识链接】热电阻技术参数

分度号 Pt100：A 级 $R_0=100\pm0.06\Omega$

B 级 $R_0=100\pm0.12\Omega$

$W_{100}=R_{100}/R_0=1.3850$

分度号 Cu50：$R_0=50\pm0.05\Omega$

$R_{100}/R_0=1.428\pm0.02$

【知识链接】热电阻接线方法

测量二线制热电阻或感温元件的电阻值时，应在热电阻的每个接线柱或感温元件的每根引线末端接出两根导线，然后按四线制进行接线测量。

三线制热电阻，由于使用时不包括内引线电阻，因此在测定电阻时，需采用两次测量方法，以消除内引线电阻的影响（每次测量均按四线制进行）。

三、拓展训练

阅读下面的文字，列表比较手动平衡电桥与自动平衡电桥的异同。

【知识延伸】自动平衡电桥

自动平衡电桥可与热电阻配套使用测量温度，也可与其他能转换成电阻的变送器、传感器或检测元件等配套使用测量生产过程中的各种参数，因而在工业生产和科学实验中获得了广泛应用。

自动平衡电桥和电子电位差计一样，是一种自动平衡式显示仪表。两种仪表基本结构相同，都是由检零放大器、可逆电动机、机械传动机构、指示记录机构、同步电动机和测量桥路等几部分组成的。不同之处主要是，自动平衡电桥是测量电阻的仪表，测量桥路是一个平衡电桥。凡是能变换成电阻的量都可以用自动平衡电桥来测量。

图 7-12 所示是自动平衡电桥原理图。由图可知，热电阻采用三线制接法，接入测量桥路中，当被测温度为起始点温度时，电桥平衡，桥路输出端 A、B 之间的电位差为 0，当对象温度变化引起热电阻 R_t 的阻值变化时，电桥不平衡，不平衡电压输至放大器放大后推动伺服电动机，带动滑线电阻上的滑点移动，改变上支路两个桥臂的比值，最后恢复平衡，同时由伺服电动机带动指针及记录笔指示出温度的数值。每次达到平衡后，指针、记录笔和触点的位置都与当时的被测温度相对应。

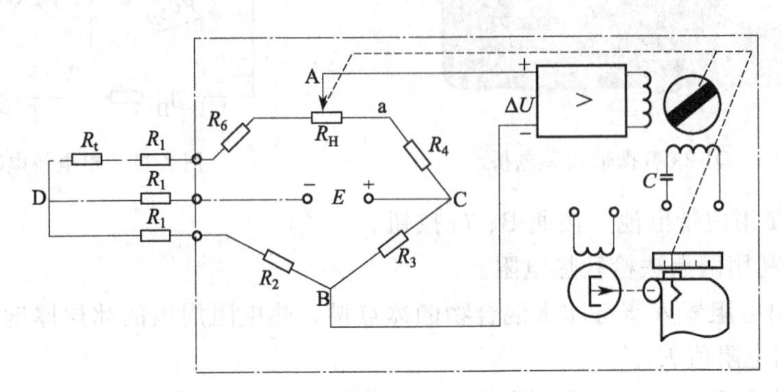

图 7-12 电子自动平衡电桥

任务二 数字式显示仪表的应用

【学习目标】了解数显仪表的组成及功能。

【能力目标】能将检测元件与数显表组合成测量系统。

一、知识准备

1. 概述

数字式显示仪表是一种以十进制数码形式显示被测量值的仪表，它可按以下方法分类。

(1) 按仪表结构分类

可分为带微处理器和不带微处理器的两大类型。

(2) 按输入信号形式分类

可分为电压型和频率型两类。电压型数字式显示仪表的输入信号是模拟式传感器输出的电压、电流等连续信号；频率型数字显示仪表的输入信号是数字式传感器输出的频率、脉冲、编码等离散信号。

(3) 按仪表功能分类

可大致分为如下几种。

① 显示型。与各种传感器或变送器配合使用，可对工业过程中的各种工艺参数进行数字显示。

② 显示报警型。除可显示各种被测参数，还可用作有关参数的越限报警。

③ 显示调节型。在仪表内部配置有某种调节电路或控制机构，除具有测量、显示功能外，还可按照一定的规律将工艺参数控制在规定范围内。常用的调节规律有：继电器节点输出的两位调节、三位调节、时间比例调节、连续 PID 调节等。

④ 巡回检测型。可定时地对各路信号进行巡回检测和显示。

2. 数字式显示仪表的构成

数字式显示仪表的基本构成方式如图 7-13 所示。图中各基本单元可以根据需要进行组合，以构成不同用途的数字式显示仪表。将其中的一个或几个电路制成专用功能模块电路，若干个模块组装起来，即可制成一台完整的数字式显示仪表。

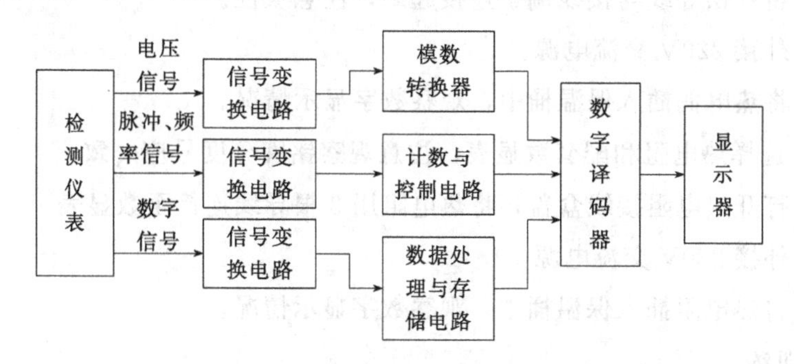

图 7-13　数字显示仪表原理框图

数字式显示仪表的核心部件是模拟/数字（A/D）转换器，它可以将输入的模拟信号转换成数字信号。以 A/D 转换器为中心，可将显示仪表内部电路分为模拟和数字两大部分。

仪表的模拟部分一般设有信号转换和放大电路、模拟切换开关等环节。信号转换电路和放大电路的作用是将来自各种传感器或变换器的被测信号转换成一定范围内的电压值并放大到一定幅值，以供后续电路处理。仪表的数字部分包括计数器、译码器、时钟脉冲发生器、驱动显示电路以及逻辑控制电路。

被测各种物理量经传感器或变送器转换成电压、电阻、电流量输入，送放大器放大，经放大后的模拟信号送 A/D 转换器。转换器具有译码驱动、自动调零、极性显示等电路，直接驱动 LED 用数字式显示被测量。数字式显示仪表除以数字显示形式输出外，还可以进行报警或打印记录，还可送比较电路与设置值进行比较，通过执行电路以接点信号形式作调节输出。

工业过程检测用数字显示仪表往往设有标度变换和线性化电路。

线性化电路的作用是为了克服传感器的非线性特性，使显示仪表输出的数字量与被测参数间保持良好的线性关系。非线性补偿的方法很多，可以用硬件实现，也可以用软件实现(常用在屏幕显示仪表中)。

测量值与热工参数之间往往存在一定的比例关系，测量值必须乘上某一系数，才能转换成数字式显示仪表所能直接显示的热工参数值。可以采用先对模拟量进行标度变换后，再经模数转换成数字量；也可以采用先经模数转换成数字量后，再对数字量进行标度变换。例如，被测温度 550℃，送出 1000 个脉冲，将此脉冲送至运算器进行乘 0.55 的运算，此时运算器送入 1000 个脉冲，输出 550 个脉冲，再到计数译码显示电路。则仪表的显示值为 550，与被测温度值取得了一致，实现了标度变换。

二、工作任务

1. 任务描述

① 热电偶配数显表测温系统。

② 热电阻配数显表测温系统。

2. 任务实施

器具：热电偶 1 只、分度号与热电偶相同的 XMZ-101 型数显表 1 只；热电阻 1 只、分度号与热电组相同的 XMT-102 型数显表 1 只；导线、补偿导线若干。

步骤 1：选择热电偶和配套数显表，注意观察铭牌分度号应一致。

步骤 2：打开热电偶接线盒盖，将热电偶与补偿导线连接起来。

步骤 3：将补偿导线与接线端子连接起来，注意极性。

步骤 4：外接 220V 交流电源。

步骤 5：将热电偶插入保温桶中，观察数字显示情况。

步骤 6：选择热电阻和配套数显表，注意观察铭牌分度号应一致。

步骤 7：打开热电阻接线盒盖，将热电阻用 3 根导线连接至数显表。

步骤 8：外接 220V 交流电源。

步骤 9：将热电阻插入保温桶中，观察数字显示情况。

三、拓展训练

① 总结完成的测温工作任务，数显表与模拟仪表相比有何异同？

② 阅读下面的文字，对模数转换做更深入理解。

【知识延伸】AD 转换

把经过与标准量（或参考量）比较处理后的模拟量转换成以二进制数值表示的离散信号的转换器，简称 ADC 或 A/D 转换器。转换器的输入量一般为直流电流或电压，输出量为二进制数码的逻辑电平（+5V 和 0V）。例如，将生产过程变量（温度、压力、流量、力等）或声音信号经过传感器变为模拟量电信号，然后由模数转换器变换为适于数字处理的形式（二进制数码），送入计算机、数字存储设备、数据传输设备处理或存储，或以数字或图形方式显示。

模数转换过程包括量化和编码。量化是将模拟信号量程分成许多离散量级，并确定输入信号所属的量级。编码是对每一量级分配唯一的数字码，并确定与输入信号相对应的代码。最普通的码制是二进制，它有 2^n 个量级（n 为位数），可依次逐个编号。模数转换的方法很多，从转换原理来分可分为直接法和间接法两大类。

直接法是直接将电压转换成数字量。它用数模网络输出的一套基准电压，从高位起逐位与被测电压反复比较，直到二者达到或接近平衡（图 7-14）。控制逻辑能实现对分搜索的控制，其比较方法如同天平称重。先使二进制位数的最高位 $D_{n-1}=1$，经数模转换后得到一个整个量程一半的模拟电压 U_s，与输入电压 U_{in} 相比较，若 $U_{in} \geqslant U_s$，则保留这一位；若 $U_{in} < U_s$，则 $D_{n-1}=0$。然后使下一位 $D_{n-2}=1$，与上一次的结果一起经数模转换后与 U_{in} 相比较，重复这一过程，直到使 $D_0=1$，再与 U_{in} 相比较，由 $U_{in} \geqslant U_s$ 还是 $U_{in} < U_s$ 来决定是否保留这一位。经过 n 次比较后，n 位寄存器的状态即为转换后的数据。这种直接逐位比较型（又称反馈比较型）转换器是一种高速的数模转换电路，转换精度很高，但对干扰的抑制能力较差，常用提高数据放大器性能的方法来弥补。它在计算机接口电路中用得最

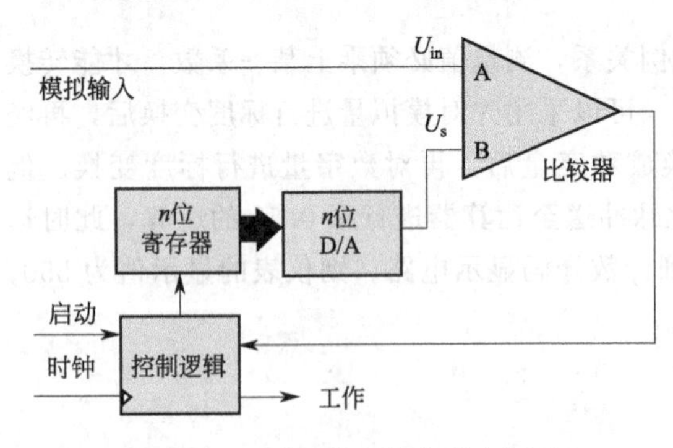

图 7-14 逐位比较型转换器方框图

普遍。

间接法不将电压直接转换成数字，而是首先转换成某一中间量，再由中间量转换成数字。常用的有电压-时间间隔（U/t）型和电压-频率（U/f）型两种，其中电压-时间间隔型中的双斜率法（又称双积分法）用得较为普遍。

模数转换器的选用具体取决于输入电平、输出形式、控制性质以及需要的速度、分辨率和精度。

用半导体分立元件制成的模数转换器常常采用单元结构，随着大规模集成电路技术的发展，模数转换器体积逐渐缩小为一块模板、一块集成电路。

任务三　智能仪表的应用

【学习目标】了解智能仪表的组成和特点。

【能力目标】会使用智能仪表。

一、知识准备

1. 智能仪表的概念

随着微电子技术的不断发展，集成了 CPU、存储器、定时器/计数器、并行和串行接口、看门狗、前置放大器甚至 A/D、D/A 转换器等电路在一块芯片上的超大规模集成电路芯片（即单片机）出现了。以单片机为主体，将计算机技术与测量控制技术结合在一起，又组成了所谓的"智能化测量控制系统"，也就是智能仪表。因此，智能仪表是计算机技术与测量仪表相结合的产物，是含有微计算机或微处理器的测量仪表。由于它拥有对数据的存储、运算、逻辑判断及自动化操作等功能，具有一定的智能作用（表现为智能的延伸或加强等），因而被称之为智能仪表或仪器。

近年来，由于微计算机的内存容量的不断增加以及工作速度的不断提高，数据处理能力有了极大地改善，这样就可把动态信号分析技术引入到智能仪表之中。这些信号分析往往以数字滤波或快速傅里叶变换为主体，配以不同的分析软件，如智能化的机器故障诊断仪等，这类仪表进一步发展就是测试诊断专家系统，其社会效益及经济效益都是十分巨大的。智能仪表已开始从较为成熟的数据处理向知识处理方向发展。它体现为模糊判断、故障诊断、容错技术、传感器融合、机件寿命预测等，使智能仪表的功能向更高层次发展。

2. 智能仪表的特点

智能仪表相对于过去传统的、纯硬件的仪表来说是一种新的突破，其发展潜力十分巨大。与传统仪器仪表相比，智能仪表具有以下功能特点。

（1）测量过程的软件控制

测量过程的软件控制最早开始于数字化仪器测量过程的时序控制。20 世纪 60 年代末，数字化仪器的自动化程度已经很高，如可实现自稳零放大、自动极性判断、自动量程切换、自动报警、过载保护、非线性补偿、多功能测试和数百点巡回检测等。但随着上述功能的增加，使其硬件结构越来越复杂，而导致体积及重量增大、成本上升、可靠性降低，给其进一步地发展造成很大困难。引入微计算机技术，使测量过程改用软件控制之后，上述困难即得到很好地解决，它不仅简化了硬件结构、缩小了体积及功耗、提高了可靠性、增加了灵活性，而且使仪表的自动化程度更高，如实现简单人机对话、自检、自诊、自校准及 CRT 显示及输出打印和制图等。这就是人们常说的"以软（件）代硬（件）"的效果。

(2) 具有数据处理功能

对测量数据进行存储及运算的数据处理功能是智能仪表最突出的特点，它主要表现在改善测量精确度及对测量结果的再加工两个方面。

在提高测量精确度方面，大量的工作是对随机误差及系统误差进行处理。传统的方法是用手工的方法对测量结果进行处理，不仅工作量大、效率低，而且往往会受到一些主观因素的影响，使处理的结果不理想。在智能仪表中采用软件对测量结果进行及时地、在线地处理可收到很好的效果，不仅方便、快速，而且可以避免主观因素的影响，使测量的精确度及处理结果的质量都大为提高。由于可以实现各种算法，不仅可实现各种误差的计算及补偿，而且使在线测量仪表中常遇到的诸如非线性校准等问题也易于解决。

对测量结果的再加工，可使智能仪表提供更多高质量的信息。例如，一些信号分析仪器在微计算机的控制下，不仅可以实时采集信号的实际波形，在CRT上复现，并可在时间轴上进行展开或压缩。还可对所采集的样本进行数字滤波、将淹没于干扰中的信号提取出来，也可对样本进行时域的或频域的分析，这样就可以从原有的测量结果中提取更多的信息。

(3) 具有可程控操作能力

智能仪表的测量过程、软件控制及数据处理功能使一机多用的多功能化易于实现，成为这类仪表的又一特点。一般智能仪表都配有GPIB、RS-232C、RS-485等标准的通信接口，可以很方便地与PC机和其他仪表一起组成用户所需要的多种功能的自动测量系统，来完成更复杂的测试任务。

(4) 操作自动化

仪表的整个测量过程如键盘扫描、量程选择、开关启动闭合、数据的采集、传输与处理以及显示打印等都用单片机或微控制器来控制操作，实现测量过程的全部自动化。

(5) 多功能化

一般的智能仪表都具有自测功能，包括自动调零、自动故障与状态检验、自动校准、自诊断及量程自动转换等。智能仪表能自动检测出故障的部位甚至故障的原因。这种自测试可以在仪表启动时运行，也可在仪表工作中运行，极大地方便了仪表的维护。

(6) 具有友好的人机对话能力

智能仪表使用键盘代替传统仪表中的切换开关，操作人员只需通过键盘输入命令，就能实现某种测量功能。与此同时，智能仪表还通过显示屏将仪表的运行情况、工作状态以及对测量数据的处理结果及时告诉操作人员，使仪表的操作更加方便直观。

二、工作任务

1. 任务描述

① 剖析智能仪表的结构和功能。

② 使用智能仪表检测。

2. 任务实施

①步骤1：认识智能仪表的组成。

【知识链接】智能仪表通用结构

智能仪表实际上是一个专用的微型计算机系统，它由硬件和软件两大部分组成。

硬件部分主要包括主机电路、模拟量输入/输出通道、人机接口电路、标准通信接口等，其通用结构框图如图 7-15 所示。其中的主机电路用来存储程序、数据并进行一系列的运算和处理，通常由微处理器、程序存储器、输入/输出（I/O）接口电路等组成，或者它本身就是一个单片微型计算机。模拟量输入/输出通道用来输入/输出模拟信号，主要由 A/D 转换器、D/A 转换器和有关的模拟信号处理电路等组成。人机联系部件的作用是沟通操作者和仪表之间的联系，它主要由仪表面板中的键盘和显示器等组成。标准通信接口电路用于实现仪表与计算机的联系，以便使仪器可以接收计算机的程控命令。目前生产的智能仪器一般都配有 GPIB 或（RS-232C）等标准通信接口。

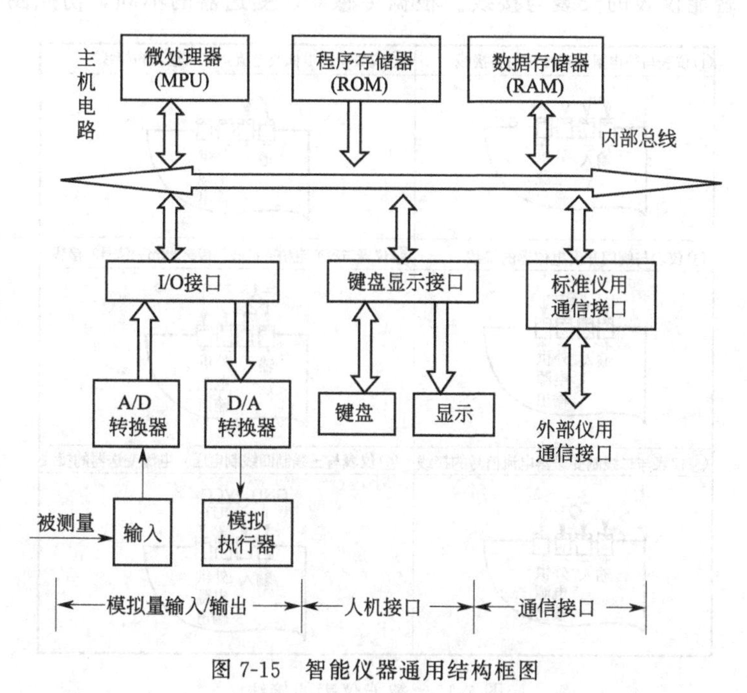

图 7-15　智能仪器通用结构框图

智能仪器的软件部分主要包括监控程序和接口管理程序两部分。其中，监控程序面向仪器面板键盘和显示器，其内容包括通过键盘操作输入并存储所设置的功能、操作方式与工作参数，通过控制 I/O 接口电路进行数据采集，对仪器进行预定的设置；对数据存储器所记录的数据和状态进行各种处理；以数字、字符、图形等形式显示各种状态信息及测量数据的处理结果。接口管理程序主要面向通信接口，其内容是接收并分析来自通信接口总线的各种有关功能、操作方式与工作参数的程控操作码，并通过通信接口输出仪表的现行工作状态及测量数据的处理结果，以响应计算机的远控命令。如图 7-16 所示。

图 7-16　智能仪表外观及端子

◷步骤 2：了解智能仪表的功能。

【知识链接】智能仪表功能

以 XST 系列单输入通道为例。

智能仪表可与各类模拟量输出的传感器、变送器配合，完成温度、压力、流量、液位、成分以及力和位移等物理量的测量、变换、显示、传送、记录、报警和控制。具有网络化通信接口，可实现与计算机间完全的数据传送，具备打印接口和打印单元。

◷步骤 3：智能仪表的安装与接线。根据传感器、变送器的不同，仿照图 7-17 接线。

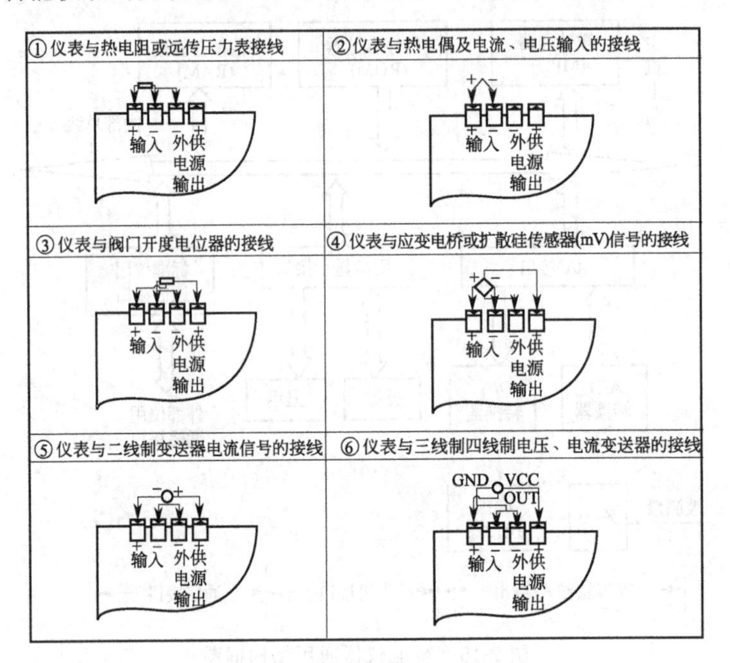

图 7-17 智能仪表的接线

◷步骤 4：使用智能仪表显示。

三、拓展训练

阅读下列文字，了解软测量仪表技术。

【知识延伸】软测量技术

近年来，对软仪表的研究十分活跃。软仪表也可称为虚拟仪表，一般认为它是仪表技术发展的第五个阶段。这五个阶段是模拟仪表、电子仪表、数字仪表、智能仪表、虚拟仪表。软仪表是指在测量中，不存在直接的物理传感器实体，而是利用其他由直接物理传感器实体得到的信息，通过数学模型计算手段得到所需检测信息的一种功能实体。可见，软件部分是软仪表技术的核心部分。软测量技术主要由辅助变量的选择、数据采集和处理、软测量模型及在线校正四个部分组成。

针对难以测量或暂时不能测量的重要变量（或称之为主导变量），选择另外一些容易测量的变量（或称之为辅助变量），通过构成某种数学关系来推断和估计，以软件来代替硬件（传感器）功能。

软仪表不仅可以解决工程上某些变量难以检测的问题，而且也可以为用硬件方法能检测到的变量提供校正参考，可靠的软仪表可以避免昂贵的硬件设备费用。软测量技术是解决工业过程中普遍存在的一类难以在线测量变量估计问题的有效方法，它克服了人工分析及在线分析仪表的诸多不足，是实现在线质量控制及先进控制、优化控制的前提和基础。

任务四　数据采集系统的应用

【学习目标】 理解数据采集系统的功能和应用。

【能力目标】 使用数据采集卡采集数据并处理。

一、知识准备

1. 数据采集系统功能

数据采集是指将能反映生产过程工况的一次参数采集进来，转换成数字量以后，再由计算机进行相应的存储、处理、显示、报警、记录的过程。相应的系统称为数据采集系统。数据采集系统是结合基于计算机的测量软硬件产品来实现灵活的、用户自定义的测量系统。其基本功能主要有数据采集、模拟信号处理、数字信号处理、开关信号处理、二次数据计算、屏幕显示、数据存储、打印输出、人机联系等。

(1) 数据采集——输入信号的扫描

计算机按预定的采样顺序，对反映生产过程信息的模拟量、开关量、脉冲量等输入信号进行巡回检测。

(2) 数据处理

对输入信号的数据处理主要包括：输入信号的线性化处理（如热电势、热电阻、流量等）、输入信号的正确性判断（如极值、变化率、相关比较等）、工程量变换、数字滤波等。通过对一次参数的计算，得出二次参数值（如差值、均值、累计、平均、变化率、最大值、最小值、效率等）。

(3) 显示

计算机利用数字显示装置和CRT，对各类运行参数和开关状态进行显示，这些被显示的量可以是单个或成组参数、相关参数、报警参数、开关变量等。显示方式可采用数值、曲线、各种模拟图、棒形图等形式。

(4) 记录

对运行参数、开关变量状态及数据处理的结果进行打印记录，包括定时及人工召唤制表、CRT画面硬拷贝、事故追忆记录、掉闸顺序记录等。

2. 微机型数据采集系统组成

数据采集系统主要由硬件和软件两部分组成。从硬件方面看，目前数据采集系统的结构形式主要有两种：一种是微机型数据采集系统；另一种是集散型数据采集系统。

微型计算机数据采集系统的结构如图7-18所示。它由传感器、模拟多路开关、程控放大器、采样保持器、A/D转换器、计算机及外设等部分组成。

微型计算机数据采集系统的特点如下。

① 系统结构简单，容易实现，能够满足中、小规模数据采集的要求。

② 对环境的要求不是很高，能够在比较恶劣的环境下工作。

③ 微型计算机价格低廉，可降低数据采集系统的投资。

④ 微型计算机数据采集系统可作为集散型数据采集系统的一个基本组成部分。

⑤ 微型计算机的各种I/O模板及软件都比较齐全，很容易构成系统，便于使用和维护。

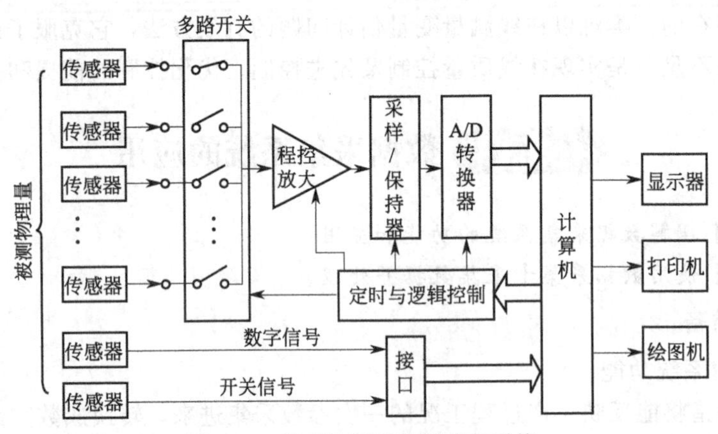

图 7-18 微型计算机数据采集系统

微机型数据采集系统是基本型系统，由它可组成集散型数据采集系统。

二、工作任务

1. 任务描述

① 采集温度、压力或流量等任一信号。

② 利用组态王软件制作参数监视画面。

2. 任务实施

步骤 1：学习组态王软件的基本操作。

步骤 2：使用数据采集卡采集信号（图 7-19）。

图 7-19 数据采集卡及配套接口模块和电缆

以研华 PCI1711 数据采集卡为例，将传感器或变送器输出的模拟量信号转换成电压信号采集至 AI 通道。

步骤 3：将数据采集卡与组态王软件连接。装载研华 PCI1711 数据采集卡模块驱动程序。

步骤 4：仿照图 7-20 所示示例制作监控画面，运行显示数字和实时曲线。

图 7-20 监控画面示例

【知识链接】组态王软件基本操作

组态王软件经过多年开发，通过各种突

发环境的真实考验，9000例工程（钢铁、化工、电力、国属粮库、邮电通讯、环保、水处理、冶金等各行业）的现场运行（包括“中华世纪坛”国家标志性工程），现已成为国内组态软件客户的首选之一。

（1）新建工程

① 单击菜单栏“文件“→”新建工程”命令或工具条“新建”按钮或快捷菜单“新建工程”命令后，弹出“新建工程向导一”对话框。

② 单击“下一步”继续新建工程，弹出“新建工程向导二”对话框，在对话框的文本框中输入新建工程的路径。

③ 单击“下一步”进入“新建工程向导三”，在“工程名称”文本框中输入新建工程的名称。

④ 单击“完成”确认新建的工程，完成新建工程操作。

⑤ 单击“是”将新建的工程设置为组态王的当前工程。

（2）定义变量

在工程浏览器中左边的目录树中选择“数据词典”项，右侧的内容显示区会显示当前工程中所定义的变量。双击“新建”图标，弹出“定义变量”属性对话框。组态王的变量属性由“基本属性”、“报警配置”、“记录配置”三个属性页组成。采用这种卡片式管理方式，用户只要用鼠标单击卡片顶部的属性标签，则该属性卡片有效，用户可以定义相应的属性。

（3）新建画面

使用工程管理器新建一个组态王工程后，进入组态王工程浏览器，新建组态王画面。

三、拓展训练

阅读下列文字，了解集散型数据采集系统的结构组成。

集散型数据采集系统的结构如图7-21所示，它是计算机网络技术的产物，由若干个“数据采集站”和一台上位机及通信线路组成。

数据采集站一般是由单片机数据采集装置组成，位于生产设备附近，可独立完成数据采集和预处理任务，还可以将数据以信号的形式传送给上位机。

上位机一般是当前的主流机，配置有打印机和绘图机。上位机用来将各个数据采集站传送来的数据，集中显示在显示器上或用打印机打印成各种报表，或以文件形式存储在磁盘上。此外，还可以将系统的控制参数发给各个数据采集站，以调整其工作状态。

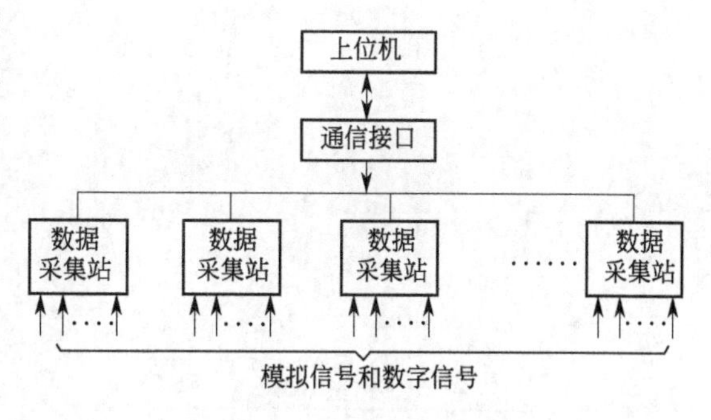

图7-21　集散型数据采集系统

数据采集站与上位机之间通常采用异步串行传送数据。数据通信通常采用主从方式，由上位机确定与哪一个数据采集站进行数据传送。

集散型数据采集系统的主要特点如下。

① 系统的适应能力强。无论是大规模系统，还是中小规模的系统，集散型系统都能适应，因为可以通过选用适当数量的数据采集站来构成相应规模的系统。

② 系统的可靠性高。由于采用了多个以单片机为核心的数据采集站，若某个数据采集站出现故障，只会影响某项数据的采集，而不会对系统的其他部分造成任何影响。

③ 系统的实时响应好。由于系统中各个数据采集站之间是真正“并行”工作的，所以系统的实时响应性较好。这一点对于大型、高速、动态数据采集系统来说，是一个很突出的优点。

④ 对系统的硬件要求不高。由于集散型系统采用了多机并行处理方式，所以每一个单片机仅完成数量有限的数据采集和处理任务。因此，它对硬件要求不高，可以用低档的硬件组成高性能的系统，这是微机型数据采集系统方案所不能比的。

另外，这种数据采集系统是用数字信号传输代替模拟信号传输，有利于克服干扰。因此，这种系统特别适合于在恶劣的环境下工作。

仪表检修工技能鉴定

任务一 技能鉴定规范

一、职业概况

1. 职业名称

仪表检修。

2. 职业定义

指从事仪表检修工作的人员。

3. 职业道德

热爱本职工作，刻苦钻研技术，遵守劳动纪律，爱护工具及设备，安全文明生产，诚实团结协作，艰苦朴素，尊师爱徒。

4. 文化程度

中等职业技术学校毕（结）业。

5. 职业等级

本职业按照国家职业资格的规定，设为初级（国家五级）、中级（国家四级）、高级（国家三级）、技师（国家二级）、高级技师（国家一级）共五个等级。

6. 职业环境条件

室内、外作业相结合。现场检修消缺时高温作业并有噪声及灰尘。

7. 职业能力特征

能通过眼睛观察、分析一般仪控设备异常情况并能正确处理。能利用工器具判断设备故障情况并能正确处理。有领会理解和应用技术文件的能力，能用精练语言进行工作联系及交流，并能够准确而有目的地运用数字进行运算，能凭思维想象几何形体和懂得三维物体的二维表现方法，并具备识绘图能力。

二、仪表工鉴定要求

1. 初级仪表检修工技能鉴定要求

(1) 适用对象

专门从事热工仪表检修工作的人员。

(2) 申报条件

具备下列条件之一者，可申报初级水平鉴定：

① 技工学校、职业学校本专业（工种）毕业。

② 高中毕业，从事本工种工作2年，就业训练中心及各类培训机构本工种初级技术等级培训结业。

(3) 考评员与应考者比例

① 知识考试原则上每20名应考者配1名考评员（20∶1）。

② 技能考核原则上每5名应考者配1名考评员（5∶1）。

(4) 鉴定方式和时间

技能鉴定采用理论知识考试和技能操作考核两种方式进行。

① 理论知识考试时间为120分钟，试卷满分为100分，考试成绩60分及以上为合格。

② 技能操作考核时间为2～4小时，满分为100分，考核成绩60分及以上为合格。

理论知识考试和技能操作考核两项均合格者视为技能鉴定合格。

(5) 鉴定工具、设备要求

根据技能操作考核的要求，配备相应鉴定工具、设备。

2. 中级仪表检修工技能鉴定要求

(1) 适用对象

专门从事仪表检修工作的人员。

(2) 申报条件

具备下列条件之一者，可申报中级水平鉴定。

① 取得初级《技术等级证书》后，在本专业（工种）工作4年以上，并经过本工种中级技术等级培训。

② 从事本专业（工种）工作实践8年以上，并经过本工种中级技术等级培训结业。

③ 技工学校或职业学校、大中专院校本专业毕业，并经过本工种中级技能训练。

(3) 考评员与应考者比例

① 知识考试原则上每20名应考者配1名考评员（20∶1）。

② 技能考核原则上每5名应考者配1名考评员（5∶1）。

(4) 鉴定方式和时间

技能鉴定采用理论知识考试和技能操作考核两种方式进行。

① 理论知识考试时间为120分钟，试卷满分为100分，考试成绩60分及以上为合格。

② 技能操作考核时间为3～5小时，满分为100分，考核成绩60分及以上为合格。

理论知识考试和技能操作考核两项均合格者视为技能鉴定合格。

(5) 鉴定工具、设备要求

根据技能操作考核的要求，配备相应鉴定工具、设备。

3. 高级仪表检修工技能鉴定要求

(1) 适用对象

专门从事仪表检修工作的人员。

(2) 申报条件

具备下列条件之一者，可申报高级水平鉴定。

① 取得中级《技术等级证书》后，在本专业（工种）工作 4 年以上，并经过本工种高级技术等级培训。

② 从事本专业（工种）工作实践 14 年以上，并经过本工种高级技术等级培训结业。

③ 高级技工学校（班）毕业，并经过本工种高级技能训练。

(3) 考评员与应考者比例

① 知识考试原则上每 20 名应考者配 1 名考评员（20∶1)。

② 技能考核原则上每 5 名应考者配 1 名考评员（5∶1)。

(4) 鉴定方式和时间

技能鉴定采用理论知识考试和技能操作考核两种方式进行。

① 理论知识考试时间为 120 分钟，试卷满分为 100 分，考试成绩 60 分及以上为合格。

② 技能操作考核时间为 4～6 小时，满分为 100 分，考核成绩 60 分及以上为合格。

理论知识考试和技能操作考核两项均合格者视为技能鉴定合格。

(5) 鉴定工具、设备要求

根据技能操作考核的要求，配备相应鉴定工具、设备。

任务二　仪表检修工作票和操作票

编号：×××××　执行情况

1. 工作负责人________

2. 班组__________

3. 工作班成员__________ 共__人。

4. 工作地点及内容：______________________________。

5. 计划工作时间：自____年__月__日____时____分至____年__月__日____时____分

6. 安全措施：(工作票负责人填写)

A 检修安全措施	措施执行人(签名)	工作负责人/工作许可人(打√)
(1)解除以下保护、联锁		
(2)退出以下控制、检测系统		
B 热力安全措施(阀门、挡板等)应挂标示牌		
C 电气安全措施(电源开关、刀闸、保险等)应挂标示牌		
D 其他安措		
E 是否已进行危险点分析		

工作票签发人：__________　______年____月____日____时____分

工作票接受人：__________　______年____月____日____时____分

7. 运行值班人员补充安全措施

安全措施	许可人填措施执行情况(打√)

8. 批准工作时间：自____年____月____日____时____分至____年____月____日____时__分　　　　值长：________

9. 工作许可：上述安全措施已全部执行，核对无误从____年____月____日____时____分许可开始工作。

班长（单元长）________工作负责人：________工作许可人：________

10. 工作负责人变更：自______年____月____日____时____分原负责人离去，变更为________担任工作负责人。

工作票签发人：________班长（单元长）：________

11. 工作票延期：有效期延长到______年____月____日____时____分

值长：________班长（单元长）：________工作负责人：________

12. 检修设备需试运(工作票交回安全措施解除可试运)			13. 检修设备试运后(工作票所列安全措施已全部执行，可以工作)		
允许试运时间	工作许可人	工作负责人	允许恢复工作时间	工作许可人	工作负责人
月 日 时 分			月 日 时 分		
月 日 时 分			月 日 时 分		
月 日 时 分			月 日 时 分		

14. 工作终结：全部工作于____年____月____日____时____分结束。工作人员已全部撤离。现场已清理完毕。工作负责人：________工作许可人：________

备注：________________

工作票考核：________考核人签名：________审核日期：________

仪表检修操作票		
单位		编号
操作开始时间：年 月 日		终结时间：年 月 日
操作任务：XXXXXXXXX		
执行情况	序号	操 作 项 目
	1	
	2	
	3	
	…	…

操作人：	监护人：	值班负责人：	值长：

任务三 中级仪表工技能鉴定项目任务

子任务一 校验温度开关

编号	1	行为领域	e	鉴定范围	1
时限	120min	题型	A	题分	20
试题正文	用水槽校验上行程80℃动作,下行程40℃动作的温度开关,精度为1.5级				
其他需要说明的问题	要求单独完成 需要协助时可口头向考评员说明 要求安全文明生产				
工具、材料、设备、场地	1. 校验工具:标准水槽 HTS-95A 2. 量程0～50℃和50～100℃的二等标准水银温度计WBG-0-2各1支				
校验步骤	1. 精度计算:允许误差为±40℃×1.5%=±0.6℃,及±80℃×1.5%=±1.2℃ 2. 给水槽加满水,接通电源 3. 撤下"设定/测量,打到设定位置 4. 设定温度为80℃,再打到测量状态 5. 逐步增高水槽的设定温度(间隔要小)直至温度开关动作(是否为80℃) 6. 关闭水槽自然冷却,直至开关回复,看是否为40℃,如不准调整之 7. 重复以上步骤,直至达到要求				

评分标准	项目名称	质量要求	满分	扣分
	1. 校验工具准备	校验工具的选择要正确无误	2	选择错误扣1～2分
	2. 水银温度计选型	温度计选型正确	5	不会使用扣5分
	3. 设定标准水槽的温度控制值	温度控制值设定正确、熟练	5	设定不正确扣5分
	4. 被校表、标准表读数	读数正确、符合规范	4	读数不规范扣1～4分
	5. 技术记录完整、清晰、正确	技术记录完整、清晰、正确	4	记录不全扣1～4分

子任务二 弹簧管式压力表现场安装

编号	2	行为领域	e	鉴定范围:	3
时限	60min	题型	B	题分	40
试题正文	一般弹簧管式压力表的现场安装				
其他需要说明的问题	要求单独完成 需要协助时可口头向考评员说明 要求安全文明生产 注意人身及设备安全				
工具、材料、设备、场地	合适尺寸的扳手、螺丝刀、垫片、生料带				
安装步骤	1. 取压管口应与被测介质的流动方向垂直,与设备(管道)内管平齐,不应有凸毛刺,以保持正确测量被测介质的静压 2. 防止仪表的敏感元件与高温或腐蚀性介质直接接触,如测量高温蒸汽压力时,表前需加装冷凝盘管,测量含尘气体,在压力表前应加装灰尘搜集器,测量腐蚀时,压力表加装隔离容器 3. 压力表与取压管连接的丝扣不得缠麻,应加垫片,高压表应加金属垫片 4. 对于压力取出口位置,测量气体时一般在工艺管道的上部,测量蒸汽压力时在管道的两侧,测量液体压力时,应在管道的下部 5. 取压点与压力表之间的距离尽可能短,信号管路在取压处应装隔离阀,信号管应设有一定的坡度,测量液体或蒸汽压力时,信号管路的最高处应装有排气装置,测气体压力时,信号管路最低处应装有排水装置				

续表

	项目名称	质量要求	满分	扣　分
评分标准	1. 安装管路	保持管路的清洁	10	管路不清洁扣1～10分
	2. 隔离容器安装	在某些介质下必须安装隔离器	5	需要的隔离器没有扣5分
	3. 垫片加装	按要求加装垫片	10	未按要求加垫片扣10分
	4. 取压口选择	取压口的选择必须符合介质的特性	10	取压口位置选择不正确,扣1～10分
	5. 排污装置的安装	必须安装合适的排污装置	5	没有排污装置扣5分

子任务三　校验弹簧管式压力表

编　　号	3	行为领域	e	鉴定范围	1
时　　限	60min	题　型	B	题　分	40
试题正文	校验1只量程0～0.16MPa、精度为1.5级的工业用一般弹簧管式压力表				
其他需要说明的问题	要求单独完成 需要协助时可口头向考评员说明 要求安全文明生产				
工具、材料、设备、场地	1. 校验装置及标准表:YJY-2.5型压力校验台1台 2. 量程0～0.25MPa,精度0.25精密压力表1只				
校验步骤	1. 压力表精度要求计算:允许基本误差为±0.16MPa×1.5%=±0.0024MPa 2. 选择合适的压力表校验台和精密压力表 3. 分别把标准压力表和被校压力表装在校验台的左边和右边,注意使标准表和被测表等高 4. 进行压力校验台的水平调整 5. 进行校验装置的排空工作 6. 打开校验装置排气阀,关闭标准表和被校表的进气阀,进行排气 7. 关闭排气阀,打开标准表和被校表的进气阀,开始校验 8. 逐步匀速地加压,分别加压到使标准表的读数为0.04MPa、0.08MPa、0.12MPa、0.16MPa,待被校表读数稳定后,读取被校表的压力指示值,轻敲被校表,再次读被校表的压力指示值 9. 匀速减压,分别减压至使标准表读数为0.16MPa、0.12MPa、0.08MPa和0.04MPa。待被校表读数稳定后,读取被校表的压力指示值,轻敲压力表,再次读取被校表指示值 10. 看看压力表的零位、线性及基本误差是否合格。若不合格需对压力表进行调整,调整后重复8、9条,再校1遍,直到符合要求 11. 校验完毕后,卸掉压力,拆掉所装标准表和压力表,将校验台恢复原样 12. 整理校验数据,判断压力表是否合格				

	项目名称	质量要求	满分	扣　分
评分标准	1. 校验工具选择	选型正确	3	选型不正确扣1～2分
	2. 校验点选取	正确选取5点	3	不完全正确扣1～2分
	3. 基本误差计算	计算无误	3	计算有误扣1～2分
	4. 被校表、标准表安装	安装位置正确、无泄漏	6	安装位置错误扣4分,泄漏扣2分
	5. 上下行程各校1遍		8	上行程或下行程漏校扣5分
	6. 读数方法正确	要求轻敲前后各读1次	6	读数方法不对扣1～6分
	7. 判断表计是否合格	判断方法正确,符合规程要求	8	判断错误扣8分
	8. 校验报告	校验报告完整、清晰、正确	3	校验报告有误扣1～3分

参 考 文 献

[1] 程蓓. 火电厂热工检测技术. 北京：中国电力出版社，2008.

[2] 张东风. 热工测量及仪表. 北京：中国电力出版社，2007.

[3] 丁轲轲. 自动测量技术. 北京：中国电力出版社，2004.

[4] 杜维. 过程检测技术及仪表. 北京：化学工业出版社，2008.

[5] 王化祥. 自动检测技术. 北京：化学工业出版社，2004.

[6] 李邓化，彭书华，许晓飞. 智能检测技术及仪表. 北京：科学出版社，2007.

[7] 冯圣一. 热工测量新技术. 北京：中国电力出版社，1998.

[8] 叶江祺. 热工测量和控制仪表的安装. 第 2 版. 北京：中国电力出版社，2006.

[9] 孙怀清，王建中. 流量测量节流装置设计手册. 第 2 版. 北京：化学工业出版社，2005.

[10] 邹贤尔. 中华人民共和国职业技能鉴定规范（电力行业热工仪表及自动装置专业）. 北京：中国电力出版社，2000.

[11] 通用计量术语及定义（JJF 1001—1998）.

[12] 活塞式压力计检定规程（JJG 59—2007）.

[13] 弹簧管式精密压力表和真空表检定规程（JJG 49—1999）.

[14] 标准铂铑$_{10}$-铂热电偶检定规程（JJG 75—1995）.

[15] 工业过程测量记录仪检定规程（JJG 74—2005）.

[16] 工作用隐丝式光学高温计检定规程（JJG 68—1991）.

[17] 工作用全辐射温度计检定规程（JJG 67—2003）.

[18] 二、三等标准活塞式压力计检定规程（JJG 59—2007）.

[19] 弹簧管式一般压力表、压力真空表和真空表检定规程（JJG 52—1999）.